PHYSIOLOGIE UND PATHOLOGIE
DER
VERDAUUNG IM SÄUGLINGSALTER

VON

Dr. E. FREUDENBERG
PROFESSOR AN DER UNIVERSITÄT
MARBURG A. L.

MIT 40 ABBILDUNGEN

BERLIN
VERLAG VON JULIUS SPRINGER
1929

ISBN-13: 978-3-642-98668-0   e-ISBN-13: 978-3-642-99483-8
DOI: 10.1007/978-3-642-99483-8

Vorwort.

Das vorliegende Werk ist aus dem Empfinden heraus entstanden, daß es zur Klärung der Lage beitragen könne, wenn aus dem gewaltigen Material klinischer Beobachtungen und experimenteller Forschungen, das sich in den letzten 15 Jahren auf dem Gebiete der Verdauungsvorgänge im Säuglingsalter angehäuft hat, einmal die Bilanz gezogen würde. Das Einsetzen der physiko-chemischen Forschungsmethoden und eifrige bakteriologische Arbeitsleistung kennzeichnen die verflossene Epoche. Die früher in ihrer Bedeutung für unser Problem gänzlich verkannten Fermentuntersuchungen finden immer eingehendere Berücksichtigung. Dies rührt daher, daß der Bilanzstoffwechselversuch die hier ruhenden Probleme eben nur in ganz beschränktem Maße angreifen und fördern kann. Die hier vorliegende Bearbeitung stützt sich denn auch häufig auf Fermentarbeiten und erst in zweiter Linie auf Bilanzversuche. Trotz aller aufgewendeten Arbeit sind wir von einem durchdringenden Verstehen der Verdauungsvorgänge noch weit entfernt und damit auch von einer Kenntnis des Zustandekommens der „Verdauungsstörungen". Wenn dies Wort ausgesprochen wird, soll es keineswegs zur Bezeichnung eines klinischen Zustandsbildes dienen. Der Verfasser hat sich durchaus nicht denjenigen Gedanken verschlossen gehalten, die die innige Verwebung der Darmvorgänge in das parenterale Geschehen aufzeigten, und so zur Aufstellung des Begriffes „Ernährungsstörungen" führten, dessen Beseitigung nur ein Rückschritt wäre.

Wenn auch viel Arbeit geleistet wurde, so bleibt doch viel mehr noch zu vollbringen. Kann man eine zusammenhängende Darstellung bei solchen Lücken im tatsächlichen Wissensbestande überhaupt geben? Ein reiner Experimentalforscher auf dem Gebiete der Biologie und Pathologie kann sich bei solcher Lage der Dinge bescheiden und warten. Dem Kliniker, der sich täglich den großen Fragen gegenübergestellt sieht, auf die er noch keine Antwort weiß, ist es unmöglich, sich abwartend zufrieden zu geben. Das würde für ihn als Arzt Empirie und Routinearbeit ohne geistige Durchdringung der Probleme bedeuten. So bleibt ihm in seiner Lage nichts übrig, als einen Schritt weiter zu gehen und seine Antwort sich so zurechtzulegen, wie es zwar nicht die „Intuition", wohl aber der gesunde Menschenverstand nach dem Prinzip der Wahrscheinlichkeit und Einfachheit bei einem Minimum an Hypothesenbildung erfordert. Hierbei muß selbstverständlich die Grenze vom Tatsächlichen zum Wahrscheinlichen überall kenntlich gehalten werden.

Hat es überhaupt Wert, die Verdauungsvorgänge des Säuglings losgelöst vom Geschehen des inneren Stoffwechsels, der Ernährung im weiteren Wortsinne zu betrachten? Plan des vorliegenden Buches war dies nun durchaus nicht. Vielmehr sollte sehr wohl die Beziehung der Darmvorgänge zu jenen Prozessen nach Möglichkeit Berücksichtigung finden, aber nur soweit, als es zum Verständnis der Verdauung erforderlich ist. Es sollte also nur die eine Seite der wechselseitigen Abhängigkeit dargestellt werden.

Für eine klinische Monographie der Ernährungsstörungen im Säuglingsalter wäre dies eine Unmöglichkeit. Eine solche Darstellung aber wurde hier nicht angestrebt. Die Verdauungsfunktionen sollten einzeln untersucht werden, damit aus ihnen die Grundlagen des pathologischen Geschehens bei den Ernährungsstörungen, soweit es die Darmvorgänge betrifft, ersichtlich würden. Damit ist die oben bezeichnete Beschränkung gegeben. Eine weitere Einengung ist aus dem so gesteckten Ziele insofern abzuleiten, als nicht einmal alle Darmvorgänge hiermit Gegenstand der Untersuchung werden konnten. Soweit der Darm exkretorisches und damit regulatives Organ des Intermediärstoffwechsels ist, interessiert er uns in seinen Leistungen hier nicht. Auch diejenigen Veränderungen, die mehr mechanisch-morphologisch als funktionell bestimmt sind, werden höchstens kurz gestreift werden.

Das Ziel dieser Bearbeitung ist es gewesen, unsere Anschauungen über Physiologie und Pathologie der Verdauung beim Säugling vom Standpunkte moderner Physiologie zu überprüfen. Sollten hierbei wesentliche Gesichtspunkte übersehen worden sein, so muß darauf hingewiesen werden, daß die gewaltige Ausdehnung des Wissens in diesem unscharf begrenzten Gebiet für den, dessen Hauptarbeit außerhalb desselben liegt, eine vollständige Kenntnisnahme sehr erschwert. Um so mehr müssen wir uns bewußt sein, daß nur in der engen Fühlungnahme mit der Entwicklung der naturwissenschaftlichen Disziplinen auf unserem Gebiete ein Fortschritt möglich ist. Daß sich dieser jemals unmittelbar in therapeutische Vorschläge umsetzen wird, ist kaum zu erwarten. Die klinischen Behandlungsverfahren werden stets vorwiegend empirisch bleiben. Wenn wir aber die Grundlagen unserer Maßnahmen besser verstehen lernen, wird es möglich werden, Indikationsstellungen schärfer zu fassen und so auch unser praktisches Handeln zweckmäßiger zu gestalten. Mit dieser bescheidenen Aussicht auf Erfolg muß sich begnügen, wer sich auf den dornigen Pfad der Laboratoriumsarbeit auf diesem Gebiete begibt.

Marburg a. L., im Februar 1929.

E. FREUDENBERG.

Inhaltsverzeichnis.

	Seite
I. Der Verdauungsvorgang als Ganzes	1
II. Die motorischen Funktionen	19
III. Sekretorische Leistungen	56
IV. Eiweißverdauung	85
V. Kohlenhydratverdauung	114
VI. Fettverdauung	130
VII. Anpassung und Synergie der Verdauung	143
VIII. Die Rolle der Darmbakterien bei der Verdauung	153
Namenverzeichnis	190
Sachverzeichnis	194

I. Der Verdauungsvorgang als Ganzes.

Die ältere Naturforschung hielt die Verdauung ihrem Wesen nach für eine physikalische Umwandlung der Nahrungsstoffe, die durch sie in flüssige Form überführt würden und dadurch die Fähigkeit gewinnen sollten, resorbiert zu werden. Eine Unterscheidung der so verschiedenartigen Zustände, die unter den Begriff „flüssig" fallen, als da sind echte Lösung, kolloidale Lösung, Suspensoide, hydratisierte Emulsoide, gab es nicht. Als die Begriffe der Kolloidchemie stufenweise entwickelt wurden, trat an Stelle des Begriffes „Überführung in flüssige Form" der viel schärfer gefaßte andere „Überführung in diffusionsfähige Form". Damit war das Problem der Nahrungsresorption ein Teilproblem der Zellpermeabilität geworden, denn die diffusiblen Verdauungsprodukte durchwandern bei der Resorption die Darmepithelien. Sehr deutlich spiegelt sich im Kampfe der Ansichten um die Frage, ob physikalische Kräfte, wie die der Osmose, Diffusion, des Filtrationsdruckes, oder aber Steuerung durch lebende Zellen die Resorption beherrsche, das allgemeinere Zellproblem wieder, das um die Jahrhundertwende im Mittelpunkt des biologischen Denkens stand, das der Membranpermeabilität. Genau so wie gegenüber der Darmresorption werden die osmotischen Gesetze, die chemischen Affinitäten des Protoplasmas, die zu adsorptiven oder lösungsartigen oder durch Valenzen bestimmten echten Verbindungen führen können, und endlich vitale Regulationen als gegeneinander verwendete Argumente in die Diskussion eingeführt, bis sich ergibt, daß keine dieser Anschauungen ausschließliche Geltung beanspruchen darf.

Die allgemeine Formulierung: „Verdauung bewirkt Überführung in diffusionsfähige Form" ist im übrigen unzutreffend. Die aus der Fettspaltung entstehenden Seifen z. B. sind zwar wasserlöslich, aber nicht diffusionsfähig. Es kann ferner, wie man aus histologischen Arbeiten heute weiß, gar keinem Zweifel mehr unterliegen, daß die Darmzellen corpusculäre Elemente von genügend hohem Zerteilungsgrade resorbieren können. Und diese Feststellung ist von ganz prinzipieller Bedeutung, denn sie zeigt, daß das Bestreben, das ganze Verdauungsproblem ausschließlich zur Frage nach den Ursachen von Flüssigkeitsbewegungen zu machen, wie es die osmotischen und die Filtrationstheorien wollten, unberechtigt ist. Gewiß ist eine hohe Bewertung der Flüssigkeitsbewegungen zum Darm, der Sekretion, und vom Darm, der Resorption, begründet, und sicher wird auch die Pathologie der Verdauung aus ihrer Analyse Nutzen ziehen können, denn der Durchfall bedeutet Störung dieser Vorgänge. Was aber betont werden soll, ist die Wichtigkeit der Ergänzung durch andere als solche vorwiegend physikalischen Vorstellungen.

Als die Chemie der Verdauungsvorgänge näher erforscht, und die Feststellung gemacht wurde, daß die hochmolekularen, komplexen Nahrungsstoffe in kleinere Bruchstücke zerfallen, eröffnete sich die Möglichkeit einer neuen Betrachtungsweise. Die Verdauung zerschlägt diese den Geweben des Pflanzen- und Tierreiches entstammenden Stoffe, um aus den Bruchstücken den Neubau der eigenen Gewebe zu vollziehen, sofern sie nicht m Stoffwechsel zersetzt werden; so lautet ein vielgebrauchter Vergleichi. Dem Eiweiß gegenüber bekam diese Vorstellung ihr besonderes Gepräge durch die Verbindung mit den Gedanken der Immunitätslehre, die F. Hamburger 1903 herbeiführte. Die Verdauung sichert nach ihm für den Körper die Wahrung der Artspezifität, indem sie den mit antigenen Eigenschaften behafteten, fremden Eiweißstoffen durch Abbau diese entzieht. Auf das Problem natürliche und künstliche oder artgleiche und artfremde Ernährung angewendet, bedeutet das eine ständige Mehrleistung bei artfremder Ernährung, die unter einer ständigen Reizung der Darmzelle verläuft. Diese Theorie hat aufs lebhafteste die Gemüter bewegt, und in abgewandelter Form spielt sie noch heute in den Lehren führender Pädiater betreffs der Frage der Genese der Ernährungsstörungen eine gewisse Rolle. Daß das möglich war, zeigt, um wieviel mehr die chemische Betrachtung der Verdauung gegenüber der physikalischen weitergeführt hat. Für die Probleme der Säuglingsernährung hatte jene Verdauungstheorie vom Diffusionsfähigwerden, die oben besprochen wurde, nicht viel mehr gezeitigt als die Lehre, daß man sich vor der Kuhmilch hüten müsse, weil sie grob gerinne und deswegen schlecht verdaut werde. Der Umstand, daß sie in beschränktem Maße richtig ist, entschuldigt nicht die bemitleidenswerte Dürftigkeit dieser Konzeption, die demgemäß nicht ausreichen konnte, um einem jungen, aufblühenden Fache als Grundlage zu dienen.

Als Gegenargument gegen Hamburgers Lehre von der Erschwerung der Assimilation bei artfremder Ernährung hat man vorgebracht, daß das artfremde Kuhmilcheiweiß bereits in den ersten Phasen der Verdauung durch rapiden Abbau stufenweise seinen Antigencharakter verliere. Hatten doch P. Th. Müller sowie Michaelis und Oppenheimer den Verlust dieses Charakters bei der Pepsin- und Trypsinverdauung erwiesen. Dieses Argument ist nicht stichhaltig. Peptonbildung gibt es nur in geringem Umfang im Säuglingsmagen. Also kommt die Darmzelle tatsächlich gelegentlich mit artfremdem, genuinem Eiweiß von noch antigenem Charakter in Berührung. Anders wäre auch der Übertritt von heterologem Eiweiß in Blut und Harn, und die Bildung von Antikörpern, die wenigstens unter bestimmten Bedingungen einwandfrei sichergestellt sind, und nicht nur Kontakt mit, sondern sogar Resorption von artfremdem Eiweiß beweisen, nicht verständlich. Der Trost derer, denen diese Tatsachen unbequem sind, das seien ausnahmsweise Vorkommnisse, und die biologischen Methoden zeigten vernachlässigenswerte Spuren an, verfängt nicht. Wir wissen nicht einmal, ob das bei Ernährungsstörungen häufig nachgewiesene Geschehen nicht auch beim gesunden Säugling gelegentlich stattfindet. Was dem Vorwurf der übergroßen Feinheit der Methoden angeht, so ist zu sagen, daß bei der starken Verdünnung im Blut und in den Organen nach der Resorption eben nur hochempfindliche Methoden überhaupt Ausschläge geben können.

Etwas anderes ist es, daß der sichere Nachweis tatsächlich fehlt, daß jene Berührung von heterologem Eiweiß und Darmzelle als solche eine Schädigung herbeiführt. Ja, es wird schwer fallen, hier auch nur einigermaßen passende Parallelen zu finden. Die Phänomene der Anaphylaxie und Idiosynkrasie gehören bei ihrem völlig andersartigen Charakter, als ihn die Ernährungsstörungen besitzen, ganz und gar nicht hierher. Die Kritik der Untersuchungen von pädiatrischer Seite, aus denen man auf eine Schädigung des Darmes durch das artfremde Eiweiß geschlossen hat, wird an anderer Stelle dieses Buches erfolgen. Beim Fistelhunde fand London gar keinen Unterschied im Ablauf der Aufspaltung des Eiweißes zwischen koaguliertem Pferde- und Hundeserum. Beide Seren wurden enzymatisch gleich tief aufgespalten, beim Hundeserum also eine ganz unnötige Leistung vollbracht, die der doch schon vorhandene Artcharakter entbehrlich gemacht hätte, wenn der Sinn der Verdauung des Eiweißes wirklich die Zerstörung der artfremden, biologischen Struktur wäre. Zur Rettung der Theorie muß man hier schon zu einem besonderen Verhalten des Säuglingsdarmes seine Zuflucht nehmen. Da aber Langstein am Saugkalbe mit Kuhmilch und Kuhmilchmolke ebenfalls tiefgehende Eiweißspaltung im Darme nachwies, ist es nicht statthaft, hier eine Besonderheit des Säuglingsalters anzunehmen.

Abderhalden hat die Begriffe Artstruktur und Artspezifität erweitert, indem er betont, daß es im Stoffwechsel durchaus nicht nur darauf ankomme, daß ein Eiweiß artgleich sei, es käme auch darauf an, daß es nicht in fremde Zellen und Gewebe sogar des eigenen Körpers gelangt. Hiermit entstehen die Begriffe „blutfremd" und „bluteigen", „zellfremd" und „zelleigen", oder auch der der „Organspezifität" gegenüber der „Artspezifität". Hamburgers Theorie bewertete vorwiegend diese, obwohl seine Ausführungen implicite auch schon dem Begriffe der Organspezifität durchaus gerecht werden. Hierbei ist allerdings zu sagen, daß organgebundene Spezifität nicht die hohe Bedeutung haben kann, wie die an die zirkulierenden Eiweißkörper der Körperflüssigkeiten gebundene

Artspezifität. Die Nucleoproteide, die typischen Zelleiweißkörper, besitzen in viel geringerem Maße antigene Eigenschaften. Auch das arteigene Frauenmilcheiweiß ist nach ABDERHALDEN als zellfremd und körperfremd zu bezeichnen. Ein Unterschied gegenüber dem Kuhmilcheiweiß besteht in dieser Hinsicht nicht. Da es also nicht zum Aufbau verwendungsfähig ist, so muß es zunächst abgebaut werden, ob es nun artfremd oder arteigen ist, denn so wie es ist, ist es unbrauchbarer Ballast. Trotz dieser unbestreitbaren Tatsache bleibt aber die *Möglichkeit* bestehen, daß der Reiz des artfremden Eiweißes zur Sekretbildung ein stärkerer ist. Hier liegt der Kernpunkt jener Theorie. Es fragt sich, wieweit sie heute noch mit unseren verdauungsphysiologischen Kenntnissen vereinbar ist.

Die Theorie HAMBURGERS nimmt ihren Ausgang vom Vergleich mit dem einzelligen Organismus, bei dem das fremde Eiweiß in der gleichen Zelle verdaut und assimiliert wird, während der mehrzellige Organismus besondere Zellen der Verdauung und Aufnahme fremder Substanz ausbildet, den Verdauungsapparat. Der Unterschied liegt in beiden Fällen darin, daß dort intracellulär, hier extracellulär verdaut wird, dort also im Organismus selbst, hier dagegen nur an einer Oberfläche. Dort kennt man wohl Reizungen durch artfremdes Eiweiß, hier beruhen sie rein auf Annahmen, denen bisher keine experimentellen Grundlagen gegeben werden konnten.

Es ist zwar richtig, daß auf Kuhmilch im Magen mehr Salzsäure sezerniert wird als auf Frauenmilch. Die später darzustellende Analyse dieser Tatsache hat aber keineswegs ergeben, daß sie eine Folge der Artfremdheit des Eiweißes ist, sie hängt vielmehr mit der größeren Eiweißmenge bei der Kuhmilchernährung zusammen, also mit der Quantität, nicht Qualität dieses Eiweißes. Ebenso ist die höhere Sekretbildung im Darm und stärkere Trypsinausscheidung bei künstlicher Ernährung höchstens bis zu gewissem Grade an die quantitativ größeren, nicht aber an die qualitativ andersartigen Eiweißmengen geknüpft.

Endlich liegt es mit der proteolytischen Sekret- und Enzymbildung bei der Verdauung so, daß die Hauptleistung beim Säugling der Bauchspeicheldrüse zufällt. Ist schon die Tatsache, daß dem fremden Eiweiß die Sekrete entgegen geschickt werden, und daß es höchstens durch äußeren Kontakt mit einem sehr kleinen Teil der Zelloberfläche reizen kann, der Vorstellung von der Reizwirkung des heterologen Eiweißes im Darm wenig günstig, so ist die Möglichkeit einer solchen Schädigung für die Bauchspeicheldrüse, die fernab in guter Deckung liegt, überhaupt nicht gegeben. Diese Drüse wird durch das Sekretin vom Blut aus gereizt. Sekretinbildend wirkt saure Reaktion im Duodenum. Solche könnte man ja nun allerdings durch die relativ stärkere Salzsäurebildung bei Kuhmilch auf das Kuhmilcheiweiß zurückzuführen suchen. Aber doch nur in einem ganz mittelbaren Sinne, der mit der Theorie HAMBURGERS eigentlich nichts mehr zu tun hat. Selbst dieser letzte Rettungsversuch läßt weitere Einwände zu. Die aktuelle Acidität, auf die es bei der Sekretinbildung ankommt, ist bei Kuhmilch im Dünndarm keineswegs als gesetzmäßig höher zu betrachten. Wir sehen also, daß die Theorie HAMBURGERS, die lange Zeit anregend auf die Forschung gewirkt hat, heute nicht mehr als Grundlage neuer Forschungen dienen kann.

Was ganz allgemein den Vergleich von Antigen-Antikörper-Reaktionen und Verdauung, also im umgekehrten Sinne wie durch die kritisierte Theorie, betrifft, so hat sich mit den modernsten Forschungsmitteln, wie sie von KUPELWIESER und NAVRATIL angewendet wurden, nicht erweisen lassen, daß bei ihnen proteolytische Prozesse meßbaren Umfanges ablaufen. Weder sind die Antikörperreaktionen also Verdauungsprozesse, noch laufen die Verdauungsprozesse im Sinne von Antikörperreaktionen ab.

Man hat früher oft aus der Milchernährung der Säugerjungen die Folgerung abgeleitet, daß eine im Alter selbst begründete Abhängigkeit von der Milchnahrung vorliege. Nachdem es jetzt gelungen ist, Säuglinge gänzlich milchfrei mit gutem Erfolge aufzuziehen (R. HAMBURGER), ist dieser Anschauung der Boden entzogen. Wir müssen jede Nahrung, die in qualitativer Hinsicht sämtliche notwendigen Nährstoffe in geeignetem Verhältnis, in quantitativer Hinsicht ein ausreichendes Angebot und schließlich die geeignete physikalische Form dem Säuglinge sichert, heute als brauchbar anerkennen. Die Schwierigkeit wird nur darin liegen, die genannten Forderungen zu erfüllen. Keinesfalls darf man mehr sagen, die Verdauungsorgane des Säuglings seien so unfertig, daß sie nur Milch und Milchzubereitungen bewältigen könnten. Wenn wir ein solches summarisches Urteil ablehnen, so ist andererseits die Frage, inwiefern die Altersstufe der Nahrungszufuhr Bedingungen auferlegt, als eine fundamentale zu betrachten. In quantitativer Hinsicht bestehen solche Abhängigkeiten, wie ja schon die tägliche Praxis der Säuglingsernährung lehrt. Es ist aber zu bedenken, daß die absoluten Unterschiede in den Nahrungsmengen zu den verschiedenen Wachstumsverhältnissen in Beziehung zu setzen sind, so daß es zweifelhaft bleibt, ob beim Vergleich *entsprechender* Nahrungsmengen eine Altersstufe gegenüber einer anderen unter erschwerten Bedingungen die Verdauungsarbeit zu leisten hat. Es wird also vor allem darauf ankommen, ob es möglich ist, den Begriff der *entsprechenden* Nahrungsmengen zu definieren.

Es soll im folgenden unternommen werden, dies in Anlehnung an die Gedankengänge PIRQUETS zu tun, indem versucht wird, die Darmfläche und die auf sie pro Einheit für jede Altersstufe entfallende Milchmenge in Beziehung zu setzen. Es sei gleich gesagt, daß ein solcher Versuch prinzipielle Einwendungen zuläßt, auf welche weiter unten einzugehen sein wird. Wir geben im folgenden eine Tabelle über die Beziehungen zwischen Alter, Darmfläche und Nahrungsmenge.

Alter Monate	Darmlängen nach Gundobin in cm	Darmfläche nach Pirquet $^1/_{100}$ Länge × Länge in qm	Frauenmilch- Trinkmenge (durchschnittl.) in ccm pro Tag	Frauenmilch pro qm in ccm pro Tag
1	359,7	1,29	500	387,6
1—2	384,6	1,48	600	405,4
2—3	429,8	1,85	750	405,4
3—4	450,6	2,03	800	394,1
4—5	455,6	2,08	850	408,7
5—6	449,5	2,03	850	418,7
7—9	492,4	2,42	(900)	(371,9)
9—12	503,9	2,55	(1000)	(392,2)

Eine kritische Betrachtung des vorgebrachten Zahlenmaterials erzwingt zunächst das Bekenntnis, daß es von beschränktem Werte ist. An Leichen ermittelte Darmlängen sind keine vitalen Größen und unterliegen nicht zu unterschätzenden Messungsfehlern durch den zufälligen Dehnungszustand der Darmmuskulatur, wie er bei der Untersuchung von Fall zu Fall gerade angetroffen wird. Die Berechnung der Darmflächen nach Pirquet bedeutet auch nur einen groben Schätzungsversuch. Ferner aber haftet, wie Pfaundler zeigte, jeder derartigen Berechnung der prinzipielle Fehler an, daß eine Fläche, die eine Struktur besitzt, ihrer unendlichen Aufteilung zufolge überhaupt der wahren Größe nach nicht bestimmt werden kann. Immerhin ist die Vorstellung diskussionsfähig, daß jene außerhalb des Meßbereiches liegende Struktur, welche es bewirkt, daß die wahren Darmflächen mit ihren Falten, Zotten, Krypten ein Vielfaches der ermittelten Zahlen darstellen, durch das ganze Säuglingsalter eine Gleichartigkeit besitzt. Wäre diese Annahme erlaubt, so könnte man immerhin die oben angeführten Zahlen als Vergleichszahlen gelten lassen. Dann würde man aus ihnen folgern können, daß auf die Einheit der Darmfläche während dieses Zeitabschnittes stets die gleiche Menge Frauenmilch als zu bewältigende Verdauungsleistung bezogen werden muß. Es würde dann also der Neugeborene relativ schon die gleiche Verdauungsarbeit wie das einjährige Kind leisten können, eine Schonungsbedürftigkeit, die eine mit dem Alter zu überwindende Funktionsschwäche aufzeigen würde, wäre nicht zu erkennen.

Bevor so weittragende Folgerungen gezogen werden, die allerdings Meinungen entsprechen, welche gegenwärtig im pädiatrischen Schrifttum öfters auftauchen, müssen doch erst die Grundlagen der Annahmen geprüft werden, auf die sich die obigen Zahlenreihen stützen. Kann von einer Gleichartigkeit der Struktur des Verdauungskanals während des ganzen Säuglingsalters gesprochen werden?

Man könnte zunächst überhaupt einwenden, die Verdauungsleistung

stehe in gar keinem oder höchstens in einem ganz lockeren Zusammenhange mit der Größe der Darmoberfläche. Wechselnde Intensität der
Leistung könne alle Unterschiede der verdauuenden Flächengröße aus-
gleichen. Dann wären die obigen Zahlenreihen wie die ganze Fragestellung als solche sinnlos. Eine funktionelle Beziehung zwischen Darmfläche und Verdauungsleistung existiert jedoch sicher. Man kann sie aus
den Experimenten LONDONs an Hunden erschließen. Jede erhebliche
Reduktion von Darmteilen, besonders des Dünndarms, zieht Funktions-
störungen in Gestalt von Diarrhöen und schlechter Nahrungsausnutzung
nach sich, die unter gewissen Bedingungen ausgleichbar, unter anderen
dauernder Natur werden. Hier handelt es sich nicht um den für den
Darm so wichtigen Consensus partium, sondern um die Wirkung der
Ausfälle.

Wenn also die Fragestellung als solche berechtigt ist, so kann es sich
für uns nur darum handeln, nach morphologischen und funktionellen
Daten über die Entwicklung der Darmfunktionen zu ihrer Überprüfung
zu suchen. Über die Bewertung der von einigen Autoren beschriebenen
histologischen Besonderheiten am Darmkanal des Neugeborenen, wie
schwache Entwicklung der Submucosa, Markscheidenmangel an den
Darmnerven, Mangel an elastischem Gewebe und die Deutung dieser
Befunde als Grundlage einer Funktionsschwäche des frühen Säuglingsalters, ist zu sagen, daß diese völlig willkürlich erscheint. Es wäre zunächst einmal der Zusammenhang zwischen morphologischem Befund
und Leistung verständlich zu machen, ehe weitgehende Schlüsse gezogen
werden können. Aus der Entwicklung des Magens liegen jedoch sorgfältige Messungen und Berechnungen von SCOTT vor, welche wenigstens
für den Magen die oben geforderte Prüfung der angenommenen strukturellen Gleichheit des Darmkanals in den verschiedenen Altersstufen
des Säuglingsalters erlauben. In abgekürzter Form dargestellt, ergeben
sich folgende Verhältnisse für die Entwicklung des Magens.

Alter in Monaten	Zahl der Krypten pro qmm	Schätzung der Fläche der Magenmucosa in qcm	Zahl der Drüsen pro qmm
Neugeborener	50	40,8	121
2	50	138	128
7	54	168	182
17	65	213	386

Von diesen Zahlen sind wohl die der Oberfläche der Magenschleimhaut vom geringsten Werte wegen des wechselnden Dehnungszustandes
der Muskulatur. Die Zahl der Krypten zeigt ein erstaunliches Gleich-
bleiben bis zu 7 Monaten, auch die Zahl der Drüsen nimmt von der Neu-
geburtsperiode bis zum Alter von 7 Monaten nicht in dem Maße zu, wie
die physiologischen Trinkmengen, was auch nicht zu erwarten ist; jedoch

ist es nach diesen Messungen nicht zu bezweifeln, daß die Magenschleimhaut im Säuglingsalter einen Wachstums- und Differenzierungsprozeß durchmacht. Diesen morphologischen Befunden steht auf funktionellem Gebiet der später genauer darzustellende Nachweis gegenüber, daß die Salzsäureabsonderung junger Säuglinge „als werdende Funktion"(SALGE) noch darniederliegt. Ferner besitzen wir in den Untersuchungen von MASLOW und anderen Unterlagen dafür, daß die Menge der Magen- und Darmfermente im Verlauf des Säuglingsalters mit zunehmendem Alter ganz regelmäßig, in recht typischen Kurven anwächst. Leider verfügen wir weder über genügend reichhaltige anatomische noch verdauungsphysiologische Daten, welche in entsprechender Weise die Entwicklung des Darmes selbst betreffen. Dies wäre um so nötiger, als GUNDOBIN festzustellen glaubt, daß vom Neugeborenen- bis zum Erwachsenenalter die Verhältniszahlen von Magen- zu Darmoberfläche sich immer mehr verschieben, so daß also das Kind, je jünger es ist, um so mehr an Verdauungsarbeit dem Darm selbst überlassen müßte.

Nach GUNDOBIN unterscheidet sich der histologische Aufbau der Darmschleimhaut des Säuglings und des Erwachsenen in mehrfacher Hinsicht.

1. Die Zotten stehen wesentlich dichter, sind aber kleiner als die des Erwachsenen. Die Zottenzahl pro Quadratmillimeter nimmt schon in den ersten Lebensmonaten ab.

2. Auch die Anzahl der LIEBERKÜHNschen Drüsen ist relativ größer, während die Drüsen selbst kleinere Maße zeigen. Beim Säugling wie beim Erwachsenen kommen 4—5 Drüsen auf eine Zotte.

3. Ferner stehen die BRUNNERschen Drüsen im Duodenum dichter als später, ihre Läppchenentwicklung ist noch unvollkommen.

4. Beim Säugling ist die Zahl der Solitärfollikel im Dünndarm die 3,3fache, im Dickdarm die 3,6fache wie beim Erwachsenen. Die PAYERschen Plaques sind kleiner als später.

Hiernach kann es als feststehend gelten, daß die wirklichen Oberflächen des Darmes sich in verschiedenen Altersklassen verschieden zur grob geschätzten Darmfläche verhalten müssen. Wahrscheinlich wird man annehmen dürfen, daß infolge der größeren Zahl, wenn auch kleinerer Zotten die Oberfläche des Darmes beim jüngeren Säugling größer ist als später. Hiernach sind die Grundlagen der oben angestellten Berechnungen hinfällig. Funktionelle Altersunterschiede lassen sich bedauerlicherweise aus den oben angeführten morphologischen Daten nicht ableiten.

Angesichts dieses Mangels ist man genötigt, die Verdauungsverhältnisse auf Grund allgemeinerer Betrachtungen in Hinsicht auf ihre Altersabhängigkeit zu untersuchen. Der Begriff der Unfertigkeit des Säuglingsdarmkanals ist gewiß häufig mißbraucht worden, und die Kritik PFAUNDLERS, der die Oberflächlichkeit der landläufigen Vorstellungen in dieser Hinsicht scharf beleuchtet hat, ist sicher berechtigt. Dennoch

entbehren einige der populären Ansichten über die geringere Widerstands-
kraft des Säuglingsalters, die sich natürlich auch an den Verdauungs-
organen kundgibt, doch nicht jeglicher Berechtigung.

Ein besonderes Problem liegt darin, daß der Darm beim Neugeborenen *erstmalig* seine Leistungen zu erfüllen hat. Ähnlich wie die Atmungs-
organe wird er gleichfalls von der passiven, placentar-hämatischen Abhängigkeit plötzlich losgelöst, zur Eigenleistung gezwungen. Es bestehen zwischen den beiden Leistungsgebieten allerdings erhebliche
Unterschiede insofern, als die Atmung viel mehr vom Zentralnervensystem abhängt wie die Verdauung, und Störungen mit dem Ingang-
kommen der Atmung meistens Auswirkungen geburtstraumatischer oder
fötaler Hirnschädigungen sind. Für die Verdauung kennt man keine
direkten entsprechenden Folgewirkungen des Hirntraumas. Der Begriff
der funktionellen Unfertigkeit oder Schwäche müßte sich durch einen
Leistungsausfall in Gestalt quantitativ herabgesetzter Sekretionen, qualitativ minderwertiger Sekrete, herabgesetzter Resorption und endlich
stärker reizbarer und erschöpfbarer Motorik kundgeben müssen. Die
Meinungen darüber, ob es Störungen des Verdauungsvorgangs auf dieser
Grundlage gibt, gehen auseinander. Insbesondere bei den Frühgeburten,
welche den extremsten Fall von „Unfertigkeit" realisieren, müßten sich
klinisch eine besondere Disposition zu Verdauungsstörungen, eine größere
Labilität der ganzen Ernährungsvorgänge und die Neigung zu schwere-
rem Verlauf nach Einsetzen von Störungen nachweisen lassen. Es kann
meines Erachtens keinem Zweifel unterliegen, daß diese Zusammenhänge
bestehen. Wir wissen, daß eine alimentär bedingte Diarrhöe bei einer
Frühgeburt oder einem sehr jungen Säugling etwas anderes bedeutet wie
bei einem halb- oder dreivierteljährigen; wir wissen namentlich, daß die
prognostische Bewertung dort vorsichtiger zu erfolgen hat, weil die Auswirkung auf den Allgemeinzustand und auf den weiteren Verlauf ernster
zu sein pflegt. Man hat hiergegen das Verhalten der Frühgeburten unter
normalen Verhältnissen ins Feld geführt. Das vielgerühmte, vorbildliche
Gedeihen der Frühgeburten, die linear aufsteigende Gewichtskurve haben
aber darin ihre Ursache, daß diese Kinder in vielen Anstalten bezüglich
des Infektionsschutzes und der Ernährung und Pflege sich wesentlich
besserer Bedingungen zu erfreuen haben, als man sie den übrigen Säuglingen gewährt. Es kommt noch das psychologische Moment hinzu, daß
das Gedeihen dieser Kinder zum Prüfstein der Pflege gemacht, und hier
eine ganz besondere Sorgfalt aufgewendet wird. Weiter täuscht der Umstand, daß diese Kinder meist von der Geburt an oder bald nachher in
die Anstalten eintreten, die Vergleichsfälle aber solche sind, die schwere
Schäden in ihrem bisherigen Milieu hinter sich haben und Mühe finden,
diese zu überwinden. Richtig wäre es, mit solchen Dystrophikern nicht
gesunde Frühgeburten, sondern dystrophische Frühgeburten zu ver-

gleichen. Diese aber stellen ganz gewiß an Pflege und Ernährung keine leichten Aufgaben. Der Frühgeburt eine höhere Toleranz der Nahrung gegenüber zuzusprechen und ihre Assimilationskraft gleich der oder sogar über die des reifen normalen Säuglings zu stellen, das scheint mir ein Ausfluß der oben aufgezeigten Täuschungsmomente zu sein. Sowohl den Durchfall erzeugenden wie den dystrophierenden Noxen gegenüber sehen wir jedenfalls eine raschere Entwicklung und schwerere Verläufe der klinischen Erscheinungen bei der Frühgeburt und, ganz allgemein gesprochen, überhaupt bei dem Säugling, je jünger er ist. Es ist auch nicht einzusehen, warum dem Darmkanal gegenüber anderen Organsystemen eine Sonderstellung zuerkannt werden soll. Daß die äußere Haut des Säuglings zarter und leichter lädierbar ist, daß sie deshalb auf ätiologisch gleichartige Noxen mit andersartigen klinischen Manifestationen reagiert als die des älteren Kindes, kann nicht bestritten werden. Die Geschwindigkeit, mit der die Oberflächen des Auges durch Wassermangel und Seltenheit des Lidschlages bei schweren Brechdurchfällen leiden können, ist ein Vorgang, der in keinem anderen Lebensalter Parallelen findet. Ebensowenig ist zu bezweifeln, daß die Mundschleimhaut schon des älteren Säuglings selten, die des Trimenonkindes und besonders des Neugeborenen auch ohne jede traumatische Einwirkung häufig vom Soorpilz befallen wird, dessen Invasionskraft dem Gewebe gegenüber im allgemeinen sehr gering ist. Reizungen der Dickdarmschleimhaut bloß durch die Prozedur der analen Temperaturmessung kommen bis zu recht unangenehmen Auswirkungen gelegentlich bei jungen Säuglingen, niemals aber bei älteren Kindern vor. Das sind leicht zu vermehrende Beispiele dafür, daß die mit der Außenwelt in Berührung gelangenden Oberflächen des Körpers beim Säugling leichter lädierbar sind. Ob man die Ursachen bei der Haut in zu geringer Keratinbildung, bei den Schleimhäuten in schwächerer Sekretion sehen will, ob man vielleicht an eine andersartige Beschaffenheit der Kittsubstanz zwischen den Zellen denkt, so daß diese sich leichter lockern, an den selbst Tatsachen kann man nicht vorbeigehen und sie wegdeuteln wollen, sie sind eben da.

Neben den bisher in den Vordergrund gestellten morphologischen Faktoren gibt es funktionelle, die den Säugling in eine besondere Lage bringen, welche auch bei den Ernährungsfunktionen eine Rolle spielt. Es muß zugegeben werden, daß sich hierbei konstitutionelle und expositionelle Faktoren aufs engste durchflechten.

Es sei zunächst hingewiesen auf die geringe Ausprägung der nervösen Hemmungsmechanismen. Dem Erbrechen und dem Durchfall gegenüber, die als Beispiele genannt seien, bewirkt dieser Ausfall an Hemmungen die geläufige Übersteigerung der Erscheinungen, die für das Säuglingsalter so charakteristisch ist. In diesen Bereich fallen auch pathologische Reaktionen auf Reize, die innerhalb der physiologischen

Breite liegen. Von Bedeutung ist ferner die höhere Intensität des Stoffwechsels im Kindesalter. Diese ist zum Beispiel die Ursache, daß sich Nährschäden jeder Art beim Kinde ähnlich wie bei kleinen und raschwüchsigen Tieren schneller als bei Erwachsenen auswirken. Die intermediären Vorgänge wirken dann auf die Verdauungsfunktionen zurück und können zum Anlaß von Störungen derselben werden. Es sei in diesem Zusammenhang auf den Wasserwechsel des Säuglings hingewiesen, von dem die Anlage der Flüssigkeitsreserven abhängt, aus denen indirekt die gewaltigen Sekretionen gespeist werden, die täglich in den Darmkanal hinein zu leisten sind. Ferner sei hingewiesen als Eigenart des frühen Kindesalters auf Eigentümlichkeiten der Membranpermeabilität. Hierunter sind nicht grobmechanische Vorgänge wie die oben betreffs der Körperdecken erwähnten gemeint, sondern jene feinere Struktur der Zelloberfläche oder jenes System elektrischer Ladungen, das den Vorgängen des Stoffaustausches zugrunde liegt. Daß hier beim jungen Organismus ein besonderes Verhalten vorliegt, ergibt sich unzweideutig daraus, daß es bei ihm nach den Angaben hervorragender Immunitätsforscher wesentlich leichter gelingt, den Durchtritt heterologen Eiweißes durch die Darmwand zu erreichen. Ferner besteht im Säuglingsalter eine besondere Anspannung des Elektrolyt- und namentlich des Säurebasenhaushaltes. Die Zusammenhänge dieser Funktionen mit den Darmvorgängen, wo abwechselnd Säure produziert, Alkali abgeschieden, beide resorbiert oder endgültig abgegeben werden, brauchen nur angedeutet zu werden. Die bedeutungsvolle Rolle bestimmter Ionen bei den Verdauungsvorgängen ist allgemein bekannt. Die Anspannung zufolge der Alterskonstitution beruht für den Säurebasenhaushalt auf einer Abhängigkeit von später zu besprechenden physiologischen und pathologischen Vorgängen im Darm, zum Teil auf der kindlichen Hyperventilation (GYÖRGY, HELMREICH), zum Teil auf Mangel an Reserven, zum Teil auf der erzwungenen Abhängigkeit von der Ernährung, bei der der Sicherheitsfaktor fehlt, den der Erwachsene in einer frei gewählten, variablen Kost besitzt. Endlich liegt eine besondere Belastung für das frühe Kindesalter in den Sonderaufgaben, die der Baustoffwechsel stellt. Hier denke man weniger an die geringfügige Anspannung, die etwa der Eiweißstoffwechsel erleidet, als an die komplizierten Spezialaufgaben, an die Vermehrung der Blutmenge im ersten Jahr auf ein Vielfaches, an den Skelettaufbau, der nicht mehr und nicht weniger als die Stapelung eines gewaltigen Basendepots dem Kinde zumutet, oder den Aufbau der spezifischen Substanzen einzelner Gewebe und Organe (Nervensystem). Infolge der rückwirkenden Einflüsse vom Intermediärstoffwechsel oder, allgemeiner gesprochen, von den Funktionen des Gesamtorganismus auf die Verdauungsfunktion ist hier eine weitere Region spezifisch-frühkindlicher Gefährdungsmöglichkeit aufgezeigt.

Es kann keinem Zweifel unterliegen, daß mit diesen allgemein gehaltenen Ausführungen die wesentlichen Faktoren der Alterskonstitution noch gar nicht erfaßt sind. Wir wissen nur in ganz beschränktem Ausmaße, welche morphologischen und funktionellen Grundlagen diese hat. Deshalb sind wir auch vielfach außerstande zu erklären, inwiefern nicht nur bestimmten Lebensaltern, sondern sogar bestimmten Abschnitten der Säuglingszeit gewisse pathologische Reaktionen im Bereich der Verdauung eigentümlich sind. Der Ablauf dieser Erscheinungen ist in erster Linie dadurch altersbedingt, daß das Alter eben gewisse Situationen schafft, die in dieser Form zu anderen Zeiten nicht vorkommen können. Aber auch die Altersverfassung des Kindes selbst, seine funktionelle und somatische Entwicklung verleiht gewissen Vorkommnissen wenigstens in bestimmten Zeitabschnitten Einmaligkeitswert. In der Analyse dieser wechselseitigen Beziehungen liegen die Aufgaben der Erforschung der Alterskonstitution.

Wenn wir eine Aufzählung der einzelnen Erscheinungen geben wollen, so wären der Neugeborenenperiode zuzurechnen die Zustände von Anorexie und Erbrechen beim transitorischen oder Durstfieber, das spastische Erbrechen der Neugeborenen, der Übergangkatarrh, die Meläna, die septischen Darmstörungen. In das erste Trimenon hinein gehören vor allem das habituelle Speien und Erbrechen, die spastische Pylorusstenose, die Darmerscheinungen bei Hypogalaktie in Gestalt von Erbrechen und Pseudoobstipation oder auch Pseudodiarrhöe, die Darmerscheinungen bei der LEINERschen Erythrodermie in Gestalt schleimiger oder hämorrhagisch-schleimiger Diarrhöen. Vorwiegend beim älteren Säugling sehen wir die Rumination, den Ösophagospasmus und Kardiospasmus, endlich die neurotischen Störungen bzw. Milieuschäden beim Übergang zur gemischten Kost. Wenn eine große Reihe pathologischer Erscheinungen am Darmkanal in *allen* Abschnitten der Säuglingszeit vorkommen kann, so weisen sie doch in den einzelnen Phasen ihre besondere Nuance auf, wie sie die Alterskonstitution bedingt. Hier sei namentlich auf die parenteralen Infekte hingewiesen, bei denen es schwer ist, Exposition und Disposition genügend zu trennen. Da sich Neugeborene und Trimenonkinder einer gewissen Geborgenheit erfreuen, während die Exposition später größer wird, sieht man im allgemeinen die banalen Affekte der oberen Luftwege, das Gros aller Säuglingsinfekte, öfters beim älteren Säugling als beim jüngeren. Ein Wirksamwerden echter konstitutioneller Momente tritt aber sehr scharf auch im Ablauf der parenteralen Störungen hervor. Auf die genannten Infekte reagiert ein Kind mit schwerer Beeinträchtigung der Verdauungsfunktionen, ein zweites mit leichterer, ein drittes gar nicht, bzw. wir sehen die durch die Fieberwirkung und den angespannten Wasserhaushalt wohl erklärliche Obstipation. Da wir dieses Verhalten bei einem und demselben Infekt auf größeren Stationen wie im Massenexperiment beobachten können, so ist die nächstliegende Erklärung eben die, daß hier von Fall zu Fall konstitutionelle Eigentümlichkeiten am Magen-Darmkanal die verschiedenen Reaktionen bewirken.

Geradezu als Prüfstein für die Altersabhängigkeit der Verdauungsfunktionen ist weiter das Verhalten bei der Ablaktation anzusehen. Dyspepsien bei der Abstillung kommen erfahrungsgemäß um so leichter zustande, je jünger der Säugling ist. Wenigstens gehen weit verbreitete Ansichten in dieser Richtung. Die Statistik hat gezeigt, daß der Erfolg der Laktationsdauer gegenüber der Letalität und Morbidität im Säuglingsalter um so besser ist, je länger die Stillperiode gedauert hat. Der Vergleich derselben Altersstufen nach dem Verhalten gegenüber der artfremden Nahrung ergibt bei einer Berechnung nach der Statistik von Boeckh folgende Verhältniszahlen:

Alter Monate	Todesfälle auf 10000 Kinder im Laufe eines Monats		Verhältniszahl
	bei Brustmilch	bei Tiermilch	
0	201	1120	1 : 5,6
1	74	588	1 : 7,9
2	46	497	1 : 10,8
3	37	465	1 : 12,6
4	26	370	1 : 10,4
5	26	311	1 : 11,9
6	26	277	1 : 10,7
7	24	241	1 : 10,0
8	20	213	1 : 10,6
9	30	191	1 : 6,4
10	31	168	1 : 5,4
11	39	147	1 : 3,7

Bei der Betrachtung dieser Zahlenreihen scheidet man am richtigsten die bis zum vollendeten 2. Monat Gestorbenen überhaupt aus. In diesen Zahlen stecken die ganzen Kategorien der durch Geburtstrauma, durch angeborene Mißbildungen oder sonstige Minderwertigkeiten a priori dem Tode zum Opfer fallenden oder doch von vornherein schwerer bedrohten Kinder. Das verwischt das Bild für den Rest, der vorwiegend den alimentären Bedingungen als solchen oder den durch diese wesentlich beeinflußten Krankheiten zum Opfer fällt. Ferner ist zu bedenken, daß die Ernährung mit Tiermilch keine akute, sondern eine chronisch und langsam wirkende Schädigung bedeutet, deren Folgen sich erst mit einer gewissen Verzögerung bemerkbar machen können, namentlich wenn nicht die einsetzende Erkrankung, sondern deren tödliche Folge als statistisches Maß verwendet wird, denn die Widerstandsfähigkeit des Säuglings gegen die alimentäre Noxe ist nicht gleich Null zu setzen. Auch hier gibt es eine Anpassung und Kompensationen. Vom 3. bis zum 11. Monat ist dann aus der Tabelle ein stetiger Abfall der relativen Mehrsterblichkeit der Flaschenkinder mit zunehmendem Alter zu entnehmen.

Aber all das läßt Einwände zu. Es muß zugegeben werden, daß bei der Durchsicht einer großen Zahl von Statistiken neben solchen, aus denen ähnliche Zahlen abzuleiten waren, doch eine Anzahl vorgefunden wurde, die solche Schlüsse nicht zuließ. Bei einer Erscheinung so komplexer Ätiologie wie der hier besprochenen ist das ja nicht erstaunlich. Die Statistik ist zu Analysen komplizierter klinischer Fragen nur beschränkt verwendbar. In der hier vorliegenden konkurrieren natürlich viele Einflüsse mit dem der Altersdisposition. Man weiß nicht, welche Rolle Darminfektionen in diesem Material, das auf Ärztemeldungen einer recht zurückliegenden Zeit und nicht auf klinischen Untersuchungen beruht, gespielt haben. Man kann sogar für diese Fälle, wenn man eine extreme Stellung einnimmt, den eigentlich alimentären Einfluß überhaupt leugnen und die Zustände rein auf die größere Gefährdung bei künstlicher Ernährung zurückführen. Nicht die Nahrung an sich, sondern die Ernährungstechnik ist es dann, die bei künstlicher Ernährung Darminfektionen eher ermöglicht. Man kann auch den Einwand erheben, daß in diesem Material andere unerkannte Krankheiten die Letalität beeinflussen, bei welchen ein Einfluß der Nahrung mehr in der günstigeren Wirkung der Frauenmilch auf den Allgemeinzustand mitspricht als in der Beeinflussung der Verdauungsfunktionen, auf die es uns allein ankommt. Wo die Säuglingsmortalität durch schlechte hygienische Verhältnisse *sehr hoch* ist, da scheint auch das untersuchte Verhältnis nicht mehr in so deutlicher Beziehung zum Alter zu stehen wie in der wiedergegebenen Statistik.

Deutlich dagegen tritt die Gesetzmäßigkeit hervor, wenn der Sterblichkeitsüberschuß der künstlich Ernährten kein derartig großer ist wie in der Statistik von BOECKH. Das ist in den Erhebungen von ROSENFELD der Fall. In ihnen sind die Todesfälle nicht auf Lebende, sondern auf die Gesamttodesfälle im ersten Jahre bezogen.

Von je 4000 im ersten Jahre gestorbenen Säuglingen der Jahre 1884 bis 1906

standen im wievielten Monat	natürlich Genährte		künstlich Genährte		Sterblichkeitsüberschuß der künstlich Genährten	
	ehelich	unehelich	ehelich	unehelich	ehelich	unehelich
1.	1124	1313	1038	1126	− 86	− 187
2.	462	524	513	625	51	101
3.	370	429	449	495	79	66
4.	294	301	353	371	59	70
5.	253	251	292	281	39	30
6.	246	222	256	235	10	13
7.	222	185	218	181	− 4	− 4
8.	229	173	202	175	− 27	2
9.	229	176	193	152	− 36	− 24
Durchschnitt des 10. bis 12. Monats	190	144	162	90	− 28	− 54

Es ist hieraus wieder mit Ausschluß des 1., bei den ehelichen der zwei ersten Monate zu ersehen, daß der Sterblichkeitüberschuß der künstlich Genährten mit zunehmendem Alter einen stetigen Abfall aufweist, und zwar bis zum 6. Monat, worauf er sogar negativ wird, d. h. nicht mehr besteht. Vom 9. bis zum 12. Monat sind sogar die Verhältnisse für die künstlich Genährten die deutlich besseren.

Dies kann nichts anderes bedeuten, als daß die Schädigung durch die artfremde Ernährung in den früheren Lebensstufen eine größere ist. Die einfachste Deutung, die man geben kann, ist die, daß der Darmkanal in frühen Altersstufen hierdurch unter erhöhten Anforderungen arbeitet. Man darf dies um so mehr, als zur Zeit der Erhebung jener Statistik in der Sterblichkeit des ersten Lebensjahres die Brechdurchfälle noch eine beherrschende Rolle spielten. Es muß aber gesagt werden, daß wir de facto nur eine besonders wahrscheinliche Deutung, nicht einen Beweis erbracht haben.

Einem wirklichen Beweise kommt man näher, wenn man nur Ernährungsstörungen berücksichtigt und Morbiditätszahlen, nicht Letalitäten verwendet. Die Ernährung sollte in einem solchen Material unter möglichst gleichmäßigen Bedingungen, die Pfege unter einwandfreien hygienischen Verhältnissen erfolgen. Dann ist ein gleichmäßiger Test zu verwenden, z. B. zu vergleichen, ob mehr dyspeptische Störungen beim Übergang zur künstlichen Nahrung im früheren als im späteren Säuglingsalter erfolgen. Ich habe zu dieser Untersuchung das von mir beobachtete klinische Material herangezogen. Zur Verfügung standen 133 völlig durchgeführte Ablaktationen. Hiervon betreffen 73 normale Kinder, deren Mütter entweder als Ammen in die Klinik eintraten, oder aber die aus sozialen Gründen in die Klinik aufgenommenen Kinder mehrmals täglich stillten. Ferner enthält die Erhebung solche normalen Kinder, die bald nach der Geburt aufgenommen wurden und eine gewisse Zeit mit Ammenmilch ernährt wurden. Endlich kamen 60 Frühgeburten zur Verwertung, die in der Klinik aufgezogen worden waren. Kranke Frühgeburten, solche etwa, die erst nach einer längeren Zeit der Heimpflege bereits geschädigt übergeben wurden, sind nicht berücksichtigt. Jeder Zustand von Durchfall in der Ablaktation ist vermerkt, auch wenn er nur 2 oder 3 Tage anhielt, parenterale Durchfälle jedoch sind in Klammern gesetzt. Bei ihnen bleibt es zweifelhaft, wieweit man den alimentären Faktor in Rechnung zu stellen hat. Wenn das Material nicht groß ist, so ist es dafür genau beobachtet, sorgsam gepflegt und stand namentlich unter durchaus gleichmäßigen äußeren Bedingungen.

Bei den normalen Kindern kam es bei den 73 Abstillungen nur 5mal zu abnormen Darmerscheinungen, wobei 1 Fall von parenteraler Störung im 3. Monat auszuscheiden ist. Es kamen also nur 4mal alimentäre Durchfälle zur Beobachtung, und diese 4 Fälle standen in den ersten 3 Lebensmonaten. In dieser Zeit waren 38 von 73 Kindern ganz abge-

Ablaktation normaler Kinder.

Im wievielten Monat	1	2	3	4	5	6	7	8	9	10—12	Summe
Zahl der Fälle im Beginn der Abstillung	33	17	12	4	5	2	0	0	0	0	73
Zahl der Fälle am Ende der Abstillung . . .	9	9	20	8	6	7	7	3	2	2	73
Zahl der Fälle mit dyspeptischen Reaktionen	2	1	1 (+1)	0	0	0	0	0	0	0	4 (+1)

Ablaktation von Frühgeburten.

Im wievielten Monat	1	2	3	4	5	6	7	8	9	Summe
Zahl der Fälle im Beginn der Abstillung	15	22	15	4	2	1	1	0	0	60
Zahl der Fälle am Ende der Abstillung	5	6	11	11	15	9	3	0	0	60
Zahl der Fälle mit dyspeptischen Reaktionen	1	4 (+1)	2	3	1	0	0	0	0	11 (+1)

stillt, 62 befanden sich überhaupt in der Ablaktation. Da hierin eine
Sichtung des Materials liegt, so dürfen aus dem vorwiegenden Befallensein nur der ersten Lebensmonate keine Schlüsse gezogen werden. Bei
den Frühgeburten kam es 12mal zu durchfälligen Erscheinungen. 1 Fall
ist als parenteral auszuscheiden. Von den übrigen 11 Fällen stehen 5 in
den ersten 2 Lebensmonaten, also in der Zeit, in der erst 11 von 60 Kindern abgestillt, 37 im ganzen in der Ablaktation begriffen sind. 2 Fälle
stehen im 3., 3 im 4., 1 im 5. Monat. Aus diesen Zahlen ist entschieden
ein stärkeres Befallensein der früheren Altersstufen zu erkennen. Nach
dem 4 Monat sind noch 27 von 60 Kindern in der Ablaktation befind-
lich, außer einer Störung im 5. Monat kommt es aber nicht mehr zu
Durchfällen. Das Verhältnis von Frauen- zu Kuhmilch war ebenso wie
die Zeitspanne, nach der die Durchfälle sich einstellten, so wechselnd,
daß von einer Wiedergabe dieser Dinge Abstand genommen wird. Die
Ablaktation erfolgte schnellstens in Stufen von 100 g pro Woche, meist
aber viel langsamer. Auffällig erscheint ferner eine höhere Disposition
der Frühgeburt überhaupt zu Ablaktationsschädigungen zu sein, wie sich
aus der größeren Häufigkeit der Störungen bei ihnen ergibt, obwohl die
Verhältnisse hinsichtlich des Beginnes wie des Endes der Abstillung für
sie die günstigeren sind. Es mag auch Erwähnung finden, daß 2 von den 4
unter den normalen Kindern, welche dyspeptisch reagierten, solche Fälle
waren, deren Geburtsgewichte nahe der Grenze der Frühgeburt standen.
Wenn man die Frühgeburt im Sinne einer Rückständigkeit der **Alters-**
konstitution gegenüber dem ausgetragenen Kinde bewertet, so **kommt**
man zum Ergebnis einer höheren Labilität der jüngeren Stufe **gegenüber**
einer funktionellen Belastung.

Neben der Alterskonstitution und ihren direkten und indirekten Auswirkungen auf den Verdauungsvorgang spielt selbstverständlich die Allgemeinkonstitution als solche eine beherrschende Rolle. Vieles, was oben angeführt wurde als Ausfluß der Alterskonstitution, ist nichts als Abschattung der Allgemeinkonstitution durch das Alter, wie z. B. die schweren Symptomenkomplexe des jungen Säuglings wie habituelles Erbrechen und spastische Pylorusstenose oder Kardio- und Oesophagospasmus beim älteren Säugling auf dem Boden der Neuropathie erstehen.

Die Annahme von jahreszeitlichen Konstitutionsschwankungen, die man etwa für die sommerlichen Brechdurchfälle als Grundlage vermuten dürfte, ist wenig begründet. Wir kennen zwar Periodizitäten im Säuglingsalter, die sich in den Wachstumsfunktionen, im Ionenbestande des Blutes, im Säure-Basenhaushalt und in der Bereitschaft zu bestimmten Erkrankungen kundgeben. Bei den Sommerbrechdurchfällen aber dürfte kaum eine jahreszeitliche Schwankung der Konstitution der bestimmende Faktor sein. Geradezu bewiesen wird das dadurch, daß man unter den Verbesserungen der Ernährungstechnik und der Fürsorgemaßnahmen den „Sommergipfel" in letzter Zeit an vielen Orten hat verschwinden sehen. Jahreszeitliche Konstitutionsschwankungen würden wohl weniger zu beeinflussen sein.

Leider ist die Zurückführung bestimmter klinischer Erscheinungen auf Eigentümlichkeiten der Konstitution mit dem Nachteil verbunden, daß damit gar nichts für die Wesenserkenntnis solcher klinischen Phänomene gewonnen ist. Es ist uns für das Verständnis des Wesens des Pylorusspasmus nicht damit gedient, daß wir wissen, daß er familiär auftreten kann. Mit der Feststellung des Vorliegens eines konstitutionellen Merkmals beginnen erst die Schwierigkeiten näherer Analyse. Was besagt uns z. B. die Erfahrungstatsache, daß es zweifellos eine familiäre, digestive Schwäche gibt? Welche Mechanismen sind in solchen Fällen von Organminderwertigkeit verändert? Sind es nervöse, hormonale, sekretorische, resorptive, und wie kommt es gerade zu den Folgeerscheinungen, die wir im gegebenen Falle beobachten?

Weniger dunkel als die Zusammenhänge von Konstitutionsanomalien und Verdauungsablauf sind in einer Reihe von Fällen die, welche zwischen exogenen Schädigungen des Gesamtkörpers und durch sie bewirkten Störungen des Verdauungsablaufes bestehen. Daß es bei anhydrämischen Zuständen jeder Art aus Mangel an Betriebswasser zur Verringerung der Sekretion und damit der spezifischen Agenzien der Verdauung kommen muß, ist von vornherein zu erwarten, und die entsprechenden Experimentalbefunde sind ebenso verständlich wie die analogen klinischen Erfahrungen. Daß bei einer wahren Acidose, wie sie bei den Toxikosen vorliegt, die Alkaliabgabe in den Darm darniederliegend gefunden wird und dadurch, um ein Beispiel zu nennen, der Fettverdauung Hindernisse erwachsen werden, ist wohl begreiflich. Daß Störungen in der Zirkulation im Abdomen, wie sie im Zusammenhang mit der allgemeinen Kreislaufstörung mit der Atrophie (UTHEIM-TOVERUD) angenommen werden müssen, die Resorption als Aufnahme in das Blut unter besonders schwierige Arbeitsverhältnisse bringen muß, wird die bei diesen Zuständen oft vorkommende Toleranzschwäche wenigstens zum Teil erklären, denn Resorptionsstörung stört auch die Verdauung selbst, wie wir später sehen werden. Ein Beispiel schließlich schwerer funktioneller Darmstörungen, die aus einem speziellen stofflichen Defizit erwachsen, bietet die Pellagra, als deren wichtigste Ursache neben dem Fehlen eines spezifischen Faktors mangelhaftes Eiweißangebot ermittelt worden ist (GOLDBERGER, WILSON).

Während in den bisher angeführten Fällen die exogene Noxe auf Umwegen und über Zwischenglieder zu den Darmstörungen führte, kennen wir auch Einwirkungen, bei denen die eintretenden Störungen der Verdauungsfunktionen nichts weiter als eindeutige Lokalsymptome des bestehenden pathologischen Zustandes darstellen. In diesem Sinne sind die Spasmen am Darmrohr bei der Spasmophilie ein Symptom nervöser Übererregbarkeit, die hämorrhagisch-schleimigen Durchfälle beim Säuglingsskorbut sind Lokalzeichen der entsprechenden Diathese, die Obstipation beim Myxödem ein Stigma der allgemein nachweisbaren vegetativen Atonie usw.

Wir können unsere Ausführungen somit dahin zusammenfassen, daß es als sicher gelten kann, daß sich die Verdauungasrbeit im Säuglingsalter unter allmählich gesteigerter Anpassungsfähigkeit und Vervollkommnung vollzieht, daß somit die Sicherheit der Leistung im frühen Säuglingsalter eher gefährdet werden kann. Diese Gefährdungsmöglichkeit ist einerseits durch die Alterkonstitution bedingt, sofern sich diese unmittelbar in der Beschaffenheit und Tätigkeit des Verdauungsapparates zu erkennen gibt, andererseits indirekt herbeigeführt, indem die der Altersstufe zukommenden Sonderaufgaben zum Angriffspunkte exogener Noxen werden können, die sekundär auf die Verdauungsfunktionen einwirken. Solche Schädigungen können mehr allgemeiner Art sein oder direkt den Darm mitbetreffen oder endlich Organsysteme beeinflussen, die mit dem Darme in engem funktionellem Zusammenhange stehen.

Literatur.

Zusammenfassende Darstellungen:

ABDERHALDEN: Synthese der Zellbausteine bei Pflanze und Tier. Berlin: Julius Springer 1912.

CZERNY-KELLER: Des Kindes Ernährung, Ernährungsstörungen und Ernährungstherapie, 2. Aufl. 1, Kap. 6. Wien-Leipzig: Deuticke 1928.

EDELSTEIN-LANGSTEIN: Das Eiweißproblem im Säuglingsalter in „Beiträge zur Physiologie, Pathologie und sozialen Hygiene des Kindesalters". Berlin: Julius Springer 1919.

Finkelstein: Lehrbuch der Säuglingskrankheiten, 1. Abschnitt. Berlin: Julius Springer 1921.

Gundobin: Die Besonderheiten des Kindesalters. Berlin: Medizinische Verlagsanstalt 1912.

Hamburger: Arteigenheit und Assimilation. Leipzig-Wien: Deuticke 1903.

Husler: Mortalität und Morbidität im Kindesalter. Handbuch der Kinderheilkunde von Pfaundler-Schlossmann, 1. Leipzig: Vogel 1923.

London: Experimentelle Physiologie und Pathologie der Verdauung (Chymologie). Berlin-Wien: Urban & Schwarzenberg 1925.

Pfaundler: Biologisches und allgemein Pathologisches über die frühen Entwicklungsstufen. Handbuch Pfaundler-Schlossmann, 1. Leipzig: Vogel 1923.

Salge: Die biologische Forschung in den Fragen der natürlichen und künstlichen Säuglingsernährung. Erg. inn. Med. 1 (1908).

Einzelarbeiten:

Kupelwieser und Navratil: Versuche über die Nachweisbarkeit immunisatorisch bedingter Fermentprozesse. Biochem. Z. 160 (1925); 178 (1926).

Neumann: Einfluß der Ernährungsweise auf die Säuglingssterblichkeit. Z. soz. Med. 3 (1908).

Pirquet: Ernährung nach der Darmfläche; Körpergewicht und Darmfläche. Z. Kinderheilk. 15 (1917).

Rosenfeld: Weitere Beiträge zur Statistik der Säuglingssterblichkeit. Jb. Kinderheilk. 72, Beiheft (1910).

II. Die motorischen Funktionen.

Schon der fötale Darmkanal zeigt Bewegungstätigkeit. Man kann dies aus der Tatsache des gelegentlichen Vorkommens der Entleerung von Meconium ins Fruchtwasser erschließen, wie aus den Beobachtungen Preyers an Tierfeten, in deren Darm eingespritzte Flüssigkeit fortbewegt wurde. Ferner lösten verschiedenartige Reizungsformen Bewegungen aus. Der leere Magen des Neugeborenen zeigt periodische Tonusschwankungen und eine den Hungerkontraktionen des Erwachsenen vergleichbare peristaltische Tätigkeit (Carlson-Ginsburg).

Die Motorik der kopfwärts gelegenen Abschnitte des Verdauungsrohres erfolgt auch beim Säugling unter Mitwirkung und Kontrolle des Zentralnervensystems, sie wird beeinflußt von Sinnesempfindungen und in ihrem unwillkürlichen Ablauf durchsetzt von willkürlichen Betätigungen. Diese Verhältnisse entsprechen schon beim älteren Säugling wahrscheinlich weitgehend denen des Erwachsenen. Wieweit aber bewußte Tätigkeit, wieweit Empfindungen, wieweit Abhängigkeit vom Zentralnervensystem überhaupt im Neugeborenenalter mitspielen, das ist nicht von vornherein ersichtlich.

Die eigenartig ruckhaften, schnappenden und suchenden Bewegungen, die ein an die Brust genommener junger Säugling macht, vollziehen sich wahrscheinlich reflexartig, ohne die Mitwirkung des bewußten Willens. Ebenso verhält es sich mit der Saugtätigkeit. Auch tiefstehende Idioten, sofern nicht etwa bulbäre Veränderungen besondere Verhältnisse bedingen, vermögen meist regelrecht die Brust zu nehmen und zu saugen. Die Beobachtung eines reifen Kindes, bei dem eine fetale Pachymeningitis haemorrhagica externa als Schädelinhalt einen blutig gefärbten Liquor und ein auf Pflaumengröße reduziertes, an der Schädelbasis liegendes Hirnrudiment hervorgebracht hatte, ergab mir kürzlich das Vorhandensein ganz normaler, regelrechter Saugfähigkeit. Die Steigerung der Milchmenge, die bei der Mutter getrunken wurde, das Verhalten des Körpergewichtes entsprachen einem guten Durchschnittserfolg, während gleichzeitig schwerste Störungen der Temperaturregulation im Sinne der Poikilothermie, Atelektasen und terminal auch Krämpfe bestanden. Wenn bei Idioten Saugschwierigkeiten auftreten, so beruht das weit seltener auf den zentralen Ausfällen, als öfters auf gleichzeitig bestehenden Behinderungen der Atmung (Gaumendeformitäten, angeborene Adenoide usw.). Auch der geringe Nahrungsbedarf bei dem so häufig gehemmten Wachstum solcher Kinder ist zu beachten.

Saugbewegungen mit der Zunge macht der Säugling gelegentlich auch ohne Nahrungsaufnahme. Sie können sich in Schluckbewegungen fortsetzen. Dieses „Leersaugen" erfolgt beim jungen Säugling sehr gleichmäßig und erweist sich in der Länge der Tätigkeitsperioden abhängig vom Hungergefühl. Kurz nach der Mahlzeit erfolgen kurze Perioden, nach 4stündiger Pause lange (ECKSTEIN). Bei Frühgeburten soll diese Saugtätigkeit weniger regelmäßig erfolgen und größere Erschöpfbarkeit des Reflexes darbieten. Auch wird beim Leersaugen bei ihnen die Atmung seicht. Bezüglich des Einflusses der Geschmacksempfindungen auf das Leersaugen fand ECKSTEIN folgende Verhältnisse: Salzig fördert, süß fördert stark, sauer zeigt von Fall zu Fall wechselndes Verhalten, bitter hemmt gewöhnlich, fördert nur ausnahmsweise. Der oft differierende Einfluß der Geschmacksempfindungen ist für jedes Individuum charakteristisch. Weniger die durch das Hungergefühl bewirkte Erregung als die Nahrungsaufnahme selbst besitzt beim Säugling einen verdrängenden Einfluß auf die Perzeption von Schmerzempfindungen (WOLOWIK). Mund- und Schluckbewegungen lassen sich beim älteren Säugling nicht nur durch Sinneswahrnehmungen, wie beim Zeigen der Milchflasche, sondern auch durch künstlich gebildete, bedingte Reflexe, z. B. durch Klingelgeräusch, in Gang setzen. Die motorischen Reaktionen werden schwerer gehemmt und kommen weniger leicht zum Erlöschen als die sekretorischen, bedingten Reflexe (KRASNOGORSKI). Daß das Leersaugen und Schlucken oder auch das Fingersaugen mit Luftschlucken starken Grades verbunden wird und neurotische Störungen hervorbringt, die als Aerophagie bezeichnet werden, ist ein seltenes Vorkommnis. Eher spielt sie eine nebengeordnete Rolle als Begleiterscheinung andersartiger Störungen, wie gelegentlich bei Rumination oder auch einmal beim Pylorospasmus. Auf dem Übermächtigwerden psychogener Hemmungen gegenüber dem Saug- und Schluckmechanismus beruht die Brustscheuheit, jene Störung neuropathischer Brustkinder, die zu hartnäckigem Verweigern der Brust führt. Meist sofort beim Versuch des Anlegens reagiert das Kind mit erregtem Geschrei, sogar ohnmachtsähnliche Anfälle sind schon bei solchen Kindern beobachtet worden. Scheu vor der Flasche und hartnäckiges Verweigern, diese Fütterungsart anzunehmen, trifft man mitunter beim Versuch der Entwöhnung an. Hier handelt es sich in den schweren Fällen entweder um ein Versagen der pflegenden Personen, die, durch die Nahrungsverweigerung erschreckt, den widerstrebenden Willen des Kindes nicht zu brechen verstehen, oder aber es liegt bei richtigem pädagogischem Vorgehen psychopathische Veranlagung des Kindes vor, die sich dann im späteren Leben auch auf andere Weise zu manifestieren pflegt. Häufig wirken beide Komponenten zusammen.

Der Trinkakt des normalen Brustkindes vollzieht sich so, daß die Brustwarze samt dem Hof mit den Lippen umfaßt wird, wobei sich die Papille erigiert, worauf dann eine senkende Bewegung des Unterkiefers samt Zunge ein Vakuum erzeugt. Dieses entsteht also weder durch Zurückziehen der Zunge nach dem Prinzip eines Spritzenstempels, noch nach der Art, wie der Erwachsene saugt, durch eine Inspirationsbewegung. Das Vakuum zieht die Brustwarze tief in die Mundhöhle, worauf der Kiefer gehoben wird und sich an den Warzenhof anpreßt. Dieser Druck geht auf die Milchgänge über und befördert die Milch heraus. Es entstehen hierbei Drucke von 200—300 g beim Neugeborenen, nach 2 Wochen steigend auf 700—800 g (BASCH). Die Saugdrucke beim Senken des Kiefers werden in ihrer Wirkung durch wiederholtes Herabführen der Mandibel gesteigert. Diese Saugwirkung ist für das Nachströmen der Milch in die Milchgänge von Bedeutung. Im folgenden werden die von einzelnen Autoren ermittelten Zahlen für den Saugdruck mitgeteilt:

PFAUNDLER: Maximaler Saugdruck bei schwächlichen
       Säuglingen . . . . 0,7— 2,2 cm Quecksilber
       bei kräftigen Säuglingen . . . . 5,2 „ „
CRAMER: Maximaler Saugdruck niedrigste Werte 3,0— 4,4 „ „
       „   „   höchste   „ 10,4—12 „ „
BAHRDT: Niedrigste Werte . . . . 6,0 „ „
       höchste   „   . . . . 15,0 „ „

Bestimmend ist nach dem letztgenannten Autor für die geförderte Trinkmenge nicht die Zahl der Saugzüge, noch die maximale Druckhöhe der Einzelzüge, sondern der „Prädilektionsdruck", welcher derjenigen Druckeinstellung entspricht, die unter Schwankungen während des größten Teiles des Trinkaktes gehalten wird. Dem mittleren und hohen Vorzugsdruck entspricht eine normale oder besonders reiche Nahrungsaufnahme. Es interferiert hier jedoch auch der Faktor der schwer- und leichtgehenden Brust, so daß die gegebene Regel nur mit Einschränkung gilt, und es kann hinzugefügt werden, daß sie natürlich auch an der Er-

giebigkeit der Brust ihre Begrenzung findet. BAHRDT gibt folgende für die
Entleerung nötigen Drucke an:

> Bei leichtgehender Brust. . . . 3—4,5 cm Quecksilber
> bei mittelschwer gehender Brust 5—6,5 „ „
> bei schwergehender Brust . . . 7—8,0 „ „

Schwergehende Brust kann durch häufiges Leerschlucken ungewöhn-
liche Luftmengen in den Magen befördern. Wenn die Vorzugsdrucke
unter diesen Höhen bleiben, so kann die Nahrungsaufnahme nicht er-
giebig werden. Das normale Kind besitzt die Fähigkeit, den Vorzugsdruck bis auf die für die betreffende Brust notwendige Höhe hinaufzu-
bringen. Für Trinkfaule ist nach BAHRDT ein zu niedriger Prädilektionsdruck typisch, der Mechanismus ihres Saugreflexes erlahmt vorzeitig und
kommt nicht zu voller Entfaltung. Neben der aktiven Leistung des Kindes ist als weiterer Faktor der Milchüberleitung der Sekretionsdruck in
der Brustdrüse selbst von Bedeutung. Es gibt Frauen, bei denen während
der ganzen Lactationszeit etwas Milch aus den Mamillen abtropft, was
sich dann sofort steigert, wenn das Kind saugt. Diesem Extrem von
leichtgehenden Brüsten steht das andere von schwerstgehenden gegenüber, bei denen das Saugen unter ziehenden, krampfartigen Schmerzen
Kontraktionszustände an der glatten Warzenhofmuskulatur auslöst, die
nur schwer und langsam überwunden werden.

Aus der oben gegebenen Beschreibung des Saugaktes folgt, daß alle
Mißbildungen des Kindes, welche das normale dichte Umfassen der Brust
und hiermit die Erzeugung eines Saugdruckes hindern, zu Störungen des
Stillgeschäftes führen können, z. B. Hasenscharte, Wolfsrachen, Ranula,
verbreiterter Alveolarfortsatz, Makroglossie, Agnathie. Ebenso bewirkt
natürlich Saugunfähigkeit aus Schwäche, durch Benommenheit bei Durstfieber oder Infekten, durch cerebrale Geburtsschädigung, daß das Kind
nicht trinken kann. Eine weitere Quelle von Störungen kommt durch die
Unmöglichkeit zustande, in gewissen Fällen zugleich zu saugen und zu
atmen. Hierher gehört Dyspnoe infolge Koryza, Pneumonie, bei schwerem Stridor congenitus, schwerem Herzfehler, Keuchhusten usw. Bekanntlich stören sich die normale Atmung und die normale Saug- und
Schlucktätigkeit beim Säugling gegenseitig nicht, indem die besondere
anatomische Lage des Kehlkopfes und Zungengrundes zueinander ein
Verschlucken verhindert.

Die Speiseröhre ist beim ruhenden Säugling frei von peristaltischen
Bewegungen und Tonusschwankungen, die jedoch schon im halbwachen
Zustande, z. B. durch Lutschen, Schlucken, besonders nach Erregung der
Speichelsekretion durch Geschmacksreize ausgelöst werden. Ein liegen-
bleibender Fremdkörper (Gummiballon) vermag eine ganz regelmäßige,
lange anhaltende Peristaltik in Gang zu bringen (PEIPER-ISBERT). Die
Oesophagusperistaltik greift nach diesen Autoren nicht auf den Magen

über, der seine eigene Rhythmik besitzt. Die Speiseröhre ist auch tonischer Zusammenziehungen fähig, die unter bestimmten Bedingungen als Oesophagospasmus in extremer Ausbildung pathologische Zustandsbilder hervorbringen. Nach ALFRED HESS kann es beim Pylorospasmus infolge einer besonderen Disposition des Verdauungsrohres zu spastischen Kontraktionen auch zum Pharyngospasmus und Kardiospasmus kommen. Ersterer tritt beim direkten Einbringen von Säure ins Duodenum auf. Würgbewegungen können beim Pylorospastiker auch dadurch ausgelöst werden, daß die Sondenspitze den Pylorus berührt. Das Schlucken kann durch Schlingkrämpfe nach A. HESS unter solchen Verhältnissen gestört sein. Die Kombination von Darmspasmen und auf Contractur des Ductus Stenonianus beruhender Parotisschwellung, die anfallsweise erfolgte, wurde bei Pylorospastikern neben Schluckkrämpfen durch WOLFF beobachtet. Solche Vorkommnisse sind aber selbst beim Pylorospasmus seltene Ausnahmen. Die Frage, ob es Oesophagospasmus auf der Grundlage der Tetanie der Säuglinge gibt, wurde verschiedentlich bejaht (FINKELSTEIN, REYHER). Die Autoren verweisen auf die analogen, durch IBRAHIM beschriebenen Spasmen am Rectum, Anus, der Blase. Das Gros der Fälle von Schluckkrämpfen beim Säugling dürfte, durchaus vergleichbar den hysterischen Zuständen beim Erwachsenen, auf psychogener Grundlage beruhen. LUST unterscheidet einen sekundären, läsionsbedingten Oesophagospasmus, z. B. nach Laugenätzung, bei dem sich die Furcht vor der Nahrungsaufnahme zur psychotischen Zwangsvorstellung erhöht, von den ösophagalen Affektkrämpfen, welche er bei älteren neuropathischen Säuglingen sah, die dem Versuche zur Gewöhnung an Breimahlzeiten mit wütendem Widerstande begegneten. Schon der Anblick des Breitellers löst Geschrei aus, der Schluckakt vollzieht sich in höchster Erregung, sofort darauf steigt der Inhalt aus der Speiseröhre wieder empor und läuft zum Munde heraus, die Art des Brechens ist also hier ganz eigentümlich. Es erfolgt unmittelbar auf das Schlucken, verläuft nie explosiv, stets nur in kleineren Mengen, und das Hervorgewürgte zeigt keine Veränderungen, die auf einen Aufenthalt im Magen schließen lassen. Als dritte Gruppe ösophagaler Krämpfe beschreibt LUST den auf primär erhöhter Reflexerregbarkeit beruhenden essentiellen Oesophagospasmus. Bei jeder Änderung der Diätform, besonders wenn sie mit Veränderungen im physikalischen Zustande der Nahrung verknüpft ist, tritt der Krampf auf und wird mit dem zunehmenden Alter immer heftiger, so daß ganze Zeitperioden rein flüssiger Ernährung eingeschaltet werden und unter Umständen chirurgische Eingriffe erfolgen. Einen mit 9 Monaten beginnenden Fall, der zum Tode führte und durch die Kombination mit schmerzhaften Spasmen der Harnröhre ausgezeichnet ist, schildert HUSLER. Die Obduktion ergab nichts als hypertrophische Wandmuskulatur bei völlig intakter, von Narben freier Schleimhaut. Die bei-

gegebenen Röntgenabbildungen entstammen einem durchaus ähnlichen
selbst beobachteten Falle. Im 7. Monat traten auf den Versuch, Beikost
zu verfüttern, Schluckstörungen ein, ohne daß das Kind Erregung oder
Widerwillen sichtbar zu erkennen gab. Kurz nach dem Schlucken fließen
Brei oder Gemüse wieder heraus. Später gewöhnt sich das Kind hieran,
und es „erbricht" nicht mehr, dagegen erfolgt um die Jahreswende auf
Brot, Zwieback, Keks, irgendwelche festen Teile enthaltende Suppen,
Wurst und Fleisch auch in feinst zerkleinertem Zustande das Hervor-

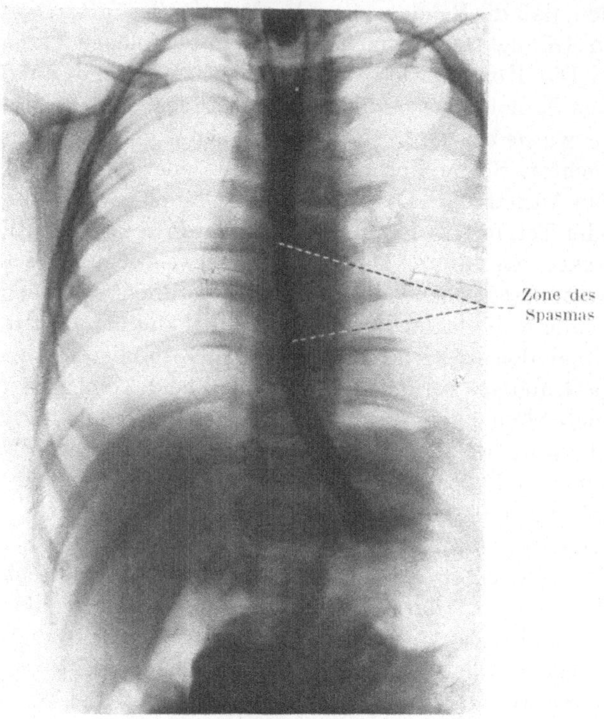

Abb. 1. Oesophagospasmus.

würgen. Wenn ein Brotbrocken nicht mehr hervorgewürgt werden
kann, so wird auch hinterher getrunkene Milch, die sonst anstandlos
geschluckt werden kann, wieder Schluck um Schluck ausgebrochen.
In der Klinik kann durch Ablenkung und Suggestion der ganze Zustand schlagartig überwunden werden, das Kind kaut und schluckt
nach kurzer Zeit selbst harte Brotkrusten. Wesentlich ist, daß eine
ausgesprochene erbliche, psychopathische Belastung vorliegt, und es sich
um ein einziges Kind handelt, das dem Typus empfindlicher, leicht ver-
stimmbarer Psychopathen angehört. Merkwürdigerweise löste Sondierung selbst mit verhältnismäßig dicken Kalibern nie den Spasmus aus.

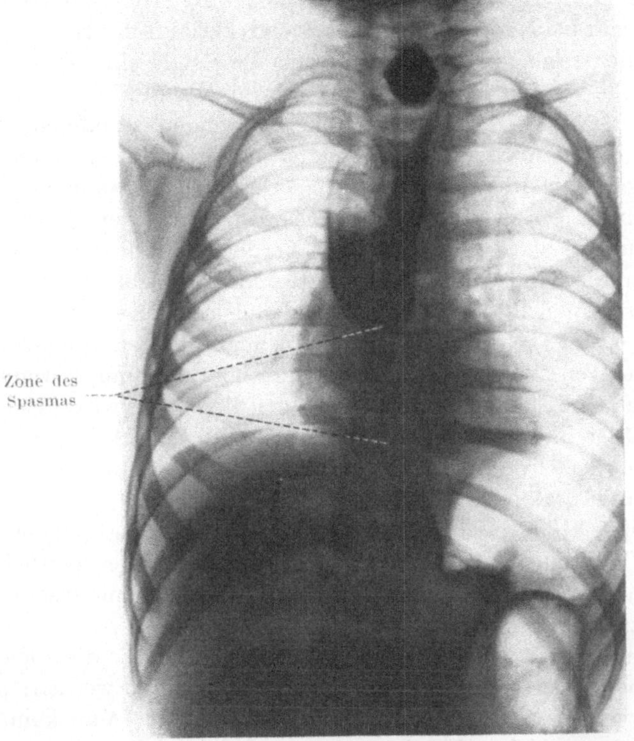

Abb. 2. Oesophagospasmus.

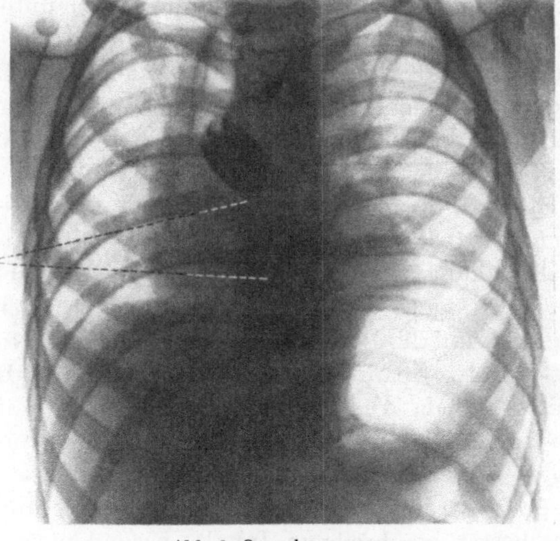

Abb. 3. Oesophagospasmus.

Ähnlich dem Oesophagospasmus, jedoch häufig schon auf früherer Altersstufe, sogar bei Neugeborenen einsetzend, verläuft der Kardiospasmus. Auch hier kann das Verhalten gegen die Sonde ein wechselndes sein. Diese kann von vornherein etwa 15 cm vom Munde abwärts Widerstand finden, der nicht oder nur schwer zu überwinden ist, oder sie kann passieren, dann aber spastisch umklammert werden, so daß sie nicht vor- oder zurückbewegt werden kann. Das dem Oesophagospasmus ähnliche Erbrechen führt rasch zu dystrophischen und atrophischen Zuständen. Die Erscheinungen können den falschen Verdacht auf Rumination erwecken, indem die Kinder das Vorgewürgte wieder zu schlucken suchen, es wieder auswürgen und so dem gleichen Spiele obliegen wie bei der Rumination. Das Erbrochene zeigt aber nicht die Kriterien eines Aufenthaltes im Magen. Auch wird nichts wieder herausgebracht, wenn die Nahrung durch eine Sonde direkt in den Magen eingeführt wird. Endlich weist die Röntgenuntersuchung den Fundamentalunterschied nach, beim Kardiospasmus eine Contractur, bei der Rumination ein weites Klaffen des Magenmundes (GÖPPERT, BECK).

Zu dem Zurückfließen sauren Mageninhaltes in den Oesophagus, das entgegen der Wirkung des CANNONschen Kardiareflexes gelegentlich erfolgt, ist das Auftreten des bei Säuglingen so häufigen Singultus in Beziehung gesetzt worden.

Die motorische Tätigkeit des Säuglingsmagens zeigt die gleichen Funktionstypen, wie sie im späteren Leben beobachtet werden: peristaltische Bewegungen, Peristole und Pylorustätigkeit. Man kann bei sehr dünnen Bauchdecken besonders bei Atrophikern die Magenbewegungen oft ohne die weiteren Hilfsmittel beobachten, die das Röntgenverfahren bietet. Auch graphische Registriermethoden unter Einführung von Gummiballons in den Magen hat man verwendet (PEIPER, ISBERT). Alle drei motorischen Funktionstypen treten schon beim Neugeborenen auf. Die Entleerung regeln Peristole und besonders die Pylorusfunktion, die Peristaltik dient der Durchmischung. In den ersten Monaten noch schwach ausgeprägt, gewinnt sie etwa vom 4. Monat ab größere Leistungskraft. Durch Einbringen von Salzsäure in den leeren Magen des Neugeborenen (2 ccm 0,4%) konnte A. HESS schon in diesem Alter Magensteifung, jedoch nicht peristaltische Wellen erzeugen. Nach den Ergebnissen des Tierexperimentes und in Analogie zum Verhalten des Darmes darf man schließen, daß die Peristaltik nicht unabhängig vom Tonus der Magenwand ist. Guter Spannungszustand, eine gewisse Dehnung sind der Peristaltik förderlich. Die Fähigkeit, auf Dehnung mit Spannungsentwicklung unter umklammernder Zusammenziehung um den Mageninhalt zu reagieren, bezeichnet man als Peristole. Diese Funktion ist schwach ausgeprägt bei flüssigem Mageninhalt, also bei Milch und Milchverdünnungen, besser bei breiigem Inhalt, besonders wenn dieser im

Magen keiner nachfolgenden Verflüssigung unterliegt, wie dies bei Gemüsebrei der Fall ist. Aus diesem Grunde empfiehlt ROGATZ Purrees zur Anregung der Peristole.

Die Stellung des leeren Magens ist so, daß die Längsachse eine ziemlich vertikale Lage einnimmt. Bei der Füllung vollzieht sich eine Verlagerung des Organs im Sinne einer stärkeren Annäherung an die horizontale Stellung, wobei der Pförtner gegenüber dem Magenmund die größere Beweglichkeit aufweist. Die Entfaltung des Magens wird aus der Serie der verschiedenen Formen in den Abbildungen nach ROGATZ ersichtlich. Es ist aus denselben zu erkennen, wie wechselnd die Formen sein können, und daß die schematische Statuierung von Tabaksbeutel-, Dudelsack-, Birnenform usw. nur geringen Wert besitzt.

Diese wechselnden Formen, deren zahlreiche Varietäten man mit der Gestalt der Retorte, der Pfeife, des Lindenblattes verglichen hat, erhalten ihr Gepräge aus dem Gegeneinanderwirken der bei der Füllung dehnenden Kräfte und der aktiven Kräfte, die in der Peristole und Peristaltik zur Entfaltung gelangen. Während erstere bei flüssiger Ernährung schwach ausgeprägt ist, läuft die Peristaltik hoch vom Fundus beginnend gegen den Pylorus zu, wodurch der Inhalt seine Durchmischung erfährt (THEILE). Es hat sich ergeben, daß die Konsistenz der Nahrung von ganz entscheidender Bedeutung für die Form des Magens ist (ROGATZ). Ein weiter Fundus und lang ausgezogener Pylorusteil kommen nie bei Breifütterung vor, vielmehr ist hier gemäß der besserentwickelten peristolischen Tätigkeit die Rundform überwiegend. Die Mägen der Flaschenkinder werden öfters stark dilatiert und mit großer Luftblase gefunden als die der Brustkinder. Herunterschlucken von Luft ist im übrigen sowohl beim Trinken an der Brust wie aus der Flasche physiologisch. Schon beim Neugeborenen ist Luft im Magen nach 7—35 Minuten nachweisbar, sie tritt auch in den Darm über. Der Tatsache, daß in Rückenlage die Magenblase unter der vorderen Bauchwand liegt, und die Kardia durch Flüssigkeit abgesperrt ist, so daß die Luft nicht entweichen kann, trägt der bei Müttern und Pflegerinnen weit verbreitete Brauch Rechnung, die Kinder nach dem Trinken steil aufzurichten. Bei älteren Säuglingen, die sich selbst aufsetzen können oder es können sollten, wird diese Gewohnheit unterlassen. Rachitische Säuglinge mit ihrer gehemmten motorischen Entwicklung können also die Magenluftblase nur schlecht entleeren. Bei linker Seitenlage ist Gelegenheit zum Entweichen der Luft in den Darm gegeben. Der so häufige Meteorismus bei den Rachitikern erklärt sich wahrscheinlich teilweise aber nicht vollständig auf diese Art. Nach DE BUYS-HENRIQUES soll aufrechte Körperhaltung beim Säugling die Magenmotilität ausgesprochen hemmen, rechte Seitenlage sie am meisten fördern. Tatsächlich kann man die klinische Erfahrung machen, daß in gewissen Fällen hartnäckiges Speien bei steiler Lagerung des Säuglings aufhört. Hieraus wäre ferner die Forderung abzuleiten, Schlüsse über die Magenmotilität nicht ausschließlich aus Beobachtungen an Säuglingen, die senkrecht gehalten werden, zu ziehen.

Die entleerenden Kräfte liegen, wie oben ausgeführt, in der Peristole, während der feinere Mechanismus der Entleerung, die Regulierung der zu bestimmten Zeiten zu entleerenden Mengen vom Pylorus abhängt. Auf den Pylorusring wirken im Tierversuch kontraktionsfördernd Säure, Fett und hypertonische Salzlösung im Duodenum, sowie Dehnung oder sonstige mechanische Reizung des Duodenums. Auch gärende Brotmassen hemmen nach COHNHEIM-MARCHAND beim

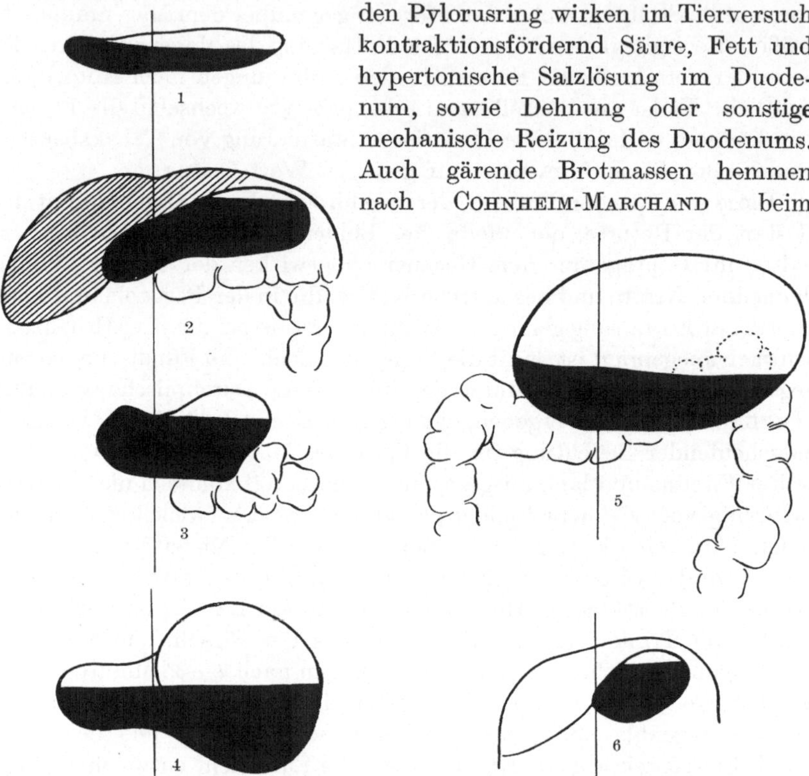

Abb. 4. *Magenformen nach* ROGATZ. 1 flache Magenform; 2 u. 3 Retortenform; 4 Birnform; 5 ovale Form; 6 kleine runde Form bei Breikost.

Hunde die Magenentleerungen vom Darm aus. Es ist nicht sicher, wieweit diese Verhältnisse auf den Säugling übertragbar sind, besonders was den Säurereflex angeht. Für saure gepufferte Nahrungen wären, wenn er existierte, lange Verweilzeiten zu erwarten. DEMUTH faßt aber seine ausgedehnten Untersuchungen über die h des Mageninhaltes und ihren Einfluß auf die Magenverweildauer dahin zusammen, daß zwischen ihr und der Entleerungszeit keine Beziehungen feststellbar sind. Auch THEILE beobachtete keine Veränderung der Entleerung, wenn eine Milchschleimmahlzeit gegeben wurde, die von vornherein auf diejenige h gebracht und durch

Puffer fixiert worden war, welche sie sonst erst auf der Höhe der Verdauung innegehabt hätte. Gegen das Ergebnis THEILES, daß durch Phosphatpuffer alkalisierte Halbmilch besonders rasch entleert wurde, was auf Entfallen des MEHRINGschen Säureschließungsreflexes bezogen wurde, wendet DEMUTH ein, daß auch ein spezifischer Effekt der Phosphationen

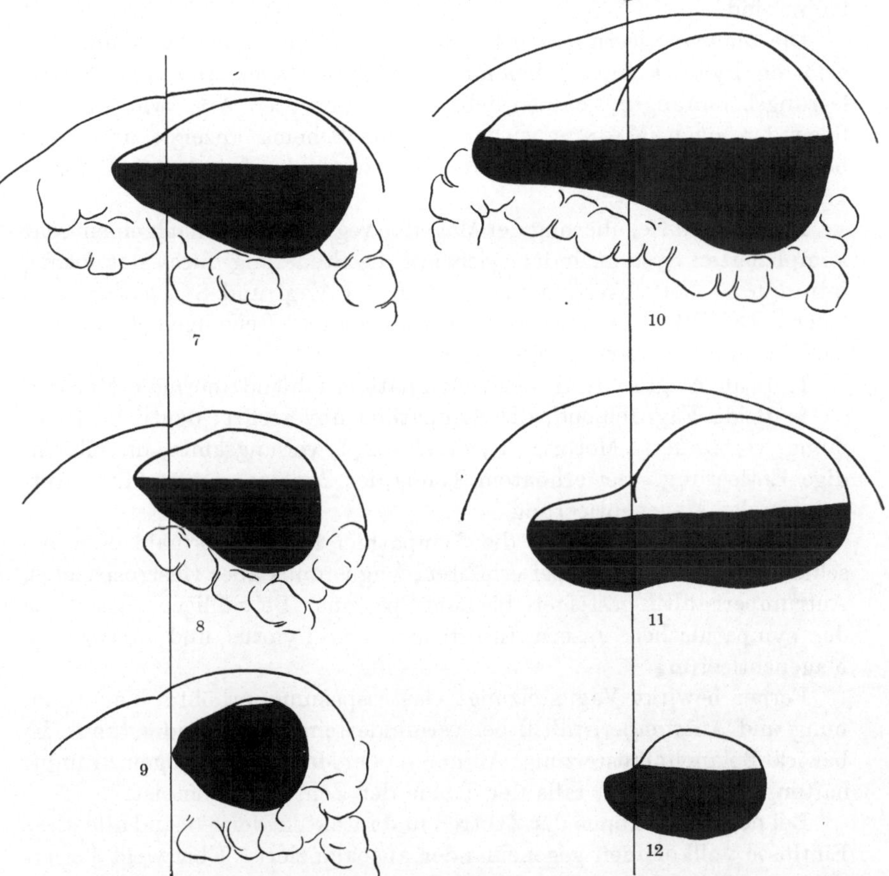

Abb. 4 (Fortsetzung). *Magenformen nach* ROGATZ. 7 Magen bei gewöhnlicher Milch; 8 bei konzentriertem Milchbrei; 9 bei dickem Kartoffelbrei; 10 Riesenmagen nach 100 g Eiweißmilch mit 7% Kohlenhydrat; 11 Magen nach konzentriertem Milchbrei; 12 Magen nach Kartoffelbrei.

vorliegen könne. Ob der Pylorussäurereflex bei Milchernährung überhaupt in Aktion treten kann, muß in Anbetracht der niedrigen Aziditäten, welche in großen Abschnitten der Verdauungsphase bei solcher Nahrung innegehalten werden, zweifelhaft erscheinen. Die Beobachtungen TOBLERS zeigen zwar, daß bei Milchernährung ein Pylorusschließungsreflex existiert, sie zeigen aber nicht, auf welcher Grundlage der Reflex arbeitet. Der Säurefaktor als Ursache des Schlußreflexes ist aus klinischen Gründen wenig wahrscheinlich. Bei jungen Frauenmilchkindern besteht in manchen Fällen zwischen der h des Mageninhaltes und der des Dünndarminhaltes kein nennenswerter Unterschied. In solchen Fällen ist der Pylorusschlußreflex kein Säurereflex, sondern ein Dünndarmfüllungs- und ein Fettreflex, wie sie beide physiologisch ebenfalls bekannt sind.

Die Magenentleerung wird nicht nur durch vom Duodenum aus gelösten Pylorusschluß gehemmt, auch vom Magen aus gibt es Entleerungshemmungen, namentlich solche nervöser Art, wie das im folgenden nach MAGNUS wiedergegebene Schema anzeigt, und zwar besonders durch sympathische Reizungszustände, bei denen Pyloruskrampf auftritt.

Die nervöse Regulierung der Magenbewegung erfolgt nach einem sehr komplizierten System, indem sich auf die Steuerung durch das lokale, intramurale Nervensystem der Einfluß der Vagi und Sympathici auflagert. Die Effekte von Durchschneidungen und Reizungen stellen sich nach MAGNUS folgendermaßen dar:

1. Beide Vagi fehlend, beide Sympathici fehlend: normale Motorik.

2. Beide Vagi fehlend, die Sympathici unversehrt: deutliche Hemmung, verminderte Motorik, Pyloruskrampf, verlangsamte, unvollständige Entleerung. Bei erhöhtem Tonus der Zentren sogar völlige Aufhebung der Magenentleerung.

3. Beide Vagi erhalten, die Sympathici fehlen: normale oder beschleunigte Entleerung, bei erhöhtem Vagustonus aber Gastrospasmus, Antrumperistaltik gesteigert bis zum Spasmus. Bei völliger Ausrottung der sympathischen Fasern Insuffizienz des Pylorus und überstürzte Magenentleerung.

Ferner bewirkt Vagusreizung: Gastrospasmus, erhöhte Wandspannung und Antrumperistaltik bei vermindertem Pyloruswiderstand. Es bewirkt Splanchnikusreizung: Aufhören aller Magenbewegungen, krampfhaften Pylorusschluß, falls der Tonus der Zentren erhöht ist.

Bei normalem Tonus der Zentren und intakten Nerven sind alle diese Einflüsse vollkommen gegeneinander ausbalanziert. Überwiegt bei erhaltenem Splanchnicus der Vagustonus, so besteht Neigung zu Gastrospasmus, Sanduhrmagenbildung, beschleunigter Entleerung. Überwiegt bei erhaltenem Vagus der Splanchnicus, so stehen die Hemmungen und Entleerungsverzögerungen im Vordergrund. Ist der Tonus beider Nervenpaare erhöht, so überwiegen die vagalen Erscheinungen.

Bei experimenteller Ausschaltung der Pars pylorica samt Pylorus ist die Magenentleerung im Tierversuch verlangsamt, die Sekretion von Magensaft vermindert. Bei reinem Pylorusdefekt wird der Magen beschleunigt entleert. Diese Anomalie besteht aber nur in den ersten Tagen und gleicht sich dann aus.

Die bei Säuglingen als Durchschnittswerte nach dem allein zulässigen Röntgenverfahren ermittelten Entleerungszeiten geben wir in der folgenden Tabelle zusammengestellt wieder:

Autor	Frauenmilch	Gewöhnliche Milchmischungen	Eiweißmilch	Konzentrierte fettreiche Nahrung
TOBLER-BOGEN . .	2—3 Std.	3 —4 Std.		
THEILE	2—3 „	3 —4 „		
KRÜGER	3 —3$^1/_2$ „ (Gesunde) 2$^1/_4$—3$^1/_2$ Std. (Schwächliche)	3 —3$^1/_2$ „	2$^1/_2$—4 Std.	4—5 Std.
DEMUTH	3$^1/_2$—4$^2/_3$ Std.	4$^1/_3$—5$^1/_3$ „	4$^2/_3$—5$^2/_3$ „	6$^2/_3$ „

Die Maximalzeiten sind nicht ganz scharf zu ermitteln, weil kleine Reste von einigen wenigen Kubikzentimetern oft lange im Magen bleiben. Diese kleinen Mengen werden nur bei Anwendung von Kontrastmitteln noch gesehen. Die obigen Zahlen sind also auch durch ein methodisches Moment beeinflußt.

Aus sämtlichen Untersuchungen ergibt sich, daß die Frauenmilch eine kürzere Entleerungszeit hat als die Kuhmilch. Dieser Unterschied hat lebhaftes Interesse hervorgerufen, das seinen Ausdruck in der Fragestellung fand, welcher Bestandteil der Kuhmilch die Verzögerung hervorbringt. Dieser Bestandteil ist nicht das Fett, denn Austausch des Fettes der Milcharten ist ohne Einfluß auf die Magenverweildauer, wie BESSAU, ROSENBAUM und LEICHTENTRITT fanden. Auch die Kohlenhydrate, die nur in hohen Konzentrationen überhaupt Einfluß auf die Magenentleerung gewinnen, sind hier ohne Bedeutung. Dagegen ist von großem Einfluß das Eiweiß. Die oben genannten Autoren finden für eiweißreduzierte Kuhmilch eine Verkürzung von 21,9% der Verweilzeit, DEMUTH-EDELSTEIN 9—16% Verkürzung, während Kaseinanreicherung einer eiweißreduzierten Milch Verlängerung von 27—34% herbeiführt. Säuerung ist ohne, Labung von geringfügigem Einfluß auf die Entleerungszeit. Dagegen bringt peptische Vorverdauung 25% Verkürzung, tryptische Vorverdauung hingegen keine solche. Peptisch-tryptische Verdauung der Milch wirkt wie allein erfolgende peptische Einwirkung. Es bleibt noch offen, ob neben dem sichergestellten Einfluß des Eiweißes auch der Molke eine Bedeutung für die Entleerungszeit zukommt. Molkenreduzierte Kuhmilch bringt nach BESSAU, ROSENBAUM und LEICHTENTRITT 18,8% Verkürzung hervor. Enteiweißte Molke zeigt keinen Unterschied gegenüber der eiweißhaltigen (BLOCK und KÖNIGSBERGER). Da nun Wasser gegenüber Molke eine sehr erhebliche Verkürzung aufweist (BLOCK und KÖNIGSBERGER, DEMUTH), so können nur die krystalloiden Molkenbestandteile diesen Unterschied bewirken, also wahrscheinlich die Salze.

Dem scheint der Befund von BESSAU, ROSENBAUM, LEICHTENTRITT zu widersprechen, daß die Zugabe einer der Kuhmilch ungefähr entsprechenden Salzmischung zur Frauenmilch keine Verlängerung bewirkt. Jedenfalls bestehen hier noch Unklarheiten, die weiterer Bearbeitung bedürfen.

Es bleibt noch übrig, auf die Bedeutung des Fettes für die Magenentleerung hinzuweisen, da sein verlangsamender Einfluß allgemein anerkannt ist. Nach DEMUTH bleibt er hinter dem des Kaseins zurück, und zwar besteht beim jungen Säugling eine stärkere Eiweiß- als Fettverlangsamung, während beim älteren Säugling die hemmende Eiweißwirkung weniger groß, die des Fettes aber stärker ist. Hier liegen innige Zusammenhänge zwischen motorischen, sekretorischen und digestiven Funktionen vor.

BEHRENDT hat gezeigt, daß die Fettspaltung im Magen für die Entleerungsgeschwindigkeit wichtig ist. Wurde durch Erwärmen der Frauenmilch die in ihr enthaltene Lipase zerstört, so verließ die Milch den Magen um durchschnittlich 35% der Verweilzeit roher Frauenmilch langsamer. Auch bei Mischung von Frauen- und Kuhmilch trat dieser Unterschied noch scharf hervor, während er in der Kuhmilch, die kein fettspaltendes Ferment besitzt und in ihren lipolytischen Eigenschaften durch Erhitzen nicht verändert werden kann, ebenso wie bei Frauenmagermilch fehlt. Wir sehen hieraus, daß die Hemmungswirkung des Fettes nur dem Neutralfett, nicht den Fettsäuren und Seifen zukommt.

Bei Krankheitszuständen wurden erhebliche Abweichungen der Magenentleerungszeiten festgestellt. Die Angaben sind aber keineswegs gleichförmige. Verzögerungen kommen, wie schon lange bekannt, namentlich bei schweren, akuten alimentären Störungen vor (KRÜGER, DEMUTH). Es liegt nahe, hier an die Wirkung der Darmgärung auf den Pylorusschlußreflex in Analogie zu den Tierversuchen COHNHEIMS zu denken. Bei Dyspepsie junger Säuglinge ist die Entleerung bei Frauenmilchernährung nach DEMUTH meist beschleunigt, im späteren Alter liegt ein wechselvolles Bild vor, während bei Kuhmilchernährung Verkürzungen vorherrschen, außer wenn saure Mischungen verfüttert werden. Hierin wird ein Entlastungsmoment für den Darm, das bei der Anwendung saurer Mischungen zur Wirkung kommt, gesehen. Bei Dystrophie, Infekten, Rachitis ist die Entleerung bei künstlicher Ernährung nach KRÜGER verlängert. Auch bei schlaffen, hypotonischen, älteren Säuglingen gibt es oft erhebliche Verzögerungen. Starke Verlängerung des Magenaufenthalts wurde ferner bei der Einwirkung von Hitze auf den Säugling durch DEMUTH, EDELSTEIN, PUTZIG nachgewiesen.

Die höchstgradige Entleerungshemmung bis zur Unwegsamkeit führt die spastische Pylorusstenose herbei. Die bei diesem Zustande gesteigerte Peristaltik ist als Arbeit gegen das vorliegende Hindernis aufzu-

fassen. Sie entspricht einer vagischen Erregung. Mit einer solchen darf
aber der Spasmus der Muskulatur des Canalis pylori selbst keinesfalls
identifiziert werden, denn krampfhafter Pylorusschluß entsteht durch
sympathische Splanchnicusreizung. Die Vaguserregung ist ein sekun-

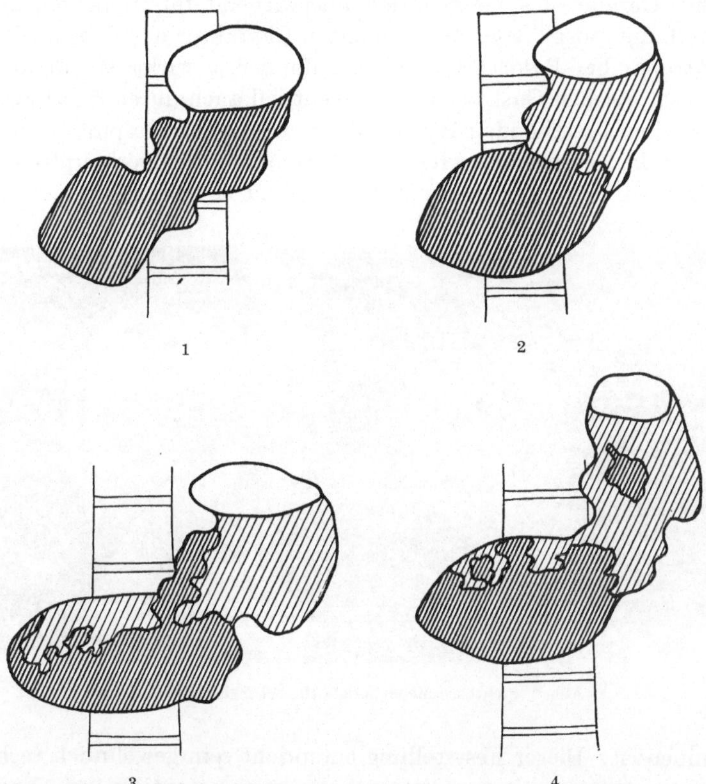

Abb. 5. Gesteigerte Magenperistaltik bei Pylorospasmus (Skizzen nach Röntgenfilmen).
1 Sofort; 2 15 Minuten; 3 2 Stunden; 4 4½ Stunden nach 50 g Frauenmilch mit 5 g Citobarium.

därer Vorgang, der der sympathischen Erregung parallel geht, vielleicht
auch im Konnex mit der von VOLLMER gefundenen Alkalose steht. Symptome vegetativer Störungen sind beim Pylorospasmus auch außer den
Magenbewegungen erkennbar. Im Bereiche des Magens selbst beobachtet
man bekanntlich in manchen Fällen Hypersekretion, in anderen das Hämatinerbrechen (ENGEL), dessen Wesen später erörtert werden wird. In
meinem Material kommt és ungefähr in einem Viertel der Fälle zu diesem
Bluterbrechen, das sehr häufig verkannt und als Ulcuszeichen gewertet
wird. Relativ häufig tritt anfallsweise Exophthalmus auf, es kommt zur
Entwicklung von Glotzaugen. Die Atmung kann Anomalien in Gestalt
von Aufseufzen aufweisen. Temperatursteigerungen sind das Stigma der.

bestehenden Austrocknung, die übrigens auch auf das Brechen zurück-
wirkt. Übersteigerungen desselben bis zu 30—50mal pro Tag haben diese
Ätiologie. Typisch ist der wellenförmige Verlauf des Leidens, oft in 1- bis
1^1/₂wöchigen Intervallen, mit Steigerung und Rückgang der Erscheinungen. Gerade dies beweist den überwiegend funktionellen, erst in
zweiter Linie morphologisch bestimmten Charakter der Krankheit. Sofern Atropin bei Pylorusstenose vorteilhaft ist, wirkt es nur auf den
kompensatorischen Gastrospasmus, eventuell auch durch Beschränkung
der bisweilen bestehenden Hypersekretion. Am Zentralpunkte des Leidens, dem Pylorospasmus selbst, greift Atropin aber überhaupt nicht an.
Unnütz wird es dann sein, wenn es schon zu bedeutender Gastrektasie

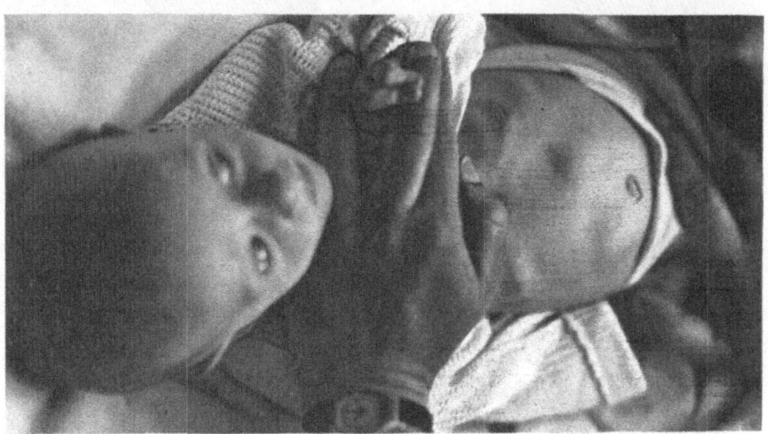

Abb. 6. Sichtbare Magenperistaltik bei Pylorospasmus.

gekommen ist. Dieser Feststellung entspricht sein gewöhnlich recht beschränkter therapeutischer Erfolg. Mit ganz ermutigendem Ergebnis
habe ich in 3 Fällen von Pylorusstenose Uzaratinktur angewendet, dem
antispasmodische Eigenschaften zugeschrieben werden. Vorteilhaft, weil
die nervöse Erregbarkeit dämpfend, sind Narcotica. Ihr unbestreit-
barer Nutzen reicht aber wohl nicht aus, um eine primäre, gesteigerte
Reizbarkeit des Brechzentrums zu begründen (ECKSTEIN).

SALOMON findet bei normalen Säuglingen auf Atropin verzögerte
Magenentleerung, Nachlassen des Tonus, langsamere Peristaltik, Rück-
bildung von Antrumabschnürungen. Bei denjenigen Formen des Erbrechens, bei denen ein durch vagale Erregung erhöhter Wandtonus angenommen werden darf, wie beim habituellen Speien, ist das Atropin
mehr als beim Pylorospasmus am Platze. Hypophysin erhöht nach
KÖNIGSBERGER-MANSBACHER dagegen auch beim normalen Kinde den
Pylorustonus und kann bis zu krampfähnlichen Zuständen führen. Es

wirkt positiv inotrop auf die Peristole und verkürzt dadurch bei schlaffen, atonischen Mägen, wie sie nach Infekten vorkommen, die Verweildauer. Auch bei diesen Zuständen kommt bekanntlich Erbrechen vor.

Der nach Öffnung des Pförtners mögliche Rückfluß von Duodenalsaft (BOLDYREFF), wie er namentlich bei sehr fettreichem Mageninhalt beim Erwachsenen vorkommt, spielt im Säuglingsalter keine wesentliche Rolle. Gegenüber der Angabe, daß dieser Reflex beim Säugling überhaupt nicht vorkomme, muß ich jedoch entschieden darauf hinweisen, daß ich schon wiederholt zurückgeflossene Galle im Mageninhalt von Säuglingen gefunden habe, dem Eindruck nach besonders bei Dyspepsie. Bei Ikterus neonatorum kommt es nach ALFRED HESS zu einer Pyloratonie, so daß die Sonde durch den klaffenden Pförtner unmittelbar ins Duodenum gelangt. LINDBERG beschreibt bei allgemeiner Magenatonie gallehaltiges Erbrechen. Hier läßt offenbar die Atonie des Pylorus den Gallerückfluß zu.

Ein im Säuglingsalter äußerst seltenes Vorkommnis ist das Auftreten der Erscheinungen, die als Stenose nach LANDERER-MAIER bekannt sind. Bisher ist nur 1 Fall von SCHÄFER beschrieben worden. Der Zustand beruht nicht wie die spastische Pylorusstenose auf kongenitaler Muskelhypertrophie mit sekundärer Entwicklung von Spasmen bei bestehender neurotischer Konstitution und erblicher Anlage, sondern er basiert auf einer unvollständigen, membranösen Atresie. Die Ähnlichkeit der Erscheinungen besteht in explosivem Erbrechen, das schon früh einsetzen kann, mit Gewichtsstürzen und Obstipation sowie großen Magenrückständen, die die Einfuhr übertreffen können. Die unten wiedergegebenen Röntgenbilder entstammen einem selbstbeobachteten Falle. Schweres Erbrechen setzte hier erst ein, als im 8. Monat von der Frauenmilchernährung ganz abgegangen, und der Versuch gemacht wurde, Gemüse, Kartoffelmus, Breie zu füttern. Das Erbrechen förderte oft ganz alte Speisereste zutage. Es treten Obstipation, Vorwölbung des Oberbauches, Steifungen, sichtbare Peristaltik und laut gurrende Geräusche auf. Wie im Falle SCHÄFERs liegt mongoloide Idiotie vor, kenntlich an Sattelnase, Epicanthus, Korektopie, Schielen, Brachycephalie, langer, spitzer Zunge, Mißbildungen von Ohr und Kleinfinger, cutis laxa, Hypotonie der Muskulatur. Die Röntgenuntersuchung entdeckt einen gewaltigen Sanduhrmagen, der auf den ersten Blick an den mehrhöhligen Magen gewisser Nager, wie den des Hamsters, in seiner äußeren Form erinnern könnte. Durch Kippen des Kindes läßt sich der Inhalt von der einen Magenhälfte in die andere umgießen, wobei die Flüssigkeitsspiegel und Magenblasen vor und nach dem Umgießen verschiedene Stellungen einnehmen. Bei der Magenspülung entleert sich, nachdem das Wasser bereits klar abgelaufen war, plötzlich wieder in großen Mengen zersetzt riechender Inhalt, offenbar aus dem anderen Magensack, der nicht mitgespült werden kann.

Die Unterscheidungsmerkmale zum Pylorospasmus gibt folgende Tabelle
wieder:

Landerer-Maier-*Stenose.*	*Spastische Pylorusstenose.*
1. *Zeitlich:* schwere Symptome, besonders im späteren Säuglingsalter, mehr und mehr zunehmend.	Im ersten Trimenon schwerste Symptome, die später zurückgehen.
2. *Einfluß der Diät:* Bei Zufütterung von Brei und Gemüse Verschlimmerung.	Breie, besonders milchlose, öfters günstig befunden.
3. *Magenform:* Riesige Dilatation und Sanduhrmagen.	Mäßige Dilatation kommt vor, ist nicht gesetzmäßig.
4. *Motorik:* Neben Steifung und Peristaltik auch Antiperistaltik angegeben.	Antiperistaltik fehlt.
5. *Neurotische Züge:* Fehlen. (Idiotie?)	Fast nie vermißt.

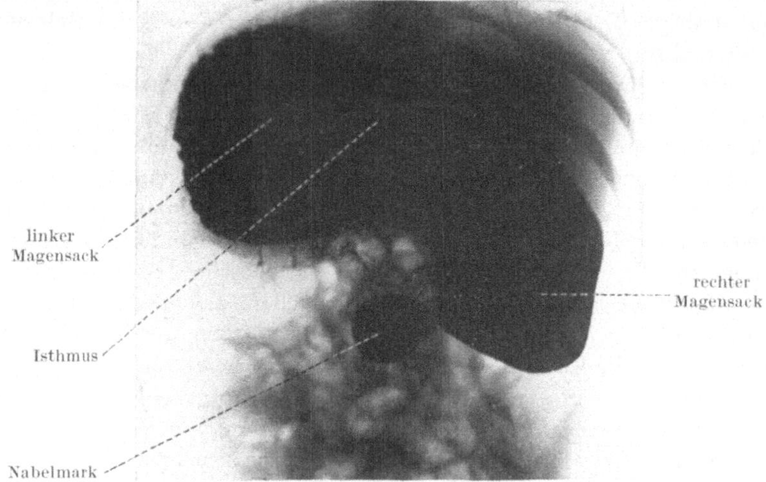

Abb. 7. Röntgenbild des Magens bei Landerer-Maier-Stenose (eigene Beobachtung).

Ein weiteres klinisch ähnliches, aber ebenfalls durch das Röntgenverfahren abgrenzbares Krankheitsbild ist die Duodenalstenose, die durch
verschiedenartige Momente, wie peritonitische Adhäsionen und Stränge,
arterio-mesenterialen Verschluß, Tumoren, Atresie zur Entwicklung gelangt. Unter Umständen gibt hier die gallige Beimengung zum Erbrochenen, die bei Pylorusstenose nie vorkommt, einen Hinweis. Das erweiterte
Duodenum mit dem einschnürenden Pförtner soll einen Sanduhrmagen
vortäuschen können (Preisich, Faber). Was die Entstehung des wirklichen Sanduhrmagens bei Landerer-Maierscher Stenose betrifft, so ist
er kein spastischer Sanduhrmagen, wie ihn extrem starke vagische Erregungen bewirken können, sondern nach den Ausführungen Schäfers Folge
der gewaltigen Dilatation. Aus anatomischen Gründen kann die schnürende Stelle der Dehnung nicht folgen, so daß hier ein Engpaß entsteht.

Das im Säuglingsalter so ungemein häufige Vorkommnis des Erbrechens zeichnet sich dadurch aus, daß es im Gegensatz zum Erbrechen des Erwachsenen meist ohne Nausea und sehr viel leichter, insbesondere ohne krampfartige Komponente erfolgt. Erleichtert wird das Brechen beim Säugling durch die geringe Ausbildung der Peristole bei flüssiger Nahrung. Offensichtlich überwiegt der Pförtnertonus stark den der Kardia, die sich auf Drucksteigerung (Würgen, Bauchpresse) öffnet. Eine Form, bei der nicht nur ein Mangel an Unlustgefühlen, sondern geradezu eine

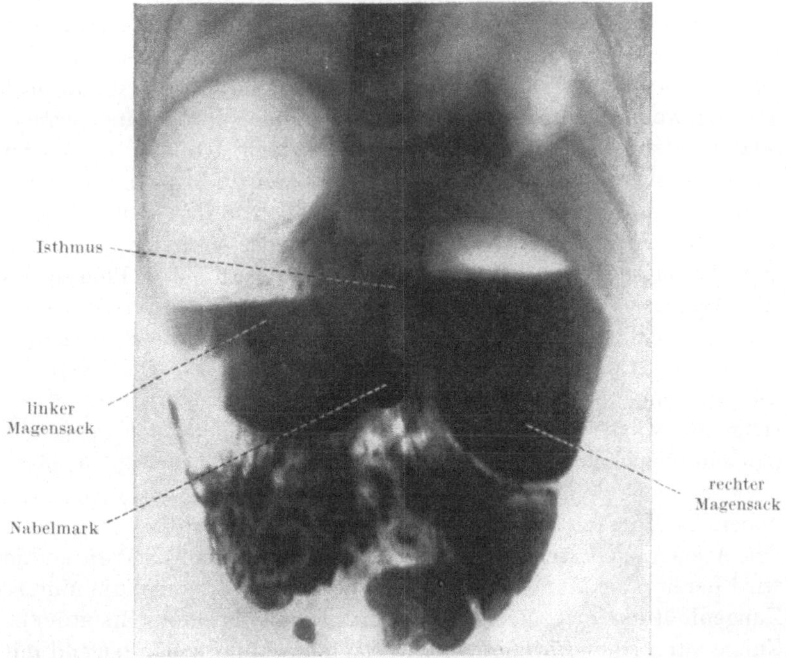

Abb. 8. Röntgenbild des Magens bei LANDERER-MAIER-Stenose (eigene Beobachtung).

Lustbetonung vorzuliegen scheint, ist die Rumination, der Meryzismus der Säuglinge.

Wie die Pylorusstenose nur junge, so betrifft die Rumination nur ältere Säuglinge, meist im 3. und 4. Lebensvierteljahr. Es überwiegen stark die künstlich Genährten über die Brustkinder. Die betroffenen Kinder weisen meist schon vor dem Einsetzen der Rumination eine Dystrophie auf, die dann rasch, wenn nicht eingegriffen wird, zu weiterer erheblicher Verschlechterung des Ernährungszustandes führt. Häufig geht dem Ruminieren auf anderer Grundlage beruhendes Brechen und Speien voraus, wodurch die Entwicklung des Leidens begünstigt wird. Ob man die Rumination als neuropathische Erscheinung bewertet oder nicht, hängt davon ab, welchen Begriff man mit diesem Wort verbindet. Daß sie im weiteren Wortsinne eine neurotische Abwegigkeit der Magenmotorik bedeutet, unterliegt keinem Zweifel. Ihre Entstehungsbedingungen sind psychologisch zu erfassen. Diese im Verhältnis zu ihrem Alter und ihren seelischen Bedürfnissen körperlich rückständigen Kinder empfinden in ihrem gehemmten Dasein einen Reizhunger (BROCK), der sich ähnlich wie beim Rachitiker in den bekannten Wackelbewegungen des Kopfes oder bei anderen Kindern im Lutschen und Saugen, so hier in der Rumination ein Genüge zu schaffen sucht. Intensive Beschäftigung mit diesen Kindern hemmt die Erscheinungen, während die Einöde des *geistigen Hospitalismus*, der noch heute in hygienisch einwandfreien Säuglingsstationen meistens obwaltet, sie befördert. Die Rumination kann durch gewohnheitsmäßiges Fingerlutschen oder durch Zungensaugen ersetzt werden und kann ihrerseits diese ersetzen (RIEHN). Im ganzen genommen scheint sie das intensivere Vergnügen zu bringen und wird vom zünftigen Ruminanten nicht gern aufgegeben, selbst wenn man Chinin der Nahrung beimengt. Der Mechanismus des Vorgangs läuft nicht in allen Fällen gleich ab. WERNSTEDT teilt ihn in die drei Phasen des Zurücksteigens oder Regurgitierens, des Kauens und des Wiederschluckens ein. Bedeutungsvoll für die erste Phase ist es, daß die Kardia während des ganzen Aktes weit offensteht, wie Abb. 11 zeigt. Die Kraft, welche die Nahrung hochhebt, ist eine pressende, treibende, nicht etwa eine saugende, wie irrtümlich angenommen wurde. Die Bauchpresse arbeitet zunächst deutlich mit, das Epigastrium kann sich vorwölben, bisweilen geht Luftschlucken als erleichterndes, die Spannung der Magenwand erhöhendes Moment voraus. Zur Druckerhöhung wird manchmal sogar der Atem angehalten (BATCHELOR und BATCHELOR). Währenddessen wird bereits der Mund wie zum Brechen geöffnet, wobei die Mund- und Zungenhaltung nicht in allen Fällen gleichartig sind (BISCHOFF). Die Zunge kann rinnenförmig gehöhlt, flach am Mundboden liegend mit der Spitze leicht vorgestreckt werden, oder der hintere Teil wird an den Gaumen gepreßt, der vordere gesenkt (s. Abb. 9 u. 10). Wenn der Mageninhalt hochgestiegen ist, wird er unter teilweisem Auslaufen aus dem Munde durch kauende Bewegungen 5—10mal hin- und zurückgeschoben, endlich wieder geschluckt. Dann beginnt das Spiel von neuem, das oft über Stunden fortgesetzt wird und zum Verlust des größten Teiles der Mahlzeit führt. Eine Reihe der Säuglinge zeigt noch Besonderheiten im Ablauf des Ruminationsaktes. Opistotonusstellung, bestimmte Armhaltung, Zuhilfenahme von Fingern oder Zehen wurden beobachtet. Merkwürdige Haltungen, Bewegungen und Gebärden sah ich der Rumination älterer, idiotischer Kinder vorhergehen, die ihrer Gewohnheit stets an dem gleichen Ort oblagen und sie auch stets in der gleichen Weise ausübten. Dieses Zeremoniell wird assoziativ mit der Auslösung des Vorgangs ver flochten, und seine willkürlich herbeizuführende Zelebrierung erleichtert die folgenden Reflexmechanismen.

Die therapeutischen Verfahren laufen zum Teil auf die Ausbildung reflexhemmender Vorgänge hinaus, so die Bauchlage beim Füttern, und namentlich die Ersetzung der flüssigen Nahrung durch konsistenten Brei, der vom Magen fester umfaßt wird und weniger leicht hochsteigt. Das Ballonsondenverfahren nach SIEGERT strebt auf Tamponade der weit offenen Kardia. Es hat sich vielerorts, auch in eigenen Erfahrungen, sehr gut bewährt. Es wäre möglich, daß es gelingen kann, die Kardia

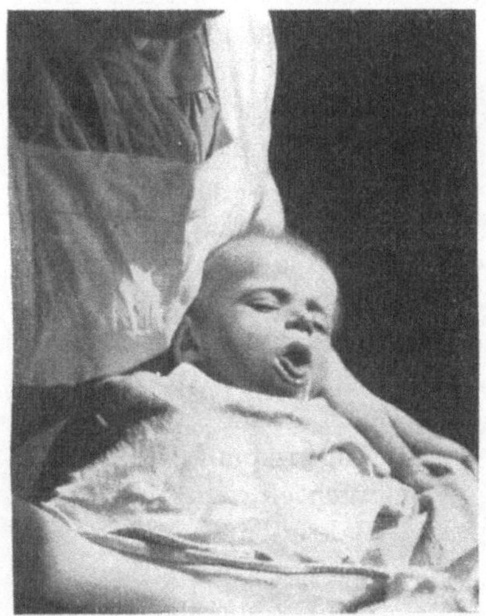

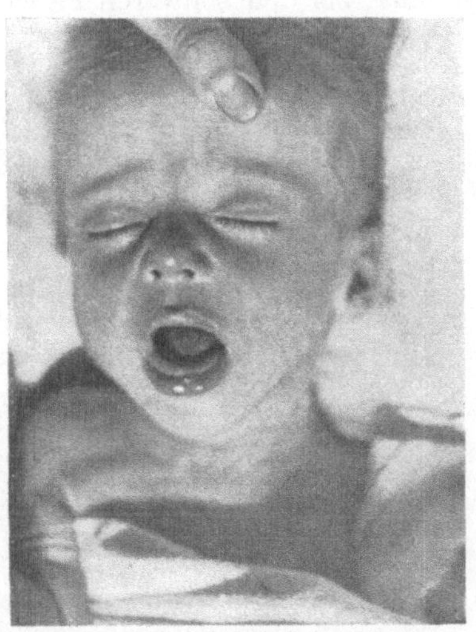

Abb. 9.   Abb. 10.
Ruminationsakt nach WERNSTEDT. Man beachte den „hingegebenen" Gesichtsausdruck.

durch Anwendung des CANNON-Reflexes zu schließen, indem man eine von vornherein stark saure Nahrung verfüttert (p_H 3—4). Ich habe diesen Gedanken noch nicht prüfen können.

Eine weitere Form des Brechens beim Säugling beruht auf dem Zustande von Erschlaffung des Magens, wie er im Anschluß an Infektionszustände, besonders Ruhr, und Ernährungsstörungen oft festgestellt werden kann (BLÜHDORN, LINDBERG). Gleichzeitig besteht hartnäckige Anorexie. Das Erbrechen kann sogar galligen Charakter annehmen. Die Ausheberung ergibt noch viele Stunden nach der letzten Mahlzeit bedeutende Rückstände, was die Brechneigung erklärt. Die Kinder bieten meist mehr oder minder ausgeprägte, dystrophische Merkmale.

Anders ist das Erbrechen zu bewerten, das die akuten Ernährungsstörungen einleitet, oft im weiteren Verlaufe verschwindet, in den ernsteren Fällen sie aber begleitet. Hier spielen sicher recht verschiedenartige

Momente eine Rolle, je nach der Veranlassung der Störung. Fehlerhafte
Ernährungstechnik, zu große Mengen, zu hohes Fett- oder Eiweißangebot, zu kurze Nahrungspausen überlasten den Magen und erhöhen allmählich die Reizbarkeit der afferenten Nerven, so daß endlich auf der
Grundlage solcher erhöhter Reflexerregbarkeit das Erbrechen einsetzt.
Diese Verhältnisse können nur in ihren Beziehungen zur Sekretion, chemischen Verdauung und Entleerung des Magens verstanden werden,
denn in der Synergie dieser Leistungen beruht der ungestörte Verdauungsablauf. Neigung zur Verzögerung der Entleerung, die, wie oben ausgeführt, bei den schweren Fällen vorherrscht und auch bei der Hitze-

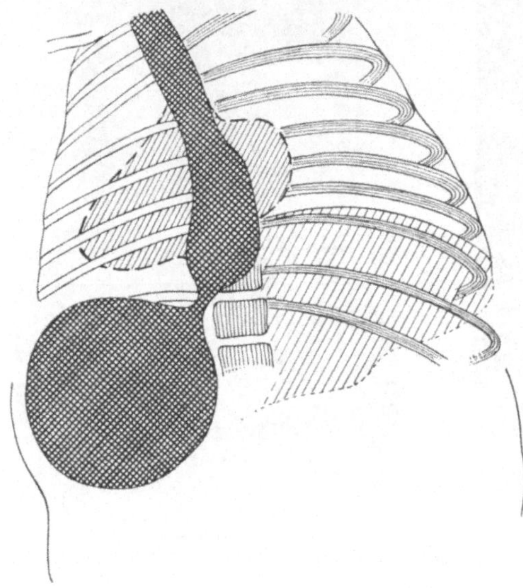

schädigung nachzuweisen
ist, bewirkt als solche eine
längere Belastung des Ma-
gens und prädisponiert
hierdurch mehr zum Er-
brechen, als wenn die Entleerung in angemessenen
Zeiten erfolgt. Wenn In-
fektionen eine Rolle spielen, wird man beim Bre-
chen auch an zentrale
Angriffspunkte von Stoff-
wechselprodukten oder
Bakterienprodukten den-
ken müssen. Endlich kön-
nen reizbildende Prozesse
im Darm entstehen, die
das Brechen auslösen,
ebenso wie sie die Magen-
entleerung reflektorisch

Abb. 11. Verhalten der Kardia bei der Rumination.
Nach Röntgenbild von BERNHEIM-KARRER.

zu verhindern vermögen. Das Vorliegen echter Schleimhautkatarrhe
dürfte beim Erbrechen ernährungsgestörter Säuglinge nur eine ganz
untergeordnete Rolle spielen. Dagegen gibt es Fälle von Pylorospasmus, die durch einen Magenkatarrh kompliziert sind.

Im folgenden stellen wir die verschiedenen zum Erbrechen führenden
Momente tabellarisch zusammen und geben für jede Kategorie Beispiele:

I. *Erbrechen durch gastrische oder*   II. *Erbrechen durch zentralnervös*
    intestinale Reize.   *angreifende Reize.*

1. Bei funktioneller Überlastung   1. Bei konstitutionell erhöhter
    des Magens   zentraler Reizbarkeit
    (Überfütterung, falsche Fütterungs-   ("nervöses" Erbrechen).
    technik, falsche Ernährung).

2. Infolge lokaler reizbildender Prozesse im Magen oder Darm (enterale Infektion, Kuhmilchidiosynkrasie).

2. Bei organischer Hirnerkrankung (Meningitis, Tumor, Hydrocephalus, Commotio).

3. Durch Steigerung der lokalen Reizbarkeit infolge nervöser oder hormonaler Einflüsse (habituelles Speien, Gastrospasmus, Pylorusstenose).

3. Bei infektiös-toxischer Schädigung der Zentren (Infektionen und Vergiftungen).

4. Bei mechanischer Behinderung der Wegsamkeit im Magen-Darmkanal (Pylorusstenose, Darmatresie, Invagination, peritonitische Darmlähmung usw.).

4. Bei Stoffwechselstörungen (Uraemie, Diabetes, Acetonaemie).

5. Bei Anhydrämie (Durstschäden, Intoxikation).

Bei den klinischen Zustandsbildern mit Erbrechen dürfte es sich meist um kombinierte Effekte handeln. Das Speien eines nervösen Kindes wird wahrscheinlich ebenso sehr durch abnorme, irradiierende Erregungen in den Zentren zustande kommen, bzw. durch mangelhafte Hemmung solcher Vorgänge, wie durch Erniedrigung der peripheren Reizschwellen. Zentrale Schädigungen infolge von Darminfektionen bewirken gleichzeitig abnorme Reizentstehung im Darmkanal selbst. Gleiches dürfte für viele Arten parenteraler Durchfälle gelten. Es ist experimentell erwiesen, daß bei den Passagestörungen Allgemeinvergiftungen mitspielen. Funktionelle Überlastung bewirkt im weiteren Gefolge Zersetzungen und reizbildende Vorgänge im Darmkanal. Schließlich trägt jede Form von Erbrechen, wenn es schwere Grade annimmt, zur Austrocknung bei und führt so zum anhydrämischen Erbrechen, wenigstens im Sinne einer mitbeteiligten Bedingung.

Es muß hier auf diese besonders wichtige Form des Erbrechens eingegangen werden, die durch Anhydrämie bewirkt wird. Daß es ein solches Erbrechen gibt, hat STRAUB durch Tierversuche erwiesen, und ist für den toxischen Brechdurchfall des Säuglings von BESSAU angenommen worden. Sicher spielt das anhydrämische Erbrechen noch darüber hinaus bei allen denjenigen Zuständen, die mit Erbrechen verlaufen, die maßgebende Rolle, bei welchen eine Wasserverarmung des Blutes nachgewiesen werden kann, wie z. B. beim Durstfieber, beim Pylorospasmus, bei Infektionszuständen usw. Daß es klinisch ein anhydrämisches Brechen gibt, davon wird jeder Arzt sich sofort überzeugen müssen, der je einem schwer exsiccierten Säugling, der ständige Würg- und Brechbewegungen ausführt, Ringerlösung in den Sinus infundiert hat. Das Würgen und Brechen hört in solchen Fällen geradezu schlagartig auf. Daß die Wirkung nicht immer anhält, hat seine Gründe darin, daß in solchen Fällen die Anhydrämie durch Perspiration und Diarrhöen weiter unterhalten wird, andererseits die Gewebe das eingeführte Wasser gierig an sich reißen, wodurch nach einiger Zeit die vor dem Eingriff bestehende Situation wieder herbeigeführt wird. Man wird sich schwer entschließen können, bei Säuglingen Mengen, die 200—250 ccm Flüssigkeit übersteigen, plötzlich in den Blutkreislauf hineinzuschleudern.

Magen- und Darmbewegungen erweisen sich im Tierversuche in vielfacher Hinsicht gekoppelt. Überstürzte Magenentleerung bei Wegfall splanchnischer Hemmungen führt zum schnellen Durcheilen des Dünndarmes und beschleunigtem Übertritt des Chymus in den Dickdarm (KLEE). Überwiegt dagegen der Splanchnicus, so erfolgt die Magenentleerung wie die Beförderung im Darm träge. Von den Reflexen vom Darm auf den Magen wurde bereits gesprochen. Es muß erwähnt werden, daß sogar vom Dickdarm aus durch starke Reize Pförtnerkrampf bewirkt werden kann.

Die Dünndarmbewegungen werden, jeweils bezogen auf die Tätigkeiten der beiden Muskelschichten, der ringförmigen und der längsverlaufenden, als peristaltische und als Pendelbewegungen bezeichnet. Das Wesen der Peristaltik beruht darauf, daß mundwärts von einer berührten Stelle Tonusanstieg, afterwärts Tonussenkung erfolgt. Daher gibt es keine Antiperistaltik im Dünndarm. Rückbewegungen vermag aber die Pendelbewegung zu erzeugen, die man als schaukelndes Vor- und Zurückschieben unter ständiger Zerteilung der Chymusmassen, die so mit stets neuen Oberflächen die Darmwand benetzen, beschrieben hat. Der stärkste peristaltische Reiz wird im Dünndarm durch feste Teile ausgelöst (Cellulose!), der schwächste durch Flüssigkeiten. Das Hormon der Darmbewegungen ist das Cholin (MAGNUS und Mitarbeiter), das in der Magen-Darmwand stets enthalten ist und durch Erregung des AUERBACH-Plexus in Wirkung tritt.

Durch die Methode der Druckregistrierung von Gummiballons aus, die in das Duodenum eingeführt wurden, wiesen PEIPER-ISBERT sowohl peristaltische Wellen wie Pendelbewegungen nach. Erstere erfolgen beim Säugling in der Zahl von 7—8 pro Minute, die letzteren in etwa der halben Anzahl. Ferner wurden langsame Tonusschwankungen festgestellt, deren Natur nicht geklärt werden konnte. Ob gesteigerte Peristaltik oder vermehrte Pendelbewegungen den Durchfall hervorbringen, bleibt ebenfalls offen.

Die Dickdarmbewegungen sind im Tierversuche die gleichen wie die des Dünndarmes, nämlich Peristaltik und Pendelbewegungen. Hierzu tritt aber noch Antiperistaltik, die namentlich im Bereiche des Coecums und Colon ascendens eine Rolle spielt. Sie verhindert, daß der in den Dickdarm übertretende Chymus sofort weitergeführt wird, er wird durch diese Bewegungsform stets wieder gegen das Coecum zurückgedrängt. Dieses Verhalten bewirkt eine starke Durchmengung des Chymus. Nur der Schluß der Bauhinschen Klappe hindert das Zurückgelangen des Chymus in den Dünndarm. Wenn die Antiperistaltik aufhört, so gelangt, wie Cannon an der Katze zeigte, der Inhalt des oberen Dickdarmes ziemlich rasch in den unteren.

Beim Säugling wurde die Dickdarmmotilität ebenfalls von Peiper-Isbert mit der durch den After eingeführten Gummiblase untersucht. Beim gesunden Säugling trat nie Peristaltik auf, auch wenn stundenlang abgewartet wurde. Beim durchfallkranken Säugling trat sowohl gelegentlich spontane Peristaltik auf wie auch Auslösung von Peristaltik durch Vergrößerung der Gummiblase. Selbstverständlich besagt das Mißlingen der Feststellung von Peristaltik nicht, daß solche dem gesunden Säugling fehlt. Sie tritt nur selten, mit großen Pausen auf.

Der physiologische Dickdarmreiz ist wahrscheinlich der Dehnungsreiz, die chemische Erregung durch Kotbestandteile dürfte eine geringere Rolle spielen. Im Gegensatz zur Peristaltik lassen sich Pendelbewegungen und Tonusschwankungen am Dickdarme häufiger wahrnehmen.

Die Zeit, in der die Nahrung den Darmkanal durchläuft, wird als Zeit der „Darmpassage" bezeichnet. Man stellt sie entweder röntgenologisch unter Anwendung von Kontrastmitteln fest oder weniger exakt durch Beobachtung der Zeit der Ausscheidung von Karmin oder Kohle. Man nimmt an, daß es im Darme ein Überholen und ein Überholtwerden, also ein Wandern der einzelnen Teile einer Gabe mit verschiedenen Geschwindigkeiten nicht gebe, eine Annahme, die übrigens problematisch ist, und die zweite Methode gegenüber dem Röntgenverfahren als zweitrangig erscheinen läßt. Für die Gesamtpassage werden folgende Zahlen angegeben:

Hymanson: gesunde Brustkinder und Neugeborene . .	$4^1/_2$—20		Stunden
Triboulet:	16 —20		„
Nobécourt-Merklen:	21		„
Kahn: Frühgeburten	6 —$18^3/_4$		„
	Durchschnitt	10	„
Brustmilch	4 —28		„
	Durchschnitt 13		„
Zwiemilch	4 —23		„
	Durchschnitt	$14^1/_2$	„
Künstliche Ernährung	$5^1/_2$—48		„
	Durchschnitt 16		„
Gemüsemahlzeiten . . . . Durchschnitt 15			„
Dyspepsie	$3^1/_4$—$12^3/_4$		„

Für die einzelnen Abschnitte des Darmkanals werden angegeben:

Kahn: Normale Säuglinge, Dünndarm	7 — 8	Stunden
	Dickdarm	2 —14	„
Dyspepsie	Dünndarm	$3^1/_2$	„
	Dickdarm	5	„
Vogt: Neugeborene	Dünndarm	3	„
	Dickdarm	3 — 4	„

Nach den Untersuchungen von Kahn durchläuft eine Mahlzeit, die 5 Uhr morgens verfüttert wird, den Darm schneller als eine solche, die um 1 Uhr mittags oder 9 Uhr abends gegeben wird. Doch hat auch diese Regel Ausnahmen. Es ist sehr auffällig, wie kurz die Passage der Nahrung durch den Darm des Säuglings ist, besonders bei Brustkindern. Flüssige Nahrung bewirkt beim Erwachsenen im allgemeinen eine Darmträgheit, die Peristaltik wird nur so wenig angeregt, daß dann sogar Partikelchen vom Rectum bis in den Magen aufwärts wandern können (HEMMETER). Der Unterschied in der Dauer der Darmpassage zwischen Säugling und Erwachsenem kommt namentlich durch die Verkürzung des Dickdarmaufenthalts beim Säugling zustande. Eine Erklärung kann nicht ohne weiteres gegeben werden.

Über die Dickdarmmotilität wissen wir durch das Röntgenverfahren, daß die für das Tier beschriebenen Bewegungstypen vorkommen. Peristaltik und Pendelbewegung überlagern sich so, daß kleine lokale Bewegungen entstehen, die der Mischung, Knetung und Verteilung dienen. Sie verlaufen unter Formänderungen an den Haustren (PETERI). Antiperistaltik tritt im Colon ascendens auf. Beim Erwachsenen wurden auch die sogenannten großen Kolonbewegungen, analwärts laufende, kurze, ausgiebige Verschiebungen beobachtet (HOLZKNECHT). Bei der Defäkation tritt das untere Kolon mittels einer tonischen Contractur in Tätigkeit. Die Stuhlentleerungen sind auch beim gesunden Säugling der Zahl nach sehr variabel. Rechnet man beim Brustkind 3—5 Stühle pro Tag als Norm, so darf weder eine vorübergehende Steigerung dieser Zahl, noch eine Verminderung oder sogar ein vorübergehendes Ausbleiben von Entleerungen an 1 oder 2 Tagen ohne weiteres als pathologisch bewertet werden. Es ist auffällig, daß diejenigen Brustkinder, die seltene Stühle entleeren oder obstipiert sind, abnorm geringe Acidität im Stuhl aufweisen (HELLER). Es wäre einseitig, dies nur so erklären zu wollen, daß Säurebildung im Dickdarm die Dickdarmperistaltik erregt, die Dinge liegen vielmehr auch umgekehrt. Weil die Darmträgheit besteht, läuft die Gärung bis zu Ende, werden die entstehenden Säuren resorbiert und neutralisiert, und wird endlich ein neutraler Stuhl entleert (SCHEER-MÜLLER). Daß andererseits säurebildende Gärungsprozesse im Dickdarm die Peristaltik anregen und zu häufigerer Stuhlentleerung führen, kann auf Grund der ausgedehnten klinischen Erfahrungen nicht bezweifel werden.

Beim Flaschenkind sind Abweichungen von der normalen Stuhlzahl von 1—3 sorgfältiger als beim Brustkinde zu beachten, sie stehen dann zum mindesten an der Grenze des Krankhaften.

Eine große Rolle spielt die Frage nach den Reizstoffen der Darmbewegungen. Auf die Regulation der Bewegungen durch das murale Darmnervensystem lagern sich die fördernden vagischen, die hemmenden splanchnischen Einflüsse auf. Impulse können das automatische System treffen oder reflektorisch durch die übergeordneten Steuerungen wirken, deren Bedeutung unter normalen Verhältnissen aber gering ist. Als das

Hormon, welches das automatische System erregt, wurde Cholin erkannt
(Le Heux). Der Darm gibt, in physiologischer Salzlösung aufbewahrt,
durch die Serosa erhebliche Mengen Cholin ab, er ist also mit dem für
seine Bewegungstätigkeit erforderlichen Cholin imprägniert. Wird Cholin
azetyliert, so ist seine Darmwirkung 2500fach so groß. Die Hoffnung, die
erregende Acetatwirkung auf dem Wege einer fermentativen Synthese zu
Acetylcholin erklären zu können, hat sich aber zerschlagen, seit Jendrassik-Tangl zeigten, daß Atropinisierung wohl eine folgende Acetylcholinwirkung unterdrücken kann, nicht aber die Acetatwirkung [1].

Zu den endogenen Erregern der Motorik gehören auch die Sekretine.
Harakami hat gezeigt, daß salzsaure Auszüge aus den Abschnitten des
gesamten Darmkanals vom Oesophagus bis zum Dickdarm die Motorik
erregen. Es erscheint durchaus möglich, daß hier auch Cholinwirkung im
Spiele ist.

Den endogenen Erregern der Darmtätigkeit stehen die exogenen Erreger der Motorik aus den Nahrungsstoffen entgegen. Babkin ordnet sie
ohne Anspruch auf Vollständigkeit in folgender Übersicht:

+ Erregung	− Hemmung
Kardia von der Oesophagusseite:	neutrale und alkalische Flüssigkeiten −, kohlensäurehaltiges Wasser +, reizende Flüssigkeiten +
Von der Magenseite:	Säure +
Pylorusteil des Magens:	Säure −, Alkali +
Kardiateil „ „	schwache Säurelösungen und Kohlensäure +
	starke Säurelösungen −
„ periodische Kontraktionen:	Säure, Fett, dest. Wasser, alkohol. Getränke, Natriumkarbonat, Kohlensäure −
Präpylorischer Sphincter:	vom Duodenum Fett +, Säure +
Pylorus vom Magen aus:	Säure −
„ „ Duodenum aus:	Säure, Fett +
Dünndarm:	Salzsäure ±, Essigsäure +, Buttersäure +, Zitronensäure +, Weinsäure +, Milchsäure +, Kohlensäure +, Methan +, Schwefelwasserstoff +, Alkali +, Seife +, Fettsäure +, Glyzerin +, Glukose +, Laktose +, Pepton +, Aminosäuren +, Liebigs Extrakt +
Dickdarm:	Galle +, Milchsäure +, Propionsäure +, Buttersäure +, Capronsäure +, Alkali +, Seife +, Salzsäure −.

---

[1] Es darf vermutet werden, daß die Cholinwirkung bei den leichten Störungen
mit Durchfall beteiligt ist, welche bei jungen Brustkindern gelegentlich der ersten
Menstruation der stillenden Mutter nicht ganz selten vorkommen. Cholin ist der
Erreger der Darmmotorik und Cholin ist vermutlich das „Menstruationsgift".
Sieburg und Patschke wiesen im Schweiße Menstruierender eine Cholinver-
mehrung auf das 100fache nach. Milch wurde bisher nicht untersucht.

Es ist ersichtlich, welche Fülle von Erregungen dem Darmnervensystem einfach durch die Ernährung als solche zufließt! Die Abbauprodukte des Eiweißes, Milchzucker und seine Spaltprodukte, Fett und seine Spaltprodukte, also fast alle Nahrungsstoffe in der Milch, sind potentielle Erreger der Darmbewegungen. Hierzu kommen nun noch die mechanischen Momente, die als Darmwanddruck und Wanddehnung peristaltische Tätigkeit auslösen. Die Verschiebung jedes Partikels wird, wenn sein Druck am neuen Ort ausreichend groß wird, neue Impulse aussenden, auf welche neue Bewegungen folgen, die ihre stets gleichsinnige Ordnung durch die Regel von Bayliss-Starling bekommen, nach der der Reiz oralwärts den Tonus erhöht, analwärts ihn senkt.

Unter den darmerregenden Mitteln der obigen Tabelle finden sich die als Motorikerreger in der Pädiatrie wohlbekannten niederen Fettsäuren, denen man beim Säuglingsdurchfall eine so große Rolle zugeschrieben hat. Tierversuche an Hunden und an Nagern haben die Angaben von Bokay ergänzt und bestätigt (Bahrdt-Edelstein, Catel-Graevenitz, Silberstein-Singer). Die Frage, welche Bedeutung die niederen Fettsäuren für den Durchfall beim Säugling haben, ist aus den vorliegenden Arbeiten aber keineswegs zu entscheiden. Die Lehre von der ätiologischen Bedeutung dieser Säuren für den Durchfall ist vielmehr nichts als eine Hypothese. Diese Hypothese aber hat dadurch sehr an Wahrscheinlichkeit verloren, als es sich gezeigt hat, daß der Säugling große Mengen von Essigsäure (mehr als $1/2$ Liter 0,1 normal pro Tag), ohne Durchfall zu bekommen, erträgt (Dunham)[1]. Ganz verfehlt ist es, wenn die kleinen Mengen von Essigsäure, die beim gesunden Kinde im Dickdarm entstehen, für die physiologischen Stimulatoren der Bewegungen des Dünndarmes gehalten werden. Zu den exogenen motorischen Erregern sind auch die Amine, die nach Moro beim Brechdurchfall entstehen können, zu rechnen. Ihr Einfluß auf den Darm soll mehr den Tonus steigern, als die Peristaltik erhöhen. Guggenheim beobachtete jedoch lebhafte Kontraktionen am Magen und Darm von Meerschweinchen nach Histamin. Die Amine entstehen bei Intoxikation im ganzen Bereich der Colivegetation. Da neuerdings durch Röthler gezeigt wurde, daß saure Reaktion des Mediums, also auch im Darm Säurebildung durch Coli, die Entstehung der biologisch wirksamen Amine erst möglich macht, so ist ersichtlich, daß die Gärungssäuren bei der Aminbildung im Sinne eines begünstigenden Faktors mitbeteiligt sind[2].

---

[1] Anmerkung bei der Korrektur: Gänzlich negative Resultate für die Azetatwirkung am Darme des lebenden Säuglings erhielt kürzlich mittels seines Ballonverfahrens auch Peiper. Selbst bei p_H 4,7 und $1/10$ Normalität fehlte ein Effekt trotz direkter Instillation in den Dünndarm.

[2] Zu den exogenen Motorikerregern wären auch Durchfall erzeugende, in die Milch übertretende Futterstoffe des Viehs zu rechnen. Ihre praktische Bedeutung ist vernachlässigenswert.

Ein Hinweis darauf, daß erregende Wirkungen auf den Darm auch vom Blut her ausgelöst werden können, kennzeichnet die vielseitige Abhängigkeit der Darmmotorik und zeigt, wie schwer es sein wird, ein so komplexes Phänomen wie die beschleunigte Passagezeit bei Dyspepsie „eindeutig" zu erklären.

Hier muß an Tatsachen angeknüpft werden, die aus der experimentellen Pathologie bekannt sind. Es ergab sich, daß die vorschnelle Entleerung eines Darmteiles oder gar sein gänzlicher Wegfall bei operativer Entfernung, und die Beschickung des tiefer gelegenen Darmteiles mit einem Material, das nicht den gewohnten Grad des chemischen Aufschlusses erreicht hat, zu Durchfällen führt. Aus der oben gegebenen Aufzählung ist die Fülle der Motorikerreger im Chymus ersichtlich. Nun kommt noch hinzu, daß die einzelnen Darmteile verschiedene Empfindlichkeiten gegen die Erreger gleicher Art haben. Daß in dieses System der Koordination von chemischer Verdauung und Motorik sehr leicht Unordnung gebracht werden kann, ist begreiflich. Wir haben hiermit ein Erklärungsmoment dafür gewonnen, weshalb die Dyspepsie im eigentlichen Wortsinne, das heißt die Störung der chemischen Verdauung, zum Durchfalle führt. Die gleichen Folgen wie die vorschnelle Weiterbeförderung, die durch Pharmaka oder operative Eingriffe experimentell bewirkt wird, muß unvollständige und verzögerte Verdauung bei jedweder Hemmung der Sekretion, der Fermenttätigkeit oder der Resorption haben, denn der Effekt ist in allen Fällen der gleiche: ein Darmteil kommt mit chemisch inadäquatem Material in Berührung. Gerade betreffs der Resorption ist ersichtlich, wie einseitig die landläufige Vorstellung ist, daß ihre Störung durch beschleunigte Peristaltik bewirkt werde. Der Zusammenhang ist mindestens im gleichen Maße der reziproke. Die Hemmung der Resorption bewirkt die Diarrhöe, weil eben Darmteile von chemisch und mechanisch inadäquaten Reizen getroffen werden. Verlängerung des Aufenthaltes des Chymus in einem funktionell untätigen oder leistungsschwachen Darmabschnitt kann die Folgen auf die Motorik nicht abwenden, durch Begünstigung abnormer bakterieller Wucherungen und Zersetzungen die Gefahr sogar noch erhöhen. Sehr instruktiv ist die Erfahrung, daß die Entfernung des Pankreas auch bei ständiger und ausreichender Zufuhr von Insulin zum Tode führt, und zwar durch hartnäckige Diarrhöen (ALLAN-MAC LEOD). Hier entstehen die Diarrhöen dadurch, daß fortgesetzt schlecht abgebaute Nahrungsstoffe im Darme verweilen.

Mit der allgemeinen Formulierung: „Peristaltik- und durchfallerregend wirkt chemisch dem Darmabschnitt inadäquater Chymus", können wir allein eine Verknüpfung der digestiven und motorischen Störungen gewinnen.

Es ist bekannt, daß die durch die Füllung eines Darmabschnittes hervorgebrachte Dehnung als solche einen peristaltischen Reiz darstellt. Sobald also durch Beeinträchtigung der digestiven Phase die Sekretion abnorm stark und die Resorption verzögert ist, bleiben für die Darmbewegungen ungewohnt große Reize wirksam, und diese Reize steigern ihrerseits die Bewegungen. Die schlechte Resorption darf deshalb nicht nur als Folge der raschen Darmbewegungen angesehen werden, sondern sie entsteht durch schlechte Verdauungsleistungen und bewirkt sekundär, indem sie zu große Rückstände hinterläßt, durch mechanische und chemische Reize motorische Erregungen. Hierbei soll nicht nur die quantitative Seite des abnormen Darminhaltes, sondern durchaus auch die qualitative, die Entstehung abnormer Produkte mit erregender Wirkung auf die Peristaltik als bedeutungsvoll anerkannt werden. Nur wird man hier den Kreis weiter ziehen müssen, als man es bisher getan hat. Da die Physiologie gezeigt hat, daß fast alle bei der Verdauung vorkommenden Stoffe Motorikerreger sind, so wird man nicht ausschließlich nach ganz spezifischen Substanzen suchen müssen, wie man es bisher getan hat. Mit anderen Worten: Wenn normaliter im Ileum nur kleine Mengen Pepton, Aminosäuren, Zucker, Fettsäuren auftreten, so wird eine durch Resorptionshemmung entstehende Überschwemmung mit den sich im Effekt summierenden Reizbildnern zu stürmischer Peristaltik führen.

Das Studium der physiologischen Verhältnisse erklärt es, wie eine solche Empfindlichkeit gegen die normalen Verdauungsrückstände möglich ist. Jeder Darmabschnitt ist nämlich, wie LONDON fand, auch bei wechselnder quantitativer Beschickung durch einen Chymus ganz bestimmter Zusammensetzung charakterisiert. Das Verhältnis von gespaltenem zu ungespaltenem Eiweiß, von unverdauter Stärke zu den übrigen Kohlenhydraten, ist ein konstantes, ebenso die Resorptionsgröße für jeden Abschnitt. Man ist also durchaus berechtigt, von einem dem Darmteil adäquaten Chymus zu sprechen. Inadäquater Chymus bedeutet hiernach als solcher einen starken motorischen Reiz.

Daß die Störung der Harmonie der Motorik und Digestion *nur* durch die Bakterien zustande kommen sollte, muß für unwahrscheinlich gehalten werden. Dazu ist das Zusammenspiel zu fein, die Möglichkeiten der Störungen sind zu zahlreich. Auch klinisch sprechen die großen Unterschiede im Verlauf dagegen. Einmal genügt eine leichte Änderung der Nahrungszusammensetzung, etwa Reduktion der Kohlenhydrate, um alles in Ordnung zu bringen, das andere Mal sind völlige Darmentleerung und Hungerpause, größte Schonung und bestimmte Diätformen bei der Wiederernährung nötig, um die Dyspepsie zu beseitigen. Nur bei den schwereren Formen der akuten Störungen dürfte also die Bakterienwucherung im Chymus mit einer gewissen Wahrscheinlichkeit eine bestimmende Rolle für den Durchfall spielen.

Es ist sicher, daß es außer der Gruppe digestiv bedingter Durchfälle, wie man sie nennen könnte, noch Diarrhöen auf ganz anderer Grundlage gibt. Es wurde früher darauf hingewiesen, daß nervös erregte Säuglinge zu Durchfällen neigen können. Wohlbekannt ist es weiter, daß Säuglinge in der Stoffwechselschwebe infolge der ungewohnten erzwungenen Lage Diarrhöen bekommen können. Ganz geläufig ist auch der Typus des hungernden Brustkindes, das bei jeder Brustmahlzeit in heftige Aufregung gerät, weil es ungenügende Trinkmengen erhält, und offenbar hierdurch in ausgesprochener Weise in seinem nervösen Zustande labilisiert wird. NÖGGERATH glaubt, diese Diarrhöen auch ohne den hier in den Vordergrund gestellten nervösen Faktor einfach als ein Irradiieren der Hungerbewegungen und der Hungersekretion des Magens auf den Darm erklären zu können. Den entgegengesetzten, mehr torpiden Typus sieht man in der gleichen äußeren Situation mit Obstipation reagieren, was sehr für die Mitwirkung nervöser Faktoren spricht. So wie man die Obstipation hungernder Brustkinder „Pseudoobstipation" genannt hat, könnte man jene Durchfälle als „*Pseudodiarrhöe*" bezeichnen. Sie scheinen bei zu knapp ernährten Kindern auch außer dem Spezialfalle des unterernährten Brustkindes vorzukommen, und zwar wenn Flaschenkinder besonders an Kohlenhydraten Mangel leiden. Voraussetzung hierfür ist eine frühe Altersstufe (FINKELSTEINs initiale Diarrhöe). Wahrscheinlich nicht rein digestiver Natur sind auch die bei schweren Schädigungen der Gesamtkonstitution zustande kommenden Durchfälle, wie die skorbutischen, und die bei der LEINERschen Erythrodermie auftretenden.

Die Häufigkeit der Defäkationen hängt beim verdauungsgesunden Säugling von der physikalischen Beschaffenheit, der Menge und der Reaktion des Stuhles ab. Flüssige, salbenartige, breiige also wasserreiche Stühle werden zahlreicher, festere gewöhnlich seltener entleert. Immerhin kommt die Erscheinung vor, daß ein Säugling feste Stühle in größerer Anzahl entleert, bei denen aber dann die Erscheinung festzustellen ist, daß die Masse des einzelnen Stuhles sehr klein ist. Beim Brustkinde sieht man auch dann, wenn eine Obstipation besteht, daß weiche, salbige Stühle entleert werden. In diesem Falle ist die Reaktion stets nach der alkalischen Seite verschoben, die Masse eher klein. Gegen die Aufstellung solcher Abhängigkeit kann man den Einwand erheben, daß sie vorgetäuscht ist, indem Wasserreichtum und Acidität nicht Ursache, sondern Folge häufiger Stuhlentleerung sind. Die Dinge liegen so, daß tatsächlich ein beschleunigtes Durcheilen des Dickdarmes, das der Resorption von Wasser nicht genügend Zeit läßt, zu solcher Füllung des Mastdarmes führt, daß hierdurch die Defäkationsreflexe ausgelöst werden. Der Wasserreichtum des Kotes rührt also von beschleunigter Weiterbeförderung im Kolon her, er bewirkt ein vergrößertes Kotvolumen und wird dadurch zum Defäkationsreiz. Die Acidität dürfte kaum als direkter Defäkationsreiz im Mastdarm wirken, vielmehr beeinflußt sie, wie oben ausgeführt wurde, die Dickdarmmotilität und wirkt so nur indirekt reizerzeugend für die Stuhlentleerung. Daß Brustkinder gleichen Alters wesentlich geringere Mengen an Stuhlmasse entleeren als Flaschenkinder und trotzdem in der Regel häufigere Stuhlentleerungen als diese besitzen, zeigt, daß der Einfluß der Säurebildung im Kolon der wichtigere Faktor für die Zahl der Stühle ist.

Bei schweren Diarrhöen, besonders bei ruhrartigen Zuständen, sieht man bisweilen ein lähmungsartiges Klaffen des Afters. Tonusherabsetzung des Analsphinkters auch außerhalb der Stuhlentleerungen scheint für schwerere Durchfälle eine charakteristische Erscheinung zu sein. Sobald Inhalt in das Rectum eintritt, wird er entleert. Gase gehen unter diesen Bedingungen geräuschlos ab. Auch hieraus ist zu ersehen, daß ohne die Annahme nervöser Veränderungen im Sinne gesteigerter intestinaler Reflexerregbarkeit die Erscheinungen beim Durchfall nicht zu erklären sind. Einen Hinweis auf das Mitspielen solcher Wirkungen gibt der Befund von Peiper-Isbert, daß beim durchfallkranken Kind sehr viel leichter Peristaltik im Dickdarm experimentell ausgelöst werden kann.

Ohne Zweifel gibt es Zustände, bei denen diese nervöse Umstimmung über die Sphäre des Bewußtseins geht. Die Sensationen vom Rectum und vom Anus her werden zur ständigen Quelle seelischer Irritationen, die sich in Preßbewegungen umsetzen. Dieser Zustand liegt beim Analprolaps vor, der demnach unbestreitbar eine psychogene Komponente besitzt, wie er denn auch von Czerny-Keller unter die neurotisch bedingten Störungen eingereiht wurde. Auch bei Colitis spielen die psychischen Faktoren mit.

Man hat daran gedacht, daß die erhöhte Reizbarkeit bei Dyspepsie Folge davon sein könne, daß Cholin sich mit den im Darme entstehenden Fettsäuren esterartig verbindet. Diese synthetischen Produkte besitzen nach Le Heux eine potenzierte Wirkungsstärke als Peristaltikerreger. Der bereits erwähnte Befund von Jendrassik und Tangl, daß Atropin die folgende Acetylcholinwirkung verhindern kann, nicht aber die Acetatwirkung, macht es jedoch unwahrscheinlich, daß das Acetat im Darm durch Überführung in Acetylcholin zur Wirkung gelangt. Gegen die Rolle der Essigsäure überhaupt als durchfallerzeugendes Agens spricht die Feststellung, daß man sehr große Mengen Essigsäure an gesunde Säuglinge verfüttern kann, ohne daß Durchfall entsteht. Eigene Beobachtungen ergaben für Buttersäure das gleiche Verhalten. Will man an einer besonderen Wirksamkeit der Fettsäuren festhalten, so muß man schon die Annahme machen, daß bei Dyspepsie eine erhöhte Empfindlichkeit für sie besteht. Dann aber besteht das wesentliche Problem darin, auf welche Weise diese Steigerung der Empfindlichkeit zustande kommt. Beobachtungen, die zu dieser Frage beitragen könnten, liegen noch nicht vor.

Die Wirksamkeit endogener, nicht vom Darmkanal selbst ausgehender Faktoren für die Darmbewegungen wird besonders eindringlich bei der Athyreose ersichtlich, für die ein hypotonischer Zustand des vegetativen Systems charakteristisch ist. Auf dieser Grundlage entsteht die hartnäckige Darmträgheit, die nach den ersten Lebensmonaten schon hervortreten kann. Für das Thyroxin muß offenbar ein tonisierender Einfluß auf das Darmnervensystem angenommen werden. Die Darmträgheit, die bei Rachitis vorkommt, geht häufig mit bedeutendem Meteorismus einher. Wie oben angeführt, mag das Luftschlucken beim Trinken beim Zustandekommen desselben vielleicht eine gewisse Rolle spielen. Wahrscheinlich ist es aber, daß man darüber hinaus in Analogie zu dem atonischen Zustand der Skeletmuskeln auch an Atonie der Darmwandmuskulatur denken muß. Bei Rachitis ist endlich auf den Einfluß der Kalkausscheidung in den Darm hinzuweisen, die in ähnlichem Sinne erregungsdämpfend wirken muß, wie chronische Kalkmedikation. Diese betrifft gerade den Dickdarm, dessen Funktionsschwäche bei der Obstipation eine besondere Rolle spielt. Bekanntlich kann die auf Kalkmedikation eintretende Obstipation bei Neigung zu Diarrhöen therapeutisch ausgenützt werden.

Konsistente Kotmassen werden offensichtlich im Dickdarm schwerer weiterbefördert als breiig-flüssiger Inhalt, ein Verhalten, das dem des Dünndarmes entgegengesetzt ist. Es kommt hinzu, daß beim Säugling feste Kotballen (Kalkseifenstühle) oft Rhagaden bewirken, und nun eine durch Schmerzangst ausgelöste psychogene Verstopfung hinzutritt. Auf Stuhlverhaltung durch spastische Krampfzustände des Analsphincters bei Tetanie (IBRAHIM) wurde bereits hingewiesen.

Nicht ganz leicht zu deuten ist die Obstipation ausreichend ernährter Brustkinder. Es ist merkwürdig, daß diese in der Sprechstunde so ungemein häufige Anomalie in der Klinik bei gesunden Brustkindern, die aus irgendwelchen Gründen aufgenommen werden, sich nie entwickelt. In solchen Fällen, in denen ein nach der Anamnese obstipiertes Brustkind in die Klinik kommt, erlebt man stets, daß ohne jede besondere Maßnahme das Übel verschwindet. Es ist nicht ganz von der Hand zu weisen, daß an diesem Umschwung die klinisch üblichen Temperaturmessungen eine Rolle spielen. Wie erwähnt, reagieren Stühle obstipierter Brustkinder gewöhnlich kaum sauer oder gar leicht alkalisch. Hieraus ist nicht zu folgern, daß in solchen Fällen im Dickdarm keine Säure gebildet wurde. Diese kann vielmehr durch Sekretion neutralisiert oder bei dem verlängerten Aufenthalt resorbiert sein. Ausschließen kann man allerdings die Möglichkeit primär geringer Darmgärung auch nicht. Wenn gute Ausnützung des Chymus, langsame Peristaltik im Dünndarm, knappe Ernährung, mäßige Sekretion, also die Momente der „Leerlaufobstipation" zusammenkommen, so werden die Möglichkeiten dafür, daß die Bakterien im Dickdarm gärfähiges Material vorfinden, beschränkt sein. Es spricht in diesem Sinne, daß eine einfache Behandlung solcher Obstipation die Zugabe von schwer resorbierbarem Kohlenhydrat ist oder auch von celluloseführenden Nahrungsmitteln, wie Gemüse, Grieß, Obst.

Obstipation ist endlich eine häufige Erscheinung beim Milchnähr- schaden der Säuglinge. Hier ist wahrscheinlich die abnorme Beschaffen- heit des Kotes Anlaß der Obstipation. Es werden die bekannten Kalk-

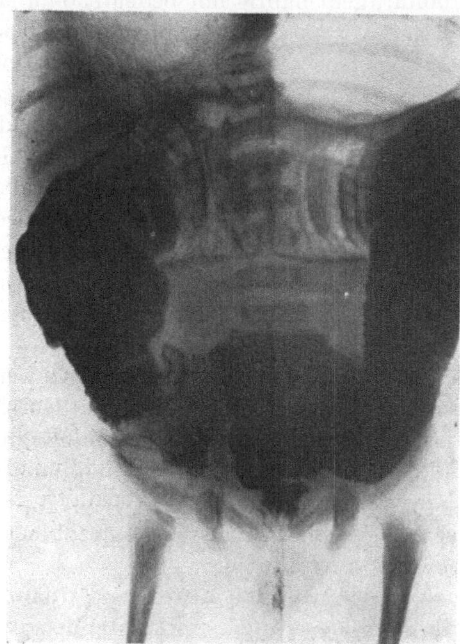

Abb. 12. Röntgenbild des Dickdarmes bei Megakolon.
14 Tage alter Säugling. (Eigene Beobachtung.)

seifenstühle entleert, von denen wir wissen, daß sie bei einseitig eiweiß- und kalkreicher, relativ kohlen- hydratarmer, fetthaltiger Nahrung entstehen, wobei die Dickdarmgärung dar- niederliegt. Hier fehlen die geradezu als physiologisch zu bezeichnenden Reiz- stoffe, die Gärungssäuren, die bei der Erregung der Motorik im Dickdarm mit- wirken.

Ganz hartnäckige Ob- stipation kennzeichnet das Megakolon congenitum. Der Gegensatz oft anfalls- weise erhöhter, mächtig gesteigerter Peristaltik ge- genüber der bestehenden Stuhlverhaltung deckt die Gegenwart einer mechani- schen Ursache solcher Ob-

stipation auf. Dieses Krankheitsbild kann sich in einzelnen, beson- deren Fällen auf einer mehr funktionellen Grundlage entwickeln, oder es können doch solche Momente den Zustand entschieden be- einflussen. Es handelt sich dann um einen stenosierenden Spasmus des Sphincter ani (GÖBEL) oder höherer Darmteile (O. MEYER). Dieser Spasmus wirkt auf die Entwicklung des Megakolon steigernd ein, das natürlich als organische Komponente im Krankheitsbild vor- auszusetzen ist. Atropin erleichtert denn auch nur symptomatisch, aber nicht definitiv heilend den Zustand. Es gibt übrigens auch Fälle von HIRSCHSPRUNGscher Krankheit, bei denen die Obstipation in den ersten Wochen und Monaten des Lebens überhaupt noch nicht her- vortritt. Hier kompensiert anfangs die Muskelhypertrophie der Darm wand die Hemmung durch den Entleerungswiderstand. Die Folgen der Dilatation der Darmteile heben in fortgeschrittenem Zustande, bei ausgeprägtem Krankheitsbilde diese Anpassung wieder auf, und dann setzt die schwere Obstipation ein. Wenn in den ersten Monaten Krankheitssymptome fehlen, und solche sich mit dem Übergang von Frauenmilch auf Kuhmilch und Beikost bemerkbar machen, so ist hierin die Mitwirkung funktioneller Momente bei gegebener anatomischer Mißbildung zu sehen. Wir haben es bei dem erwähnten Ernährungswechsel zunächst mit der Bildung viel größerer Kotmengen zu tun, die auch entsprechend größere Anforderungen an die Motorik stellen, ferner mit der Entstehung festerer, kompakterer Massen und schließlich mit dem Fehlen oder der Verminderung der die Dickdarmbewegung fördernden Gärungssäuren.

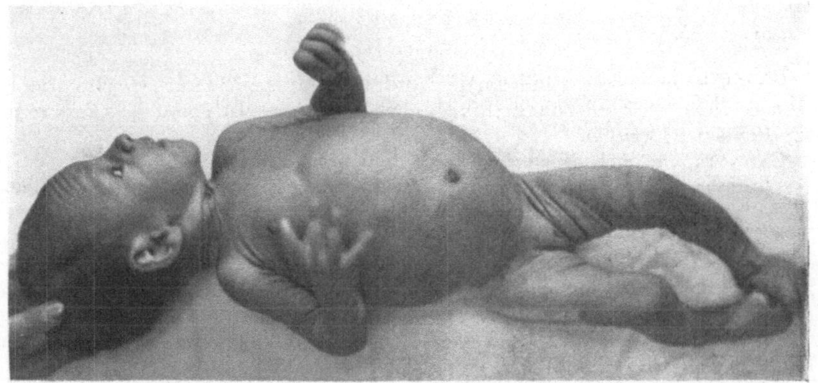

Abb. 13. Meteorismus infolge Aerophagie bei Hypogalaktie mit nervöser Reaktion, Stirnrunzeln. (Eigene Beobachtung.)

Sobald die Kotmassen weniger leicht bewegt werden können, tritt das mechanische Hindernis in seiner relativen Bedeutung stärker hervor, mag es sich nun um Klappenbildung, Knickung, Verengerung oder Verlagerung handeln. Sobald Stagnation besteht, kommt es zur Gasbildung oberhalb des Hemmnisses mit Dilatation der Darmwand und zunehmendem Meteorismus. Diesen Symptomenkomplex des Meteorismus kann man auf der gleichen Grundlage auch bei Fällen von Analatresie beobachten, unter Umständen die Operation überdauernd.

Außer solchem mechanisch bedingten Meteorismus gibt es Meteorismus als Folge der Störung der vegetativen Innervation. Die dann vorhandene Atonie bewirkt Erschlaffung der glatten Muskulatur, die dem Gasdruck geringeren Widerstand entgegensetzt. So kommt der Meteorismus bei peritonitischer Darmlähmung zustande. Vegetative Faktoren spielen, wie oben angeführt, wahrscheinlich auch beim Meteorismus der Rachitiker eine Rolle. Der bei schweren Infektionszuständen, z. B. Pneumonie, oft ganz akut einsetzende Meteorismus ist auf toxische Wirkung auf das Darmnervensystem zurückzuführen.

Der Gegensatz des Meteorismus ist der Kahnbauch, jenes bei meningitischen Zuständen bisweilen in starker Ausprägung vorkommende Symptom. Es darf wohl kaum als eine Folgeerscheinung von Hunger oder Unterernährung bewertet werden, da man bei hungernden Säuglingen wohl ein kleines Abdomen, aber doch nicht den Kahnbauch zu Gesicht bekommt. Auch hier ist eine Störung der Innervationsverhältnisse die wahrscheinlichste Annahme. Den Übergang von einem mäßigen Meteorismus bei Ernährungsstörungen in den eingesunkenen Zustand des Leibes beobachtet man bei akuten Verschlimmerungen und katastrophalen Wendungen als signum mali ominis.

Literatur.

Zusammenfassende Darstellungen:

BABKIN: Die äußere Sekretion der Verdauungsdrüsen, 2. Aufl. Berlin: Julius Springer 1928. — BOLDYREFF: Einige neue Seiten der Tätigkeit des Pankreas. Erg. Physiol. **11** (1911).

CANNON: The mechanical factors of digestion. London 1911.

DEMUTH: Zur Physiologie und pathologischen Physiologie der Milchverdauung im Säuglingsalter. Erg. inn. Med. **29** (1926).

MAGNUS: Experimentelle Grundlagen für die Beurteilung der nervösen Magenstörungen. 36. Kongreß für innere Medizin. München: Bergmann 1924.

ROSENBAUM: Physiologie und Pathologie des Säuglingsmagens. Jb. Kinderheilk. Beiheft 4, (1925).

SCHEUNERT: Verdauung der Wirbeltiere. Handbuch der Biochemie von OPPENHEIMER, 2. Aufl. **5.** Jena: Gustav Fischer 1925.

Einzelarbeiten:

ADAM: Der Einfluß der Reaktion auf die Peristaltik. Z. Kinderheilk. **38** (1924). — Über den Einfluß der Kohlenhydrate auf die Peristaltik und der Reaktion auf die Zuckerdurchlässigkeit. Ebenda **38** (1924). — ARNOLD: Eine experimentelle Prüfung der Wirkung des Pfefferminztees. Mschr. Kinderheilk. **30** (1925).

BALAN: Über den sogenannten Pylorospasmus bei Säuglingen. Arch. Kinderheilk. **74** (1924). — BATCHELOR and BATCHELOR: Observations on a case of rumination with suggestions as to treatment. J. diseas. Childr. **17** (1919). — BECK: Cardiospasmus im Säuglingsalter. Mschr. Kinderheilk. **9** (1910). — BERNHEIM-KARRER: Klinische und radiologische Beobachtungen an ruminierenden Säuglingen. Z. Kinderheilk. **32** (1922). — BESSAU-ROSENBAUM-LEICHTENTRITT: Nahrung und Magenverweildauer. Jb. Kinderheilk. **95** (1921). — Beiträge zur Säuglingsintoxikation. Mschr. Kinderheilk. **23** (1922). — BISCHOFF: Zur Klinik und Pathogenese der Rumination beim Säugling. Z. Kinderheilk. **38** (1924). — BLOCK und KÖNIGSBERGER: Molke und Magenverweildauer. Ebenda **40** (1925). — BURGHARD: Cardiospasmus mit Geschwür der Speiseröhre im Säuglingsalter. Arch. Kinderheilk. **97** (1926).

CAILLOUD: Beobachtungen zur Frage der Säuglingsrumination. Z. Kinderheilk. **38** (1924). — CATEL VON GRÄVENITZ: Über den Einfluß von flüchtigen Fettsäuren und Milchsäure, sowie von Enterokokken- und kolivergorener Kuhmagermilch auf den Tierdarm. Jb. Kinderheilk. **109** (1925). — CAULFIELD: Familial incidence of pyloric stenosis. J. diseas. Childr. **32** (1926).

DE BUYS-HENRIQUES: Effect of body posture on the position and emptying time of the stomach. Ebenda **15** (1918).

EPSTEIN: Weitere Indikationen zur Breivorfütterung bei Säuglingen. Jb. Kinderheilk. **98** (1922).

FABER: Über angeborene Stenosen am Magenausgang und Duodenum. Ebenda **93** (1920).

GÖTT: Die Pathogenese der Säuglingsrumination. Z. Kinderheilk. **16** (1917).

HARAKAMI: Über den Einfluß von Sekretinlösungen auf die Darmmotilität. Biochem. Z. **129** (1922). — HEIM: Die Atropinempfindlichkeit der an chronischen Ernährungsstörungen leidenden Säuglinge. Mschr. Kinderheilk. **15** (1919). — HENSCH: Die Bedingungen der kindlichen Pylorusstenose. Z. Kinderheilk. **31** (1922). — HESS, ALFRED: The pylorus, pylorospasm and allied spasms in infants. J. diseas. Childr. **7** (1914). — HYMANSON: Duration of food passage. Ebenda **11** (1916). — HIRSCH, ADA: Gastrektasie mit gastrogener Enteritis nach Pylorospasmus. Jb. Kinderheilk. **107** (1925). — HUSLER: Beitrag zur Kenntnis des kindlichen Kardio- und Ösophagospasmus. Z. Kinderheilk. **16** (1917).

JENDRASSIK-TANGL: Die Atropinhemmung und die Wirkung einiger organischer Säuren am Darm. Biochem. Z. **159** (1925).

KAHN: Über die Dauer der Darmpassage im Säuglingsalter. Z. Kinderheilk. **29** (1921); **33** (1922). — KEILMANN: Pylorushypertrophie ohne Pylorospasmus im Säuglings- und Kindesalter. Ebenda **37** (1924). — KÖNIGSBERGER und MANSBACHER: Therapeutische Versuche mit Hypophysin bei Magenatonie im Säuglings- und Kindesalter. Ebenda **44** (1927). — KRÜGER: Die Aufenthaltsdauer der Nahrung im Säuglingsmagen unter physiologischen und pathologischen Verhältnissen. Mschr. Kinderheilk. **21** (1921). — KUFAREW-PATUSCHINSKY: Die Wirkung von 10% konzentriertem Reisschleim. Arch. Kinderheilk. **82** (1927).

LINDBERG: Atonische Insuffizienz des Magens als Ursache des Brechens und Appetitmangels bei Kindern. J. diseas. Childr. **27** (1924). — Die Wirkungen des Atropins bei Säuglingen. Acta paediatr. (Stockh.) **4** (1924). — LUST: Zur Klinik des Ösophagospasmus. Mschr. Kinderheilk. **24** (1924). — Spastisches Erbrechen in den ersten Lebenstagen. Arch. Kinderheilk. **76** (1925).

MANSBACHER: Zur Behandlung der Rumination im Säuglingsalter. Z. Kinderheilk. **44** (1927). — MOHR: Ein Beitrag zur Frage des reinen Pylorospasmus. Z. Kinderheilk. **29** (1921). — MOLL: Behandlung des Pylorospasmus mit milcharmer Breikost. Ebenda **22** (1919).

PEIPER-ISBERT: Bewegungen des Magendarmkanals im Säuglingsalter. Jb. Kinderheilk. **119** (1928); **120** (1928). — PEISER: Zur Therapie des Pylorospasmus bei Säuglingen. Mschr. Kinderheilk. **13** (1916). — PETERI: Die Röntgenuntersuchungsergebnisse des Dickdarms im Säuglings- und im späteren Kindesalter. Jb. Kinderheilk. **82** (1915).

REYHER: Über Ösophagosspasmus, Gastrospasmen und Enterospasmen bei Spasmophilie und Vagotonie. Z. Kinderheilk. **38** (1924). — RIEHN: Klinische Beobachtungen über Rumination im Säuglingsalter. Mschr. Kinderheilk. **22** (1921). — REICHE: Anhaltspunkte für die Prognose des Pylorospasmus. Z Kinderheilk. **21** (1919). — ROGATZ: Röntgenologische Studien über die peristolische Funktion der Mägen im Säuglingsalter und ihre Bedeutung für die Entstehung des habituellen Erbrechens. Ebenda **38** (1924).

SALOMON: Über die Beeinflußbarkeit des Säuglingsmagens durch Atropin mit besonderer Berücksichtigung des Pylorospasmus. Mschr. Kinderheilk. **24** (1923).

— Schäfer: Ein Fall von angeborener Pylorusstenose (Typus Landerer-Maier) beim Säugling und Entwicklung des Sanduhrmagens. Jb. Kinderheilk. 76 (1912).

Theile: Zur Radiologie des Säuglingsmagens. Z. Kinderheilk. 15 (1917). — Über die Herstellung bestimmter Aciditätswerte im Säuglingsmagen und deren Einfluß auf die Magenentleerung. Ebenda 15 (1917). — Tumper-Bernstein: Experimental pyloric stenosis. J. diseas. Childr. 24 (1922).

Utheim Toverud: A frequent cause of dyspepsia in breast fed infants. Ebenda 30 (1925).

Veeder, Clopton, Mills: Gastric motility after pyloric obstruction in infancy. Ebenda 24 (1922). — Vollmer: Zur Stoffwechselpathologie des Pylorospasmus. Mschr. Kinderheilk. 31 (1926).

Wernstedt: Zur Kenntnis der Rumination im Säuglingsalter. Acta paediatr. (Stockh.) 1 (1921). — Wolff: Über rezidivierende Schwellungen der Parotis. Jb. Kinderheilk. 112 (1926). — Wollstein: Healing of hypertrophic pyloric stenosis after Fredet-Rammstedt operation. J. diseas. Childr. 23 (1922).

Ylppö: Über Rumination mit Luftschlucken beim Säugling. Z. Kinderheilk. 15 (1916).

III. Sekretorische Leistungen.

Die Absonderung von Speichel hat für die Vorgänge in der Mundhöhle wohl nur die Bedeutung eines Schutz-, Reinigungs- und Gleitmittels. Bei katarrhalischen Zuständen sehen wir häufig die Schleimhäute trocken, wobei der Verminderung des Speichels aus den großen Drüsen wahrscheinlich eine geringere Bedeutung zukommt als der des Sekrets der kleinen Drüschen, wenn man vom Verhalten der Mundschleimhaut an Hunden mit exstirpierten Speicheldrüsen (Gottlieb-Sicher) Rückschlüsse ziehen darf. Das Neugeborene und der Säugling in den ersten Lebenswochen haben eine schwache Speichelsekretion, Reizspeichel ist kaum zu erhalten. Mit einer Verminderung der Speichelmengen ist nach Davidsohn-Hymanson bei Grippe zu rechnen, bei der die trockene Mundschleimhaut eine klinisch wohlbekannte Erscheinung ist, ferner bei Dyspepsie, auch bei Atrophie, während eine Herabsetzung bei dystrophischen Zuständen weniger hervortritt. Klinisch ist das Phänomen der trocken aussehenden, oft entzündlich veränderten Mundschleimhaut, die auf verringerte Speichelsekretion hinweist, bei schweren Ernährungsstörungen wohlbekannt. Die oben genannten Autoren geben als Speichelmengen für verschiedene Altersstufen die folgenden Zahlen an:

In 15 Minuten von $1\frac{1}{2}$ bis zu 3   Monaten 1,3 bis 2,2 ccm
„ „   „   „ 5 „ „ $8\frac{1}{2}$ „   2,5 „ 8,0 „   (Durchschnitt 4,8 ccm)
Bei Atrophie, Alter von 2 Monaten. . . . . 0,6 „
„ Dystrophie, „ „ 5 „ . . . . . 1,0 „
„ „   „ „ 10 „ . . . . . 2,0 „

Die bekannte Erscheinung, daß trockene feste Nahrung mehr Speichel entstehen läßt als feuchte, weiche ist im Tierversuch exakt bewiesen worden. Flüssigkeiten lösen — in weiterer Konsequenz dieses Prinzips — im allgemeinen überhaupt keine Speichelsekretion aus. Von dieser Regel macht die Milch eine Ausnahme, indem bei ihr an Patienten mit Parotisdrüsenfisteln eine zwar geringe, aber doch deutlich erhöhte Sekretion konstatiert wurde. Beim Hunde kann die Sekretion auf Milch sogar größer als die auf Fleisch sein. Die Steigerung der Speichelsekretion kann man während des Trinkens von Brustkindern bisweilen beobachten, wobei sie reichlich Speichel aus einem oder beiden Mundwinkeln ausfließen lassen. Was die genauen Mengen an Speichel betrifft, die auf Milch abgesondert werden, so liegen für den Säugling keine wirklich ausreichenden Beobachtungen vor, es handelt sich um Schätzungen, die man, von Befunden an älteren Kindern ausgehend, unternommen hat. Für das 9jährige Mädchen SOMMERFELDS mit Laugenstenose und Gastrostomie finden sich folgende Angaben vor:

Nahrung g	Zeit	Speichel-menge g	Wieviel % der Nahrung beträgt die Speichelmenge
1200 Milch	30 Min.	200	16,5
1250 Milchkakao .	20 „	90	6,75
1350 Milch	37 „	180	13,3
150 Semmel, 850 Milch.	30 „	130	13
800 Gemüse, Fleisch, Bouillon.	20 „	115	14,3
1340 Gemüse, Fleisch, Bouillon.	40 „	300	22,4

Nach diesen Zahlen würde man bei Milchgenuß mit etwa 10—15% Speichelbeimengung rechnen dürfen, nach ALLARIA kann die Speichelmenge jedoch mehr als 20% der Milch betragen. ROAD TAYLOR berechnet die Speichelmenge, die er nach einem besonderen Sondierungsverfahren durch Rücksaugen aus dem Oesophagus gewinnt, auf 8—25 ccm in $1^1/_2$ Stunden, was einer Tagesmenge von 128—600 ccm entsprechen würde. Leider sind die physiologischen Verhältnisse bei diesem Verfahren nicht gewahrt.

Die Bedeutung der Speichelsekretion liegt zunächst in einer gewissen Verdünnung der Milch. Nach ALLARIA wirkt die Speichelbeimengung auf die Geschwindigkeit der Labgerinnung roher Kuhmilch verlangsamend ein, es entstehen feinere Gerinnsel. Daß die durch verschluckten Speichel bewirkte Gerinnungshemmung unter den Verhältnissen, wie sie in Wirklichkeit in vivo vorliegen, keinen wesentlichen Einfluß gegenüber der Bildung klumpiger Koagel bei Ernährung mit Kuhrohmilch verleiht, hat die häufige Beobachtung von Caseinklumpen im Stuhl bei dieser Ernährungsart gezeigt. Weiter entsteht die Frage, ob dem der Milch beigemengten Speichel eine Bedeutung als Puffersubstanz beigemessen werden darf. Zwischen p_H 5 und 6 ist das Pufferungsvermögen allerdings praktisch gleich Null, dagegen dürfte der Speichel zwischen p_H 6 und 7 die einem Bicarbonat-Kohlensäuresystem zukommende Pufferung besitzen. Der Kohlensäuregehalt beträgt nach PFLÜGER 50—65 Volumprozent CO_2, die Spannung dürfte im frischen Speichel der des Blutes entsprechen. Natürlich sinkt sie bei freier Oberfläche sehr rasch ab. Wenn wir diese Zahlen zugrunde legen, ergibt sich 0,02—0,03 Molarität für Bicarbonat. In einzelnen titrimetrischen Bestimmungen fand ich aber noch bedeutend geringere Werte. Der P-Gehalt beträgt 15,5 Milligrammprozent (CLARK und SHELL), was auf sekundäres Phosphat, das zwischen p_H 7 und 5 umsetzungsfähig ist, nur 0,00025 Molarität ausmacht. Das ist vernachlässigungswert. Würden auf eine Mahlzeit von 100 ccm Frauenmilch 10 ccm Speichel verschluckt werden, so würde diese Speichelmenge etwa 2,5 ccm 0,1 n HCl abfangen können. Diese kleine Säuremenge würde allerdings die Acidität von 100 ccm Frauenmilch nicht merklich verändern, so daß die puffernde Wirkung des Speichels im Magen als geringfügig und unwesentlich zu bewerten ist. Gegenüber der starken Pufferwirkung von Kuhmilch tritt sie gänzlich zurück.

Die Reaktion des Säuglingsspeichels liegt nach DAVIDSOHN zwischen p_H 7 und 7,8, nach Angaben, die den Erwachsenen betreffen, zwischen p_H 6 und 7,4 als äußersten Grenzwerten. Reaktionen, die alkalischer sind als die obere Reaktionsbreite des Blutes, rühren offenbar von der Kohlensäureabgabe des Speichels her. Beim Stehen an der Luft mit freier Oberfläche tritt sofort ein solcher Verlust ein, natürlich auch bei allen Saugverfahren, bei denen der Speichel tropfenweise nach und nach gewonnen werden muß. Auch wenn das Sekret schließlich unter Paraffin aufgefangen wird, ist ein Kohlensäureverlust im Munde und im Röhrensystem, das zum Auffanggefäß zuleitet, nicht zu umgehen. Schon der aus dem Parotisdrüsengang durch Sondierung gewonnene Speichel ist um 0,1 p_H saurer als der Mundspeichel. Speichel, der im geschlossenen Gefäß stehenbleibt, wird durch Wirkung der Urease auf den Harnstoff im Speichel unter Abspaltung von Ammoniak ebenfalls alkalischer (CLARK und CARTER).

Bei einer Untersuchungsreihe mittels des Foliencolorimeters von WULFF, das das Aufsammeln von Sekret unnötig macht, indem nur die Folie in den Mund gelegt wird, erhielt ich für den p_H des Speichels folgende Zahlen: Die Untersuchung betrifft 100 Proben an 75 verdauungsgesunden Säuglingen.

p_H: Alter Monate	5,0—5,3	5,4—5,6	5,7—5,9	6,0—6,2	6,3—6,5	6,6—6,8	6,9—7,1	7,2—7,4	>7,4
0— 2	2	4	4	2	4	5	3	1	
3— 4	3	1	3	2	4	3	4	2	
5— 6	1		3	1	4	10	4	2	1
7— 8							6	1	
9—10					3	5	2	2	1
11—12			1		1	3	1	1	
Summe	6	5	11	5	16	26	20	9	2

Diese Zahlen streuen viel stärker und besonders nach der sauren
Seite hin als diejenigen von DAVIDSOHN. Der Gegensatz ist aber nur ein
scheinbarer. Wenn die Folie in den Mund gelegt wird, so reagiert ein Teil
der Säuglinge mit lebhaftem Speichelfluß, die Indicatorfolie ändert sich
schnell in ihrem Farbton nach der alkalischen Seite hin. Dieses Verhalten kam besonders oft bei älteren Kindern vor. Wenn der Mund
trocken blieb, bzw. nur spärlichen zähen Schleimbelag aufwies, was mehr
bei Trimenonkindern und besonders bei Frühgeburten vorkam, so lag die
Reaktion mehr im sauren Gebiet. Der Reizspeichel ist also alkalischer
als das gemischte Mundsekret mit seinem starken Schleimgehalt. Die h
desselben ist von der Stärke der Speichelabsonderung, die sie herabsetzt,
abhängig. Wenn mit Saugvorrichtungen Sekret gesammelt wird, so kann
man nur relativ alkalische Werte erhalten, weil bei fehlendem Sekretfluß
nicht gemessen werden kann. Aus den Messungen ergibt sich also der
wichtige Schluß, daß die Speichelsekretion in Abhängigkeit vom Alter
steht, was durch DAVIDSOHN-HYMANSON ja auch direkt nachgewiesen
worden ist. Die Schwäche der Speichelsekretion der frühesten Lebensstufen ist wiederholt festgestellt worden (KOROWIN). GUNDOBIN führt
sie auf die geringe cerebrale Entwicklung in diesem Alter zurück. Man
kann sich dieser Ansicht anschließen, für die es ein sehr überzeugendes
Vergleichsbeispiel gibt. Der junge Säugling weint tränenlos, erst gegen
Ende der Trimenonepoche sieht man beim Schreiweinen bisweilen die
Zähren fließen. Wir werden später darauf zurückkommen, daß es wahrscheinlich auch eine psychische Magensaftsekretion beim jungen Säugling nicht gibt.

Die Absonderung im Magen betrifft Wasser, Salzsäure, Salze, Schleim
und Fermente. Prinzipielle Bedeutung kommt der Frage zu, in welchen
Verhältnis Wasser- und Salzsäuresekretion zueinander stehen, d. h. ob
die Konzentration der HCl von konstanter oder variabler Größe ist. Es
seien einige Angaben hierüber zusammengefaßt:

PAWLOWScher Hund, Oesophago- und Magenfistel, Scheinfütterung 0,311—0,489 %
       ,,   ,, kleiner Magen . . . . 0,505 %
HORNBORGS Knabe mit Magenfistel bei Striktur des Oesophagus
  (Scheinfütterung): Fleischklöße . . . . 0,401—0,474 %
     ,, Brot und Marmelade . . . . 0,420 %
     ,, Milch . . . . 0,404 %
BOGEN (Magenfistel) . . . . 0,14 —0,41 %
SOMMERFELD, Magenfistel (Durchschnitt). . . . . 0,445 %
ENGEL, Säugling mit Pylorusstenose. Sondierung von hoher
  Jejunalfistel aus . . . . 0,257 %

Daß der Säugling imstande ist, ein der Stärke des Magensaftes des
älteren Kindes und des Erwachsenen wenigstens angenähert ähnliches
Sekret zu bilden, kann nach der Beobachtung ENGELs nicht bezweifelt
werden. Die Anwesenheit ,,freier'' Salzsäure im spärlichen Mageninhalt
nüchterner Neugeborener haben A. HESS sowie POLLITZER nachgewiesen.

p_H dieses Nüchternsaftes beträgt durchschnittlich 2,6 und liegt in 88% der Fälle unter p_H 3 (GRISVOLD-SHOHL). Abb. 14—16 erläutert diese Verhältnisse. Hiernach würde sich für Nüchternmagensaft Neugeborener weniger als $^1/_{100}$ Normalität Salzsäure ergeben, jedoch ist der Rückschluß vom Mageninhalt auf das Sekret hier natürlich mit besonders großen Fehlern behaftet, weil die ganz geringen Sekretmengen von wenigen Kubikzentimetern durch Schleim- oder Speichelbeimengungen natürlich relativ stark beeinflußt werden können.

Da es sich im allgemeinen ergeben hat, daß sich verschieden hohe Aciditäten im Magen durch verschieden große Sekretmengen, nicht aber durch verschieden hohen Salzsäuregehalt dieses Sekretes unterscheiden, so darf man es bis zu einem gewissen Grade für wahrscheinlich erachten, daß auch der Säugling einen Magensaft von

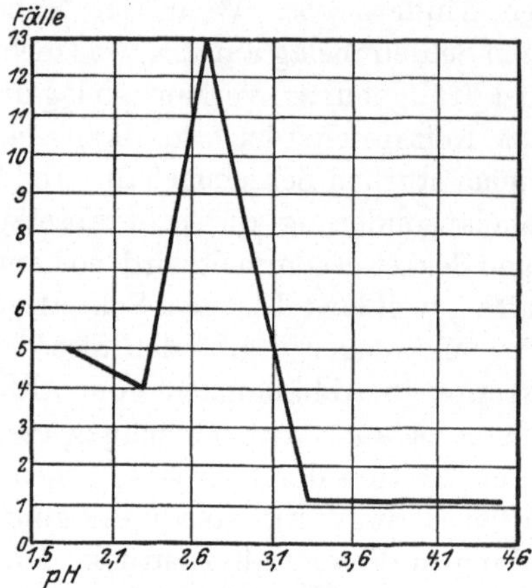

Abb. 14. pH des Mageninhaltes nicht gefütterter neugeborener Kinder.

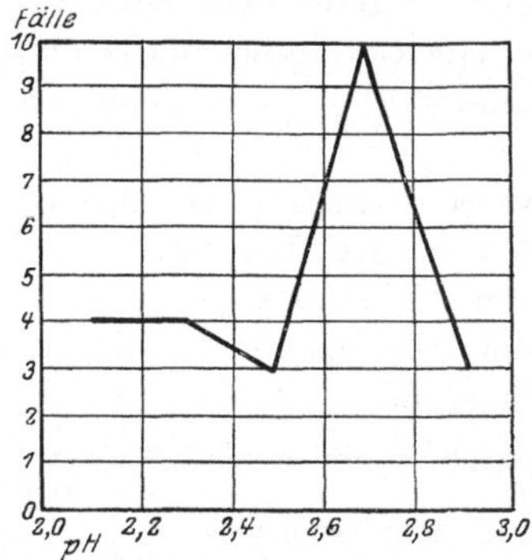

Abb. 15. pH des Mageninhaltes 5 tägiger Kinder 1 Stunde nach 50 ccm 8 %iger Trockenmilch.

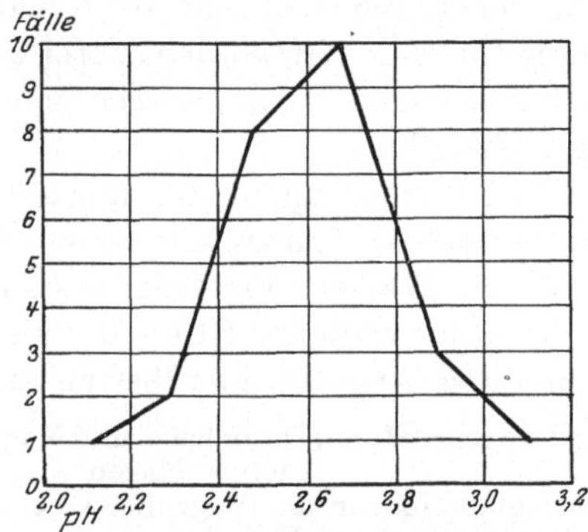

Abb. 16. Ebenso bei 10 Tage alten Kindern. (Kurven nach GRISVOLD-SHOHL.)

etwa 0,3% HCl hervorbringen kann. Unter krankhaften Verhältnissen besteht diese Betrachtungsweise selbstverständlich nicht zu Recht. Hier kann es auch zur Abnahme der Salzsäuresekretion im Magensafte kommen.

Der oben erwähnte Fall ENGELs mit dem etwas tiefer liegenden Salzsäuregehalt spricht nicht gegen diese Ansicht, da es sich um einen fortgeschrittenen Pylorospasmus gehandelt hat, in welchem Falle durch Chlorverluste durch das Erbrechen eine Verminderung der Salzsäurebildung im Bereich der Wahrscheinlichkeit liegt. Im übrigen kommt es uns nur auf die allgemeine Größenordnung an. Wenn man prinzipiell annehmen darf, daß der Säugling Salzsäure im Magen abzusondern vermag. so ist die Frage, die sich nun erhebt, die, inwiefern wir aus der Messung der h des Mageninhaltes Rückschlüsse auf die Sekretion ziehen dürfen. Leider sind nun diese Beziehungen keineswegs einfache, vielmehr ist die Acidität von einer Reihe von Faktoren abhängig:

1. von der Sekretion,
2. vom Entleerungsmechanismus des Magens,
3. vom Pufferungsvermögen der Nahrung,
4. von den fermentativen Abbauprozessen im Magen,
5. von der Schleimproduktion im Magen,
6. von rückläufigem Duodenalsaft,
7. von Gärungsprozessen,
8. von verschlucktem Speichel.

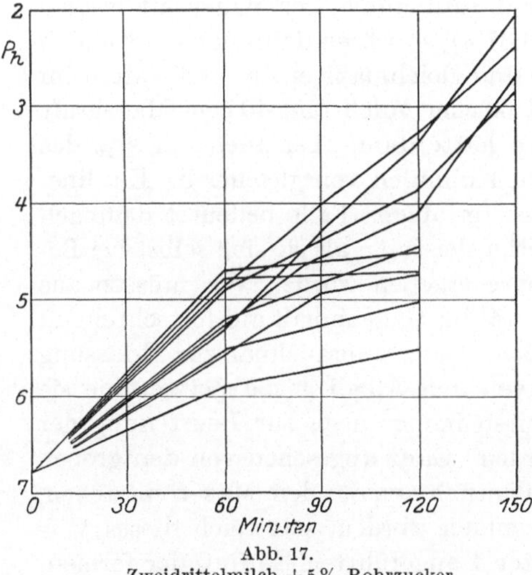

Abb. 17.
Zweidrittelmilch + 5 % Rohrzucker

Abb. 17 und 18. Verhalten der Acidität im Magen
nach DEMUTH.

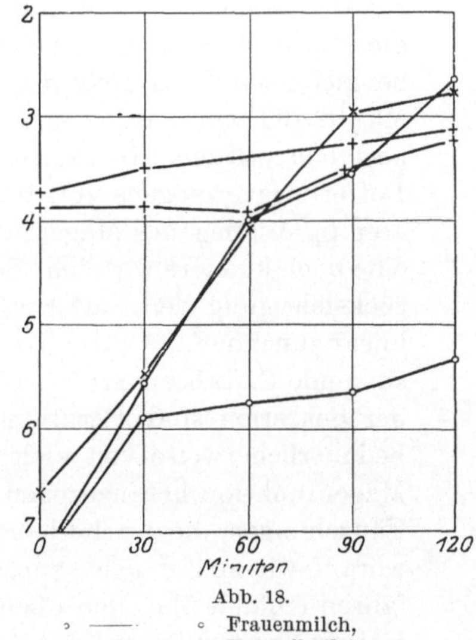

Abb. 18.
○ ────── ○ Frauenmilch,
×────────× Kuhvollmilch,
+────────+ saure Magermilch
+ 3 % Mondamin + 3 % Nährzucker.

Nach den p_H-Kurven des Mageninhaltes erfolgt die Sekretion so, daß ein gleichmäßiger Verlauf als wahrscheinlich angenommen werden kann. In der ersten, häufig auch noch in der zweiten Stunde, steigt die h linear an (s. Abb. 17, 18). Andererseits aber ist zu bedenken, daß das Pufferungsvermögen der Kuhmilch mit fortschreitendem Säurewert abnimmt. Wenn also z. B. in der ersten Verdauungsstunde die Acidität auf p_H 5 und in der zweiten auf 3,3 stieg, so kann dem p_H-Sprung 5 auf 3,3 nicht ein gleichmäßig starker Sekretionsverlauf entsprechen, denn die Pufferung der Kuhmilch würde bis zum erstgenannten Punkt zu ihrer Überwindung auf je 100 ccm etwa 40 ccm 0,1 n HCl benötigen, bis zum Punkt 3,3 aber noch einen weiteren Betrag von nur etwa 25 ccm. *Gleichmäßig ansteigende p_H-Kurve bedeutet also hier flachumbiegende Sekretionskurve.* Hierzu tritt aber nun in der Entleerung des Magens noch ein weiterer komplizierender Faktor. Während der ganzen Beobachtungszeit tritt Inhalt aus dem Magen in das Duodenum über, während neues Magensekret hinzukommt. Wenn wir annehmen, daß Zu- und Abfluß sich die Waage halten, d. h. das Volumen im Magen das gleiche bleibt, so folgt hieraus, daß eine starke Abnahme des Pufferungsvermögens resultieren muß, denn der Magensaft selbst besitzt in dem in Rede stehenden Acidätsbereich kein Pufferungsvermögen. Es kommt auch nicht zu einer wesentlichen Veränderung der relativen Mengen von Casein und Molke, wie heute allgemein angenommen wird. Setzen wir wieder den Fall der Verdauung von Kuhvollmilch (100 ccm) nach Mengen, Aciditäten und Zeiten wie oben, und machen wir die Annahme, der Magensaft besitze die Stärke einer 0,1 n Salzsäure (0,37%), so wären dann nach 2 Stunden bei gleichmäßiger Durchmischung und gleichmäßiger Zu- und Abfuhr im Magen 100 ccm, welche aus rund 60 ccm Milch und 40 ccm Magensaft bestehen würden. Dieses Gemisch hätte dann aber auch nur $^6/_{10}$ des Pufferungsvermögens von 100 ccm Kuhmilch von gleicher h. Ein linearer p_H-Anstieg des Mageninhaltes im obigen Falle bedeutet demnach eine noch kleinere wirkliche Sekretionsleistung, als sie sich selbst bei Berücksichtigung der Pufferungskurve ergeben würde. Wir müssen aus linear zunehmender aktueller Acidität im Mageninhalt auf fortschreitend sinkende Saftabsonderung schließen. Ganz unbrauchbar zur Erfassung der Sekretion sind Titrationskurven von Alkali gegen Zeiten, wie sie bedauerlicherweise von vielen Seiten immer noch zur Beurteilung der Magenfunktion herangezogen werden. Ganz abgesehen von den groben Täuschungen, die durch kleine Teilentnahmen aus dem Magen entstehen, worauf wir später noch zurückkommen werden, setzt sich dieses Verfahren einfach über den oben unter 4 angeführten Einfluß der fermentativen Spaltungen auf den Alkaliverbrauch ebenso hinweg, wie über die Besonderheiten des Einflusses der Pufferung und Entleerung.

Sekretion und Entleerung stehen also in der Beziehung zueinander, daß rasche Entleerung eine geringere Gesamtleistung der Absonderung bei hoher aktueller Acidität, verlangsamte Entleerung aber eine höhere Gesamtleistung bei niedrigerer aktueller Acidität des Mageninhaltes bewirken wird, wenn gleiche Nahrungen bei gleicher Sekretionsgeschwindigkeit miteinander verglichen werden. Hierbei ist also vorausgesetzt, daß eine Herabminderung der Sekretion bei stagnierender Retention des Mageninhaltes nicht eingetreten ist, wie dies unter pathologischen Verhältnissen vorkommt, z. B. bei den atonischen Zuständen nach Infekten und Ernährungsstörungen. Endlich gibt es auch beschleunigte Entleerungen mit schlechter Sekretionsleistung, wie dies für die Anacidität des Erwachsenenalters typisch ist, und als gefahrbringend für den Darm betrachtet wird, da dieser zu plötzlichen Leistungen gezwungen wird, welchen er nicht immer genügen kann. Solche beschleunigten Entleerungen kommen nach Demuth auch beim Säugling vor und zwar bei dyspeptischen Zuständen. „Der Magen verliert anscheinend die Fähigkeit, caseinreiche Nahrungen länger zurückzuhalten." Hiernach darf man in solchen Fällen annehmen, daß primäre Hypacidität besteht, die beschleunigte Entleerung aber sekundäre Folge ist, denn gesäuerte Milchen machen von der oben gegebenen Regel nach Demuth eine Ausnahme. Bei normaler Sekretion und verzögerter Entleerung muß ein sehr saurer Mageninhalt entstehen. Im Gegensatz zum sonstigen Verhalten der Acidität der Brustkinder in den ersten Lebensmonaten findet man denn auch in den reichlichen Magenrückständen bei Pylorospasmus meist einen p_H von 2—3. Es ist sehr naheliegend, dies mit der verzögerten Entleerung in Zusammenhang zu bringen.

Beschleunigte Entleerung mit Hypacidität finden sich bisweilen bei Ruhr. Die Beziehungen zwischen Mageninhaltsmenge nach dem halben Intervall zweier Fütterungen und p_H beleuchtet die Abb. 19 nach Babbot und Mitarbeitern.

Die Abhängigkeit der h vom Pufferungsvermögen der Nahrung

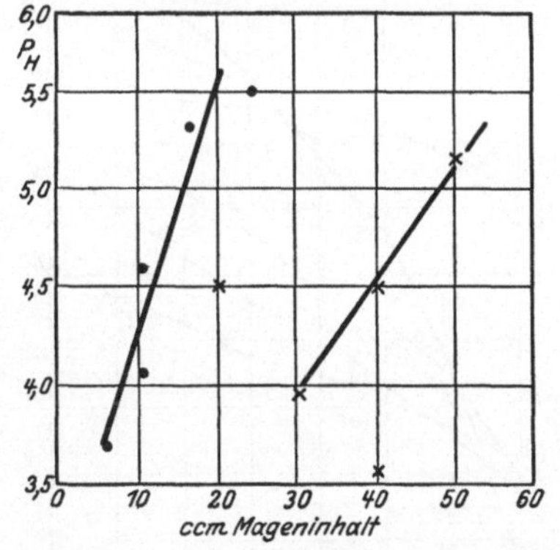

Abb. 19. ∘——————∘ 100 ccm 8%ige Trokkenmilch verfüttert. ×——————× 200 ccm verfüttert. Magenentleerung und pH nach Babbot.

besteht darin, daß der sich ergießenden Salzsäure in den verschiedenen Nahrungen verschiedene Mengen von solchen Stoffen entgegentreten, die aus Alkali- und Erdalkaliverbindungen von Substanzen schwach sauren Charakters bestehen, wie der Phosphate, Carbonate, Citrate, Caseinate, Albuminate der Milch. Bekannt ist der große Unterschied zwischen Kuh- und Frauenmilch an solchen Stoffen. Demgemäß ist das Pufferungsvermögen der Kuhmilch ein vielfaches von dem der Frauenmilch.

Demuth macht hierüber folgende Angaben, wobei die unter den p_H-Zahlen stehenden Zahlen angeben, die wievielfache Menge an 0,1 n HCl von Kuhmilch verbraucht wird im Verhältnis zum Verbrauch durch das gleiche Volumen Frauenmilch:

bis 6	5,5	5	4,5	4	3,5 p_H
1,88	2,33	2,64	2,70	2,57	2,44.

Das Verhalten der Pufferung verschiedenartiger Nahrungen ist aus den Kurven in den Abb. 20 ersichtlich. Das Pufferungsvermögen wächst in der Reihe Frauenmilch, verdünnte Kuhmilch, Kuhvollmilch, Butter- und Eiweißmilch. Das Maximum der Pufferung liegt zwischen p_H 6 und 4,5 (FRITZ MÜLLER). In dieser Tatsache findet sich die Erklärung, warum im Mittelbereich dieser Zone bei p_H 5 im Durchschnitt vieler Untersuchungen gewöhnlich die h des Mageninhaltes angetroffen worden ist (MÜLLER, DEMUTH).

Bezüglich der in der Literatur vielfach niedergelegten Mittelwerte muß ich leider eine prinzipielle Bemerkung machen. Bei der Angabe von Mittelzahlen aus p_H-Werten findet man, so weit man nachrechnen kann, mit wenigen Ausnahmen, daß die Autoren den Fehler begehen, einfach das vermeintliche arithmetische Mittel aus einer Reihe von p_H-Zahlen zu ziehen. Das ist aber kein arithmetisches Mittel, weil die Addition von Logarithmen eine Multiplikation ist. Der Mittelwert von p_H 3 und p_H 5 ist nicht p_H 4, sondern 50×10^{-5} oder p_H 3,3. Diesen Vorbehalt muß ich gegenüber den von anderen Autoren berechneten Mittelzahlen, die hier wiedergegeben werden, machen. Bei kleiner Streuung ist der Fehler klein, bei größerer Streuung sind solche p_H-Mittelwerte wesentlich zu alkalisch.

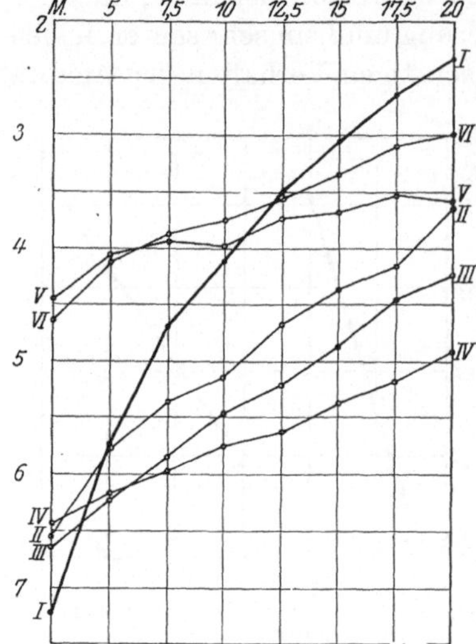

Abb. 20. Pufferkurven verschiedener Milchen nach DEMUTH. *I* Frauenmilch; *II* Viertelkaseinmilch; *III* ²/₃-Milch; *IV* Vollmilch; *V* Buttermilch; *VI* Eiweißmilch.

Es hat geringen Wert, wenn die h des Mageninhaltes für eine bestimmte Verdauungszeit mit irgendeiner Durchschnittszahl angegeben wird. Der Einzelwert hängt nicht nur ab von der Zeit, zu der untersucht wurde, wie sich aus den obigen Auseinandersetzungen ergibt, sondern auch noch von anderen Faktoren. Die stärksten Differenzen in den Angaben entstehen freilich dadurch, daß verschiedene Zeitpunkte nach der Mahlzeit zur Untersuchung gewählt wurden.

Die Abhängigkeit von der Verdauungszeit gibt die folgende Tabelle nach DAVIDSOHN wieder. Sie zeigt die durchschnittlichen p_H-Werte, welche nach einer Mahlzeit von 200 g ²/₃-Milch angetroffen wurden, wenn die Magenverdauung verschieden lange dauerte.

Verdauungszeit	Zahl der Fälle	p_H Durchschnitt
$1^1/_2$	3	5,30
$1^3/_4$	6	5,10
2	37	5,03
$2^1/_4$	4	4,70

Die h hängt weiter ab von der Nahrungsmenge, von der Art der Nahrung, vom Alter des Kindes, von seinem Gesundheitszustand.

Betrachtet man unter gleichen Untersuchungsbedingungen die Verteilung der h des Magens bei verschiedenartigen Ernährungen, so ergibt sich aus der folgenden Abb. 21, daß bei $^1/_3$ Sahnenmilch und $^2/_3$ Milch das Maximum der Häufigkeit der beobachteten Aciditäten zwischen p_H 5, 2 und 5,5 liegt, während — entsprechend ihrer genuinen Reaktion und dem starken Pufferungsvermögen — die Eiweißmilch ihr Maximum bei Werten von $p_H < 4,5$ hat.

Auch Sammelwerte bei gleicher Nahrung, etwa ,,für das Brustkind", sind unberechtigt, da sich auch ein auffälliger Zusammenhang zwischen h und Alter ergibt, über den eine solche Zusammenfassung nivellierend hinweggeht. Bei Ausheberung nach 2 Stunden ergaben sich für Frauenmilch folgende mittleren p_H-Werte aus 72 Untersuchungen, die nur an gesunden Säuglingen vorgenommen wurden (DEMUTH)

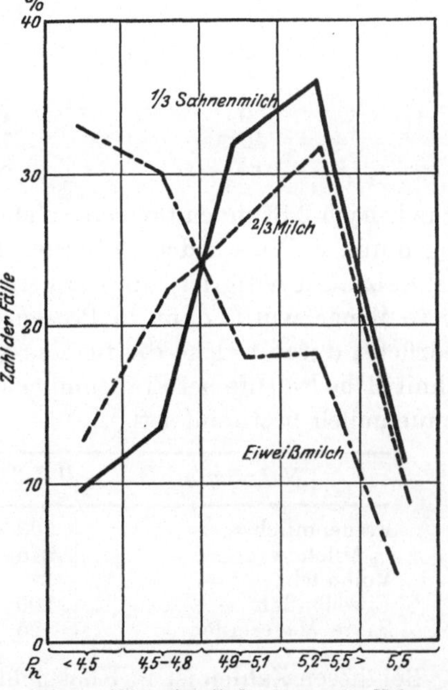

Abb. 21. Abhängigkeit der h von der Nahrung nach DAVIDSOHN.

Monate: 1—3 4—6 7—9 >9
p_H . . . 5,84 4,94 4,48 3,76.

Dieser ganz kontinuierliche Anstieg ist nicht auf äußere Ursachen zurückzuführen, hängt insbesondere nicht von der bei älteren Säuglingen üblichen Zufütterung von Gemüse ab, sondern ist Ausdruck der ,,werdenden Funktion" der Salzsäureabsonderung.

In merkwürdigem Gegensatz zu dieser Begriffsbildung der werdenden Funktion steht die Tatsache, daß gerade im Neugeborenenalter vorübergehend recht saure Werte angetroffen werden können. Eine Erklärung hierfür steht vorläufig aus.

Für künstliche Ernährungsformen gibt DAVIDSOHN die Abhängigkeit vom Alter wieder (vgl. Tabelle auf nächster Seite).

Wie ersichtlich, ist der Einfluß des Alters beim Brustkinde bedeutender als beim Flaschenkinde. Am wenigsten deutlich ist er bei diesem bei Vollmilchernährung. Beim Brustkinde fällt die niedrige Acidität der drei ersten Lebensmonate auf.

Für eine Reihe von Nahrungen ermittelte DEMUTH die durchschnitt-

Ernährung mit $^1/_3$-Sahnenmilch.

Alter in Monaten	Zahl der Fälle	p_H im Durchschnitt
1	9	5,3
2	6	5,0
3	9	5,1
4	3	4,8

Ernährung mit $^2/_3$-Milch.

3	2	5,45
4	9	4,98
5	10	5,15
6	9	5,19
7	14	4,98
8	3	4,33
9	11	4,95
10	7	4,60
12	3	5,20

liche h nach 2 Stunden für verschiedene Altersstufen bei gesunden Säuglingen und stellte aus den Pufferungskurven dieser Nahrungen fest, wieviel Salzsäure nötig ist, um die gefundene Aciditätsstufe zu erreichen. Diese Menge wurde dann in Prozenten derjenigen Salzsäuremenge ausgedrückt, durch welche die für das gleiche Alter sich ergebende durchschnittliche h-Stufe bei Frauenmilchernährung gemäß der Pufferung der Frauenmilch bestimmt ist.

Nahrungen	1.—3.	4.—6.	7.—9.	10.—12. Monat
Frauenmilch	100	100	100	100
$^2/_3$-Milch	275	220	200	—
Vollmilch	325	314	263	209
Eiweißmilch	200	171	163	136
Saure Magermilch	25	57	25	136

Bei diesen Zahlen ist in Rücksicht zu ziehen, daß die Entleerung des Magens bei den künstlichen Nahrungen langsamer als bei Frauenmilch ist. Die wirklichen Mehrbeträge an Sekretion bei künstlicher Nahrung dürften also noch höher liegen, als es diese Zahlen auszudrücken vermögen, die für Minimalwerte gehalten werden müssen. *Daß der Magen bei den künstlichen Nährgemischen eine große Mehrleistung an Sekretion zu vollbringen hat, steht außer allem Zweifel.*

Sehr auffällig ist die Sonderstellung, welche die gesäuerte Nahrung einnimmt, deren sekretionssparende Wirkung eklatant hervortritt. Auf dieser Grundlage beruht die Empfehlung der gesäuerten Nahrungen, die sich seitdem einen breiten Raum in der praktischen Säuglingsernährung errungen haben (SCHEER, MARRIOTT, DUNHAM, DEMUTH, SCHIFF).

Unter den Faktoren, die die h beeinflussen, ist nun noch der fermentativen Abbauprozesse zu gedenken. Während bei diesen die Kohlenhydrate kaum eine einflußreiche Rolle spielen dürften, ist dies sowohl von seiten des Eiweiß- wie des Fettabbaues möglich. Wir müssen hierbei die Proteolyse in ihrer Wichtigkeit hinter das Fett zurückstellen, denn der Zuwachs an Pufferkapazität, der durch Peptonbildung entstehen würde, fällt nicht in die Wagschale. Um so wichtiger ist die Lipolyse. In Frauenmilch durchgeführt, vermag diese Acidität um $1—1^1/_2$ Stufen von p_H zu erhöhen (FREUDENBERG, HELLER). Es wurde von BEHRENDT und gleichzeitig von DEMUTH gezeigt, daß dieser Vorgang auch in vivo bedeutungsvoll ist, und zwar in erster Linie bei jungen Brustkindern, bei welchen man unter Ausschluß pathologischer Fälle und nicht altersentsprechender Nahrungsmengen nach 2 Stunden meist eine niedrige wahre Acidität antrifft, wie schon die oben wiedergegebene Tabelle zeigte. BEHRENDT schaltete nun den Einfluß der fermentativen Lipolyse aus, indem er die verfütterte Frauenmilch abkochte, und beobachtete den Einfluß dieser Maßnahme auf die entstehende h und auf die Entleerungszeit des Magens. Er verglich den Effekt einer solchen Mahlzeit gekochter Frauenmilch mit demjenigen der vorhergehenden und nachfolgenden Mahlzeit ungekochter Frauenmilch. Es ergab sich ein p_H-Wert, der ausnahmslos bei ungekochter Frauenmilch wesentlich tiefer lag, während die Entleerungszeit gleichzeitig um 35% bei ungekochter Nahrung kürzer war als bei gekochter. Die stärkere Säurebildung in der Rohmilch rührt von der Lipolyse her, die in der gekochten Nahrung fehlt. In diesem Alter ist die Salzsäuresekretion so schwach, daß sie den Mangel organischer Säuren bei fehlender Fettspaltung nicht auszugleichen vermag. Die Fettspaltung verkürzt auch die Verweildauer im Magen. Dem gleichen Problem ging DEMUTH nach, indem er das Verhältnis von Cl zu Na im Magen nach gekochter und nach ungekochter Frauenmilch bestimmte. Aus der Zunahme des Cl allein gegen den Frauenmilchwert läßt sich die Saftabsonderung im Magen nicht bestimmen, denn schon SOMMERFELD fand, daß das reine Sekret aus der Magenfistel, auf mittleres Molekulargewicht des Kalium- und Natriumchlorids berechnet, 0,243% Chloride enthielt, die nicht als HCl, sondern als Alkalichloride vorlagen. Nach erhitzter Frauenmilch als Nahrung steigt nun nach DEMUTH, der auch ältere Kinder untersuchte, der Quotient Cl : Na sehr viel stärker an, als nach genuiner Frauenmilch, so daß auch aus dieser Versuchsanordnung die geringere Sekretion bei Verfütterung roher Frauenmilch hervorgeht. Bei erhitzter Frauenmilch und fehlender Lipolyse ersetzt Salzsäure die organischen Säuren mehr oder minder.

Endlich hat SCHEMANN mit einer weiteren Untersuchungsmethode wieder das gleiche Ergebnis erzielt. Sie ging von der Überlegung aus, daß bei Lipolyse im Magen freie Fettsäuren entstehen, die Puffereigenschaft besitzen. Also muß die Pufferungskurve der Frauenmilch nach Lipolyse einen anderen Verlauf nehmen, was sich auch bei experimenteller Prüfung als richtig herausstellte. Namentlich zwischen p_H 5 und 6,

in welchem Bereich die Pufferkurve bei genuiner Frauenmilch steil auf-
steigt, verläuft sie bei lipolysierter Frauenmilch flachgestreckt. Beide
Punkte lassen sich durch Wahl geeigneter Indikatoren genügend genau
festlegen. Es ergab sich bei Berücksichtigung des Verdünnungsgrades
im Magen, daß die Pufferung nach roher Frauenmilch bei jungen Säuglingen, wenn nach einer Stunde ausgehebert wurde, stark angewachsen
war und ein Vielfaches der Milchpufferung betrug. Bei älteren Säuglingen dagegen war dieser Unterschied, wie die folgende Zusammenstellung zeigt, nicht mehr so ausgesprochen.

Alter Monate	Nahrung	Zahl der Fälle	p_H im Magen- inhalt	Verdünnung im Magen in %	Verhältnis Milchpuffer zu Magen- inhaltspuffer	Mittelwert der Ver- hältnis- zahl
$^1/_2$—3	nur Frauen- milch	9	4,3—5,8	5,8—28,8 (14,2)	1:2,7—1:4,5	1:3,5
$^1/_2$—3	Zwiemilch	5	4,2—5,8	8,4—37,2 (21,2)	1:3,0—1:6,0	1:4,4
5—7	Frauenmilch, Gemüse, Brei von Kuhmilch	4	3,0—4,3	21,1—47,5 (37,4)	1:1,2—1:1,5	1:1,4

Wir sehen also, daß sich nach drei ganz verschiedenen und *voneinander
unabhängigen* Methoden der Nachweis führen ließ, daß bei jungen Brustkindern im Magen eine lebhafte Lipolyse bei geringer Absonderung von
Salzsäure vor sich geht, und daß dieses Verhalten die bei Einhaltung
richtiger Bedingungen für das gesunde Brustkind der ersten Lebensmonate als typisch nachweisbare niedrige Acidität des Mageninhaltes
erklärt.

Die Schleimproduktion im Magen spielt unter bestimmten als pathologisch zu bezeichnenden Bedingungen eine wesentliche Rolle. Experimentell kann sie durch direkte mechanische Reize auf die Magenschleimhaut ausgelöst werden, weshalb ein auf Brot ergossener Saft schleim-
reicher ist, als ein auf einen flüssigeren Mageninhalt sezernierter. Ferner
wird sie hervorgerufen durch Vagusreizung, wodurch zuerst zäher, später
dünnflüssiger Schleim in großen Mengen abgeschieden wird, während
gleichzeitig die Acidität solchen Magensaftes eine etwas geringere ist, als
wenn wässeriger Magensaft ergossen wird. Die Schleimflocken binden
reichlich Pepsin an sich, dessen Wirkungswert auch bei Verdünnung nur
wenig vermindert wird (BABKIN). Wir kennen nun Zustände, die man
auf vagale Erregungsvorgänge zurückgeführt hat, bei welchen eine solche
starke Schleimabsonderung beobachtet wird. Es handelt sich um den von
ENGEL als Hämatinerbrechen bezeichneten Vorgang, das bekannte Auswürgen kaffeesatzähnlicher Massen, ein Vorgang, der ja im Säuglingsalter kein ganz seltenes Vorkommnis ist. Hierbei wird, wenn die Fälle
zur Obduktion gelangen, die Magenschleimhaut mit einer dicken Schleim-

schicht bedeckt gefunden. Der gleiche Vorgang, mit Blutaustritt verbunden, der mikrochemisch im Stuhl nachgewiesen werden konnte, wurde auch durch Pilocarpin bei Dyspepsie, Dekomposition, Tetanie herbeigeführt, jedoch auch bei vielen gesunden Säuglingen, sofern sie jünger als 6 Monate waren. In meinem Beobachtungsmaterial ist Hämatinerbrechen ein nicht seltenes Vorkommnis bei Pylorusstenose, bei der es sogar in leichteren Fällen vorkommen kann und keineswegs prinzipielle prognostische Bedeutung besitzt. Gerade diese Beobachtung liefert ein starkes Beweismittel für die Mitwirkung vagaler Erregungszustände bei der spastischen Pylorusstenose.

Die Beimengung verschluckten Speichels zum Magensaft hat nur eine geringe Bedeutung für die h, weil, wie wir oben ausführten, die Pufferwirkung solchen Speichels eine ganz geringfügige ist. Eine Verschiebung ins alkalische Gebiet dürfte nur dann vorkommen, wenn der Magen sozusagen leer ist und nur ganz kleine Mengen ungepufferten Sekretes enthält. In 73% der Proben wurde dann Amylase gefunden (DAVIDSOHN). Der Rückfluß von Duodenalsaft durch den Pylorus (BOLDYREFF), der besonders bei fettreicher Nahrung beobachtet wurde, spielt bei der Verdauung im Säuglingsmagen keine Rolle (REICHE, THEILE, TAYLOR). Was jedoch die Frage anlangt, ob ein solches Vorkommnis beim Säugling überhaupt möglich ist, so ist sie unbedingt zu bejahen. Ich habe wiederholt, namentlich aus dem fast leeren Magen, einen Inhalt gewonnen, dem reichlich grünliche Galle beigemengt war, wie dies BOLDYREFF als Folge der Hungersekretion beschreibt. Immerhin ist dies eine Ausnahme, die die Regel bestätigt.

Die Frage, ob im Magen eine Bildung von Gärungssäuren vorkommt, kann als entschieden gelten. Wir wissen jetzt, daß die im Magen auftretenden niederen Fettsäuren auf fermentative Lipolyse zurückgeführt werden können (BAHRDT, HULDSCHINSKY). Kein Autor, der den Mageninhalt mit modernen Methoden auf Milchsäure untersuchte, zuletzt MATHIESEN, hat je die Entstehung von Milchsäure im Magen nachweisen können, von der in früheren Zeiten soviel die Rede war. Somit kommt, sofern die vorliegenden Untersuchungen zu einem Urteil ausreichen, Gärungsprozessen im Magen kein Einfluß auf die h zu.

Besonderes Interesse hat die Frage nach dem Erregungsmechanismus der Magensekretion beim Säugling gewonnen. Eine psychische Sekretion scheint es in diesem Alter nicht zu geben, wie DEUTSCH und BAUER, A. SCHMIDT und mit origineller neuer Methodik TAYLOR gezeigt haben. Dagegen kommt es im Hunger wie beim Erwachsenen so auch beim Säugling zur Nüchternsekretion. Nach TAYLOR ist das Sekret stark sauer und pepsinhaltig. Die Menge schwankt in 30 Minuten von 0,9 bis zu 10 ccm und beträgt meist 2—3 ccm, so daß die Tagesmenge auf 100 bis 150 ccm geschätzt werden kann. Mit gleichen periodischen Nüchternsekretionen ist auch im Darme während des Hungers zu rechnen, während gleichzeitig die nervöse Erregbarkeit steigt. Nach BOLDYREFF ist jedoch Anacidität des Magens Voraussetzung zu diesen Darmvorgängen. Die dünnen, substanzarmen, braungrünen Entleerungen im Hunger stellen die Reste solcher Sekretionen dar, die wir oben als Pseudodiarrhöen bezeichnet haben. Von anderer Seite wird jedoch das Vorkommen von Hungersekretionen als Ausnahme bezeichnet, wie auch das Vorkommen freier Salzsäure im Nüchternmagensaft vermißt wurde (WOLOWIK). Eine Auslösung der Magensekretion infolge Betätigung des Saugreflexes soll nach A. SCHMIDT nicht zustande kommen können.

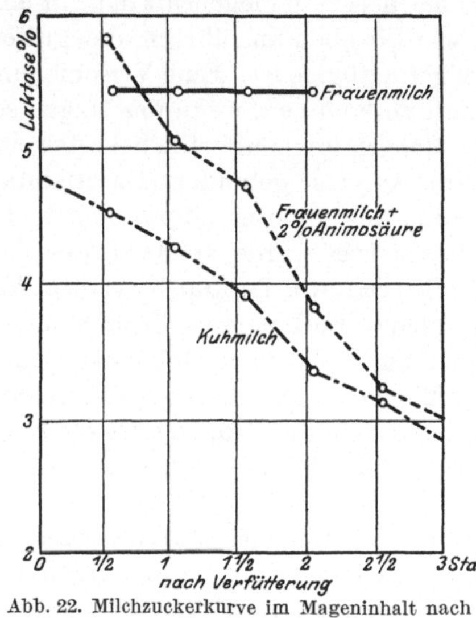

Abb. 22. Milchzuckerkurve im Mageninhalt nach ROSENBAUM.

Von um so größerer Bedeutung ist die Frage der chemischen Erreger der Magensekretion für den Säugling. Man hat versucht, derselben nachzugehen, indem man die fortschreitende Verdünnung des Milchzuckers im Magen verfolgte, dessen Konzentration bei der praktisch fehlenden Resorption sich nur durch Verdünnung ändern kann (ROSENBAUM, HOFFMANN). Wurden nach den ersten 30 Minuten nach der Mahlzeit die Beobachtungen aufgenommen, so ergab sich bei Kuhmilch und Kuhmilchgemischen eine starke Verdünnung, keine aber bei Frauenmilch. Dieses Verhalten änderte sich, wenn die Kuhmilch auf den Eiweißgehalt der Frauenmilch verdünnt, oder auch letzterer Eiweiß oder Aminosäuren zugesetzt wurden (s. Abb. 22). Demnach messen die Autoren dem Eiweiß bzw. Eiweißabbauprodukten die wichtigste Rolle unter den Sekretionserregern bei. Gegen diese Ansichten, die vielleicht eine etwas weitgehende Formulierung gefunden haben, wurde eingewendet, daß, wenn auch in gewissen Grenzen die geringere Abnahme der Milchzuckerkonzentration bei Brustkindern zutreffend sei, die Zunahme der Chlorwerte für Sekretion auch beim Brustkinde spreche (CORSDRESS). Dem ist aber entgegenzuhalten, daß Chlorzahlen nicht für Salzsäureabsonderung beweisend sind, weil der reine Magensaft auch reichlich Alkalichloride enthält. Die oben wiedergegebenen Zahlen über das Verhältnis der Milch- und Mageninhaltspufferung nach SCHEMANN klären die Verhältnisse dahin auf, daß bei jungen Brustkindern die Verdünnungssekretion im Magen tatsächlich recht klein gegenüber der bei älteren Säuglingen erfolgenden ist. Man kann aber nicht allgemein und schlechthin sagen, daß auf Frauenmilch keine oder nur sehr geringe Sekretion stattfinde. Das ältere Kind sezerniert reichlich nach Frauenmilch. Für eine Einwirkung des Eiweißes im Sinne der Sekretionserregung spricht scheinbar in der oben wiedergegebenen Tabelle über den Einfluß verschiedener Nahrungen auf die Größe der Sekretion die Tatsache, daß die künstlichen Nahrungsgemische mit ihrem höheren Eiweißgehalt im allgemeinen stärkere Sekretion als Frauenmilch auslösen. Daß jedoch die Formulierung, daß das Eiweiß schlechthin der bestimmende Faktor der Sekretion sei, keinesfalls zutreffen kann, sondern zu eng ist, ergibt sich aus der sekretionssparenden Wirkung, die für saure eiweißreiche Milchen nachgewiesen ist (Scheer-Müller, Demuth). Zum mindesten also muß in der Acidität des Mageninhaltes selbst ein weiterer Regulator der Salzsäuresekretion gesehen werden: *zunehmende Acidität senkt dieselbe, Laugenzusatz erhöht sie* (F. Müller). Die Wirkung des Fettes auf die Magendrüsen ist im Tierversuch zweiphasisch und besteht in primärer mehrstündiger Hemmung mit sekundärer Förderung. Wird nach Fetteinfuhr durch eine Fistel nach 20—30 Minuten dieses entfernt, und eine Scheinfütterung mit Fleisch vorgenommen, so ergibt diese ein verspätetes und vermindertes Einsetzen der Sekretion. Die Hemmungswirkung geht vom Duodenum aus (Babkin), die Förderer in der zweiten Phase stellen die Seifen dar, die vom Pylorus her wirken. Auch beim Erwachsenen kennt man vorwiegend hemmende Einflüsse des Fettes auf die Sekretion im Magen.

Es ist wenig wahrscheinlich, daß dieselben Mechanismen bei dem bezüglich der Sekretion so unterschiedlichen Verhalten von Frauen- und Kuhmilch im Säuglingsmagen eine Rolle spielen. Unter Verweisung auf spätere Begründung kann hier gesagt werden, daß die Fettspaltung im Magen bei Frauenmilch einen rascheren Verlauf nimmt als bei Kuhmilch. Auch war für ältere Säuglinge gefunden worden, wie bereits erwähnt, daß die Salzsäuresekretion auf gekochte Frauenmilch, deren Lipolyse verschlechtert ist, sich erhöht. Hiernach hätten wir für den Säugling zu folgern, daß Fettsäuren und Seifen die Magensekretion hemmen, Neutralfette indifferent sind. Dieses Verhalten würde den Vorgang der Lipolyse begünstigen.

Den schwachen Kohlenhydratlösungen, wie sie in der Säuglingsernährung üblich sind, dürfte kaum ein wesentliches sekretionserregendes Vermögen zukommen. Wie die Verhältnisse bei den hypertonischen, hochkonzentrierten Lösungen (Dubo) liegen, ist meines Wissens noch nicht Gegenstand von Untersuchungen gewesen.

Acetat- und Phosphatzusätze wurden von Rosenbaum geprüft und ohne Reizwirkung auf die Sekretion befunden.

Von den pathologischen Zuständen, die die Sekretion beeinflussen, interessieren in erster Linie die Ernährungsstörungen. Über das Verhalten bei dyspeptischen Zuständen und Toxikosen liegen eine Reihe von Untersuchungen vor. Diese werden jedoch durch den Umstand in ihrem Werte herabgesetzt, daß es eben nicht erlaubt ist, bei frischen Störungen eine altersentsprechende Nahrung zu verfüttern. So wurde z. B. Tee als Probemahlzeit gegeben (HAINISS). Gegenüber Rekonvaleszenten, Luetikern, Rachitikern, chronischen Ernährungsstörungen als „verdauungsgesundem" Vergleichsmaterial, bei dem p_H 3,29—4,95 als Grenzwerte gefunden wurden, lagen die Grenzzahlen bei 14 teilweise atrophischen Dyspeptikern von 1,17—2,97, bei 5 Reparationsfällen 1,05—3,43, bei 4 frischen Toxikosen 1,49—1,6. Diese letzte Gruppe wies in der Reparation und noch mehr in der folgenden Heilung ausgesprochene Tendenz zu erhöhten p_H-Werten auf. Man wird aus diesen Zahlen ohne weiteres folgern dürfen, daß die Fähigkeit zur HCl-Sekretion bei Dyspepsie und bei Toxikose nicht erloschen ist. Wie sie sich aber auf einen normalen Reiz verhalten würde, das läßt sich aus dieser Untersuchungsreihe nicht erkennen.

Auch Schleimmahlzeiten als Test haben den Fehler des Mangels an physiologischen Reizbildnern und andererseits an Pufferung, so daß bei solcher Nahrung die Acidität zu rasch wächst und ein weiterer Anstieg der h gehemmt wird. Übrigens findet MASSLOW, der noch mit den veralteten Methoden der Bestimmung der „freien HCl" und der „Gesamtacidität" arbeitet, bei Dyspepsie auf Schleimmahlzeit herabgesetzte Acidität, einen Befund, der demjenigen von HAINISS also entgegengesetzt ist.

Bei parenteralen Durchfällen bei Grippe findet DEMUTH die h herabgesetzt gegenüber allen Nahrungen, am wenigsten jedoch bei Buttermilch. Bei unkomplizierten Dyspepsien waren die Werte besonders nach Frauenmilch häufig sehr sauer, mit Ausnahme des ersten Quartals, in welchem auch erhebliche Erniedrigungen vorkamen. „Nach Kuhmilch sind die Befunde ganz regellos." Ein Toxikosefall konnte untersucht werden, der auf Frauenmilch einen stark sauren, auf Magermilch einen normal sauren Mageninhalt ergab.

MATHIESEN, der Halbmilch als Test verwendet, findet bei „akuter Gastroenteritis mit Übergang zur chronischen" und bei „chronischer Dyspepsie" größere Streuung der p_H-Zahlen, ebenso der Gesamtacidität, unter welcher der Autor die Laugenmenge versteht, mittels deren der Mageninhalt auf den Anfangs-p_H der Nahrung zurückgebracht werden kann.

Wie ersichtlich, wechseln die Verhältnisse stark und lassen keine einheitliche einfache Formulierung im positiven Sinne zu, wohl aber im negativen, daß nämlich bei Dyspepsie und Toxikose die Salzsäuresekretion keineswegs gesetzmäßig darniederliegt.

Wichtig ist die Feststellung von DEMUTH, PUTZIG, EDELSTEIN, daß die Hitzewirkung die h vermindert, was den Experimentalbefunden von SALLE und YLPPÖ als klinisches Analogon durchaus entspricht. Hiermit ist ein wichtiges Glied im pathogenetischen Mechanismus der durch Hitze bewirkten Dyspepsien sichergestellt.

Einheitlicher sind die Urteile betreffs der Dystrophie. Hier geben die Untersucher herabgeminderte h an (MARRIOTT-DAVIDSON, DEMUTH), was besonders bei künstlicher Nahrung hervortritt, jedoch auch bei Frauenmilch vorkommt. Analog liegen die Verhältnisse nach den gleichen Autoren und nach DAVIDSOHN bei Infektionen, bei welchen sich zu der niedrigen h eine Verzögerung der Entleerung des Magens zugesellt.

Bei Pylorospasmus wurde wiederholt Hypersekretion im Sinne großer Rückstände mit hoher Acidität gefunden. DEMUTH führt seine Befunde, in denen er hohe Acidität fand, allerdings auf die kleinen Mahlzeiten zurück, die beim Pylorospasmus üblich sind, und bei welchen es schneller zur Säurevermehrung kommen muß (DEMUTH, BEHRENDT). Ich selbst fand nicht in allen, aber gerade in schweren Fällen große Residuen eines wässerigen, oft auch flockigen Inhaltes mit einer Acidität von etwa p_H 2,0—3,5, und zwar auch nach mehrstündigen Nahrungspausen. Ähnliche Verhältnisse beschreibt MATHIESEN, dessen p_H-Zahlen bis 1,8 herabreichen. Hiernach ist an dem Vorkommen einer echten Hypersekretion beim Pylorospasmus nicht zu zweifeln. Für solche Fälle dürfte sich Atropin besonders empfehlen. Wenn DEMUTH im Erbrochenen oft geringe Acidität fand, so handelt es sich wohl um Brechakte, die kurz auf die Mahlzeiten folgten. Es ist auch wohl verständlich, daß ein Fall von Pylorospasmus, der schon sehr viel erbrochen hat, schließlich aus Chlormangel nicht mehr sauren Inhalt erbrechen kann, da ja nach dem Tierversuch Chlorverarmung schwereren Grades zu Anacidität führt. Die Chlorzahlen im Blut bei Pylorospasmus sind wohl die niedrigsten, die in der menschlichen Pathologie überhaupt beobachtet sein dürften, ebenso wie es keinen anderen Fall gibt, in welchem die Alkalireserve gleichhohe Werte annimmt (VOLLMER, eigene Beobachtungen). Aus physikochemischen Gründen ist aber unter den geschilderten Verhältnissen die Absonderung von Salzsäure im Magen erschwert.

Bei Ruhr wurde von DEMUTH beobachtet, daß saure Nahrungen im Magen alkalischer wurden, ein Vorkommnis, das auf Schleimabsonderung der Regio pylorica bezogen wurde.

Noch wesentlich komplizierter als die Beurteilung der Sekretionsverhältnisse im Magen ist diese im Darm. Während im Magen wenigstens bekannt ist, was zum Inhalt desselben wird, ist der vom Magen aus in den Darm übertretende Chymus während der Entleerungsphase des Magens variabel und ist uns nicht nach seiner Zusammensetzung bekannt. Weiter ist nur das Duodenum bisher in den Bereich der Untersuchungen am Säugling gezogen worden. Über die Vorgänge in den tieferen Abschnitten können wir nur Schlüsse aus Leichen- und Tieruntersuchungen oder vom Erwachsenen her ziehen, also von zweifelhaften Unterlagen aus.

Über den Duodenalnüchternsaft liegen folgende Angaben vor:

Autor	Zustand des Säuglings	p_H-Mittelwert	Zahl der Proben
DAVISON	1. normal	6,2	23
	2. Rekonvaleszent	6,0	16
	3. Diarrhöe	5,3	6 } (Leichen-
	4. Dysenterie	5,1	5 } befunde)
SCHIFF-ELIAS-BERG-MOSSE	1. normal	7,0 (6,8 – 7,6)	?
	2. Erythrodermie	6,3	3
	3. Atrophie mit Coliinvasion	5,6	?
	4. Akute Störung „ „	3,2	?
MASSLOW	1. normal	6,4 —7,2	?
	2. Dyspepsie	6,0 —7,0	?
	3. Hypothrepsie 1. Grades	6,7	?
	4. „ 2. „	6,4 —6,6	?
	5. Athrepsie	$<$6,6	?
F. MÜLLER, 4 Stunden nach Teemahlzeit bzw. nach Traubenzuckerinfusion	1. normal	6,85—7,20	3
	2. akute Dyspepsie, leicht toxisch	5,8	?
	3. schwere Dyspepsie	6,8	?
	4. Dystrophie mit akuter Dyspepsie	6,0	?
	5. Atrophie mit Dyspepsie	5,4	?
	6. Atrophie, Intoxikation, Sklerödem	3,9	?
	7. Intoxikation (kräftiges Kind)	7,4	?

Bei gesunden Säuglingen liegt die h des Duodenalsaftes nahe dem Neutralpunkt, meist etwas nach der sauren Seite verschoben. Stark alkalische Werte erwecken den dringenden Verdacht auf Kohlensäureverlust. Aus Fisteln am Hunde durch DASTRE-Kanülen aufgefangener Saft hatte nach Untersuchungen von ENDERLEN, FREUDENBERG, v. REDWITZ p_H 6,98—7,64. Es ist sehr wahrscheinlich, daß hier durch die Kanülenmethode ein Kohlensäureverlust eingetreten war. *Auf keinen Fall kann von einer erheblichen Alkalescenz der Duodenalsekrete die Rede sein.*

Die Abb. 23 gibt den Verlauf von Pufferkurven wieder. Im Bereiche von p_H 4,5—6,5 werden ungefähr 1—2 ccm 0,1 n HCl durch 10 ccm Duodenalsaft verbraucht. Vergleicht man diese Zahl mit der Pufferkurve der Kuhmilch, so ist ersichtlich, wie groß die Menge Duodenalsaft sein müßte, die 100 ccm Kuhmilch von p_H 4,5 auf 6,5 bringen könnte. Es wären dies etwa 380 ccm Duodenalsaft. Es ist schwierig zu beurteilen, wie sich tatsächlich die durchschnittliche h des aus dem Magen entleerten Chymus verhält. Zuerst wird durch den Pylorus fast neutraler Chymus entleert, allmählich wird dieser saurer, erreicht nach 2 Stunden etwa p_H 5 und wächst dann in seiner Acidität mit fortschreitender Entleerung stark an. Die letzten Reste erreichen auch beim Säugling gelegentlich p_H 2. Wir müßten die Mengen, die in den einzelnen Phasen den Magen verlassen haben, nebst ihrem zugehörigen p_H kennen, um aus diesen Daten eine durchschnittliche h des gesamten Mageninhaltes berechnen zu können.

Es wurde dies versucht, indem eine einzige Annahme zugrunde gelegt wurde: nämlich die, daß sich der Magen mit gleichförmiger Geschwindigkeit entleert. Es soll also kein Anwachsen des Gesamtinhaltes durch Sekretion stattfinden, sondern eine ganz stetige Abnahme desselben während der Dauer von 3 Stunden 20 Minuten für das Flaschenkind, 2 Stunden 30 Minuten für das Brustkind. Die in den verschiedenen Zeiten

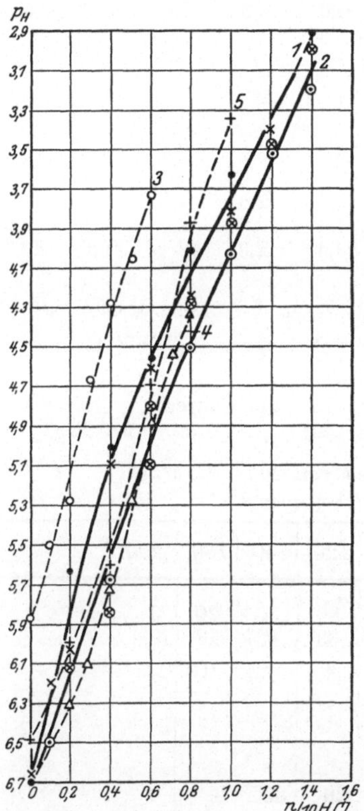

Abb. 23. *1* Pufferkurve von 1%igem taurocholsaurem Natrium; *2* von Natrium choleinicum; *3*, *4*, *5* von verschiedenen Duodenalsäften (je 5 ccm).

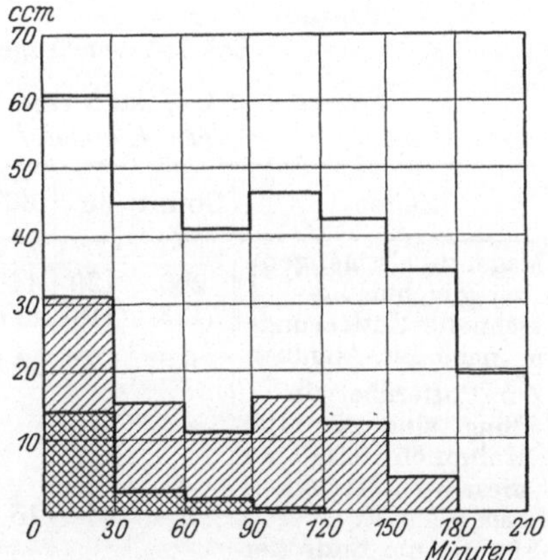

Abb. 24. Obere Kurve: Entleerung des Chymus aus dem Magen bei Kuhmilch. Mittlere Kurve: Sekretion bei Kuhmilch. Untere Kurve: Sekretion bei Frauenmilch.

anzutreffenden h-Werte sind in der Literatur niedergelegt, hier sind Werte von DEMUTH benutzt. Die Pufferung der Milch ist mit völlig hinreichender Übereinstimmung von verschiedenen Seiten bearbeitet worden. Nimmt man gleichmäßige Entleerung an, so hat man in den Inhaltszahlen am Ende der Einzelperioden Grundlagen, um aus h und Pufferung die Sekretmenge zu berechnen und die Menge des durch den Pförtner beförderten Chymus. Man erfährt durch Addition das Totum der Magensekretion und kann weiter aus der bekannten Pufferung des Duodenalsaftes berechnen, wieviel Duodenalsekrete nötig sind, um diese Menge zu neutralisieren, damit die Anfangs-h der Milch, also ungefähr

Sekretionsverlauf nach einer Mahlzeit von 200 g Frauenmilch.

Zeiten:	Sofort	30'	60'	90'	120'	150'
Mageninhaltsmengen bei gleichmäßig schneller Entleerung ccm	200	160	120	80	40	0
p_H im Mageninhalt	7,0	6,0	5,8	5,6	5,3	(−5,0)
ZurPufferüberwindung für 100 Frauenmilch bis zu diesem p_H nötige ccm $\frac{n}{10}$ HCl	0	8	2	2	1	0
Gerechnet auf die Menge am Anfang der Periode	—	16	3,2	2,4	0,8	0,2
Gerechnet auf die Menge am Ende der Periode	—	12,8	2,4	1,6	0,4	—
Im Mittel	—	14,4	2,8	2,0	0,6	0,2
Den Pförtner passieren	—	54,4	42,8	42	40,6	40,2

Gesamtsekrete im Magen 20 ccm.

Bei der Entleerung beträgt im Durchschnitt p_H: 5,7. Da 10 ccm reinem Duodenalsekret 1,8 $\frac{n}{10}$ Alkali entsprechen, sind 20 Magensaft (0,36% HCl) äquivalent: 111 ccm.

Es werden auf 200 Frauenmilch ergossen: 131 ccm Sekrete

Bei 750 ccm Tagesmenge: 491 „ „ pro Tag.

Sekretionsverlauf nach einer Mahlzeit von 200 g ²/₃-Milch.
(In Klammern die Milchmengen.)

Zeiten	Sofort	30'	60'	90'	120'	150'	180'	200'
Mageninhaltsmengen bei gleichmäßig schnellerEntleerung	200 (133)	170 (113)	140 (93)	110 (73)	80 (53)	50 (33)	20 (13)	0 (0)
p_H nach Lit.-Angaben	6,6	5,8	4,8	4,0	3,3	2,4	2,0	—
Zur Pufferüberwindung sind für 100 Kuhmilch nötig, um diese h zu erreichen: ccm 0,1 n HCl	0	25	15	14	26	30	22	0
Für die am Ende der Periode vorhandene Milchmenge sind dies	0	28	14	10	14	10	3	0
Für die am Anfang der Periode vorhandene Milchmenge sind dies	0	33	17	13	19	16	7	0
Mittelwert	—	30,5	15,5	11,5	16,5	13	5	0 Summe 92 ccm
Den Magen haben verlassen	—	60,5	45,5	41,5	46,5	43	35	20 Summe 292 „

100 g Kuhmilch (verfüttert in 150 ²/₃-Milch) werden entleert mit einem durchschnittlichen p_H von 3,8, entsprechend 69 ccm Magensaft (0,36% HCl).

92 ccm Magensaft sind äquivalent 511 ccm Duodenalsaft. Die Gesamtsekrete auf 200 ²/₃-Milch betragen 603 ccm.

Bei 750 g Tagesmenge werden gebildet 2,26 l Sekrete, d. h. das 4,6fache Quantum wie bei Frauenmilch. Der Erwachsene bildet nach Pütter *täglich 5—7 l Verdauungssekrete, das Brustkind nach dieser Rechnung knapp ¹/₁₀ dieser Menge, das Flaschenkind etwa ¹/₃.*

Neutralität, wieder hergestellt wird. Gleichmäßige Durchmischung im Magen und Entleerung eines homogenen Chymus werden vorausgesetzt.

Ein prinzipieller Einwand gegen den hier unternommenen Versuch der Berechnung ist der, daß die Pufferungsänderung durch den fermentativen Abbau besonders der Fette unberücksichtigt bleibt. Es ist aber sicher, daß die beim Fettabbau entstehenden Fettsäuren nicht oder doch nur zu ganz geringen Beträgen neutralisiert werden, was ich später beweisen werde. Wäre Neutralisierung der hohen Fettsäuren zu erwarten, so würde man nämlich ganz exorbitante Mengen an Darmsekreten erwarten müssen, Multipla der angegebenen Zahlen, welche zu jeder Mahlzeit zu liefern wären. Auch aus der tatsächlich anzutreffenden ausgesprochen sauren Reaktion in großen Teilen des Dünndarmes ist zu folgern, daß eine Neutralisierung der Fettsäuren nicht erreicht wird, wenigstens im Bereiche derjenigen Zone, in welcher vor allem resorbiert wird.

Vergleicht man mit den hier durch Annahmen und theoretische Betrachtungen gewonnenen Zahlen diejenigen, welche im Tierversuch erhalten worden sind, so stehen hierfür Versuche von TOBLER zur Verfügung. Die Zahlen, die TOBLER für die Magensekretion des Hundes gibt, liegen allerdings niedriger. TOBLER hat aber wegen Ermüdung der Tiere nicht den ganzen Entleerungsvorgang beim Hunde mit hoher Duodenalfistel verfolgt, da sich dieser über 5—7 Stunden hinzog. Ferner ist damit zu rechnen, daß beim erwachsenen Hunde die Magenacidität erheblich höher liegt wie beim Säugling. Während für diesen 0,36% Salzsäure angenommen wurde, wurde sie im kleinen Magen des Hundes zu 0,5% gefunden. Schon aus diesem Grunde dürfen die Zahlen TOBLERS nicht auf den Säugling übertragen werden, sie müßten zum mindesten für den Magensaft entsprechend erhöht werden. Im folgenden geben wir eine Tabelle wieder mit den von TOBLER aus der hohen Duodenalfistel gewonnenen Sekretmengen:

Verfütterte Milchmenge	Sekretmenge	Sekretmenge pro 100 ccm	Bemerkungen
300	68	23	Sekret ohne Beimengung von Galle und Pankreassaft
300	140	47	
250	100	33	
250	110	34	
300	279	93	Reichlich Duodenalsekrete beigemischt.
250	362	145	

Wenn wir für 100 Milch etwa 30 ccm Hundemagensaft als Sekretionsprodukt annehmen, so wären das im Verhältnis der Konzentrationen umgerechnet für den Säugling 42 ccm, während die vorhin vorgenommene Berechnung 69 ccm ergibt. Die Berechtigung einer Übertragung ist an sich zweifelhaft, besonders aber deswegen, weil die Sekretmengen TOBLERS nicht die ganze Sekretionsperiode umfassen.

Äußerst instruktiv ist der Vergleich der Frauen- und Kuhmilch betreffs der Beanspruchung der gesamten Sekretion im Magen und Duodenum. Bei $^2/_3$ Milch wird diese im 3fachen Betrage benötigt gegenüber der Frauenmilch. Würde man etwas höhere Aciditäten bei Frauenmilch einsetzen — unser Beispiel folgt dem Sekretionstypus des Trimenonkindes —, so würde die Differenz nicht ganz so groß ausfallen. Sehr wesentlich für die Rechnung ist die raschere Entleerung der Frauenmilch, durch welche die Sekretionsleistung des Magens weit weniger angestrengt wird.

Das bei der Kuhmilch befolgte Prinzip der Verdauung mit hoher Sekretionsleistung ist gegenüber dem Vorgang, wie er bei Frauenmilch stattfindet, unökonomisch und gefährlich. Jede Belastung des Wasser- und des Säurebasenhaushaltes wirkt sich hier an einer besonders bedrohten Stelle aus. So sehen wir denn auch, daß von einer Reihe von Autoren bei Atrophie und schwereren Durchfällen die Absonderung eines sauren Duodenalsaftes nachgewiesen werden konnte. Auch ich selbst verfüge über eine einzelne derartige Beobachtung bei einem Falle von frischer Intoxikation.

Die Berechnung der Gesamtsekretmengen, welche beim Flaschenkinde $^1/_3$ des für den Erwachsenen angenommenen Volumens, beim Brustkinde $^1/_{10}$ desselben betragen, läßt allerdings eine Einwendung zu. Wir haben angenommen, daß allmählich soviel Duodenalsaft ergossen wird, daß der aus dem Magen übertretende Chymus neutralisiert wird. Nun wird aber Neutralreaktion im Dünndarminhalt tatsächlich erst im unteren Ileum erreicht. Hier aber geht die Resorption der Nährstoffe bereits ihrem Ende entgegen. Also kann und muß auch bei saurer Reaktion resorbiert werden. *Damit aber ergibt sich die Konsequenz, daß die oben angegebenen Zahlen für die Duodenalsekrete Maximalzahlen sind, die in Wirklichkeit kaum erreicht werden dürften.* Eine Begrenzung durch Festsetzung von Minimalwerten ist vorläufig mangels geeigneter experimenteller Unterlagen nicht möglich.

Bei der direkten Untersuchung der Acidität des Duodenalinhaltes wurde ein weiter Streuungsbereich gefunden, wenn das Material ohne Rücksicht auf die Verdauungsphase entnommen wurde. DAVISON gibt nebenstehende Übersicht der von ihm gewonnenen Ergebnisse.

Wie ersichtlich ist, haben gerade die sauersten Nahrungen eine Tendenz zur Alkalisierung des Duodenalinhaltes. Dies ist wohl durch die günstigeren Bedingungen der Sekretinbildung und durch verstärkte Pankreassekretion zu erklären. Das Alkalischerwerden von Buttermilch wurde auch im Tierversuche nachgewiesen (SCHIFF und GOTTSTEIN).

Die gleichzeitige Messung des Magen- und Duodenalinhaltes ist FRITZ

Duodenal-Inhalt p_H	Zahl der Proben	%-Zahl der Proben in den Einzelgruppen bei:		
		Vollmilch p_H 6,7	Eiweißmilch p_H 5	Milchsäurevollmilch p_H 4 und Buttermilch p_H 4,7
3,3—4,8	9	0	100	0
5,0—5,8	10	50	40	10
6,1—6,5	13	23	38	38
7,0—7,7	11	0	64	36
Gesamtzahl der Proben	43	8	25	10

MÜLLER gelungen. Durchweg ist der Duodenalinhalt weniger sauer als der Mageninhalt. Das Verhältnis von Nahrungsacidität zur Duodenalacidität weist folgende Tabelle aus:

Nahrung p_H	p_H des Duodenalinhaltes (Durchschnittswert der ersten $1\frac{1}{2}$ Stunden)
Molke 6,6	5,32
Sauermolke . 4,3	4,56
Halbmilch . . 6,65	5,54
Saure Milch . 4,04	4,65

Hiernach ist die Reaktion stark saurer Nahrungen bereits im Duodenum alkalischer, als die Nahrung aufgenommen wurde, bei nahezu neutraler Nahrung aber — infolge der Magensekretion — saurer. Das Aciditätsmaximum im Duodenum lag bei gezuckerter Halbmilch nach 65 Minuten bei p_H 4,4, bei gesäuerter Halbmilch nach 38 Minuten bei 4,01, bei Vollmilch nach 145 Minuten bei 5,02. Nach längstens $1\frac{1}{2}$ Stunden steigt p_H wieder stärker an, nach 2—3 Stunden ist die Acidität wieder ausgeglichen. Die Intensität der Gelbfärbung des Duodenalinhaltes hängt sichtlich von der Acidität ab. Stark saurer Inhalt ist, wie ich auch aus eigenen Erfahrungen bestätigen kann, weniger gefärbt (SCHIFF, ELIASBERG und MOSSE, FRITZ MÜLLER). Der Zusammenhang ist wohl einfach der, daß zu stark saurem Inhalt noch wenig gelbes Duodenalsekret beigemischt ist. Das Abblassen wurde auf Hemmung des Gallezuflusses zum Darm infolge Kontraktion des Sphincter ODDI zurückgeführt. Von Interesse ist die Angabe von SCHIFF und Mitarbeitern, daß bei Säuglingen mit Erythrodermia desquamativa der Nüchternsaft farblos floß, der Gallenzufluß aber durch Peptoneinfuhr in das Duodenum herbeigeführt werden konnte. Pepton bewirkt nach STEPP auch beim Menschen, so wie es für den Tierversuch schon bekannt war, das Ausfließen der Blasengalle. Gallenmangel wurde nur bei Keratomalacie im Duodenalsaft gefunden.

Die allgemein verbreiteten und in den Lehrbüchern niedergelegten

Vorstellungen über den chemischen Mechanismus der Neutralisierung des sauren Mageninhaltes durch die alkalischen Darmsekrete bedürfen gewisser Korrekturen. Dieser Vorgang spielt sich nicht nach dem Schema einer Absättigung von Salzsäure durch eine Bicarbonatlösung ab, denn hierdurch würden zu große Mengen an Duodenalsekreten verbraucht, und diese Säfte können doch nur langsam geliefert werden. Selbst wenn man das Spielen des Pylorusreflexes berücksichtigt, würde nach diesem Mechanismus eine erhebliche Zeit im oberen Dünndarm sehr saure Reaktion herrschen können bis zu etwa p_H 2—3, wenn entsprechender Mageninhalt austritt. Beim Säugling wurde aber niemals im Duodenum ein so saurer Inhalt vorgefunden. *Tatsächlich arbeitet der Organismus hier nicht rein nach dem Prinzip der schrittweisen Absättigung mit einer Alkalilösung, die an Konzentration weit unter der Äquivalenz des Magensaftes steht, sondern er schiebt ein Puffersystem vor, dessen wesentliche Träger die Gallensäuren und Cholate sind.*

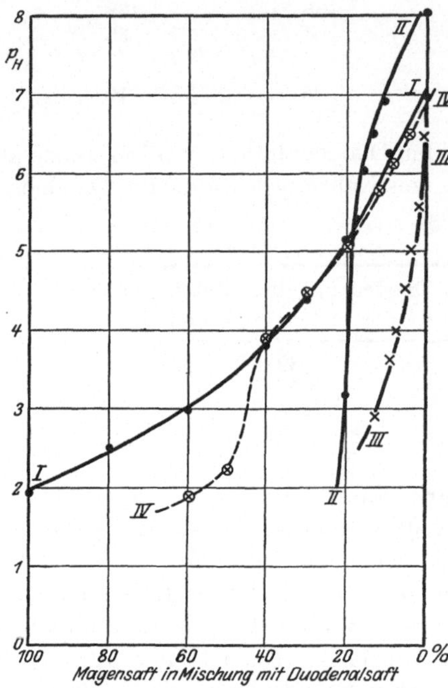

Abb. 25. *I* Magensaft und reiner Duodenalsaft vom Hunde gemischt; *II* n/10 HCl und 0,02 normal Bicarbonat gemischt; *III* 1% Taurocholat; *IV* 4% Taurocholat mit n/10 Salzsäure gemischt beim Kurvenknick von *IV* fällt die Taurocholsäure aus.

Die hier obwaltenden Verhältnisse werden durch die Abb. 23 und 25 erläutert. Die erste derselben betrifft Pufferkurven von 1proz. Lösungen von Taurocholsäure und von Duodenalsäften von Säuglingen, die zweite stellt unter I eine p_H-Kurve dar, die durch Mischung eines Duodenalfistelsaftes vom Hunde mit dem am Ende einer Fleischfütterungsperiode, und zwar nachdem der Magen größtenteils entleert war, aus der Magenfistel erhaltenen Sekret gewonnen worden war. Es ist ersichtlich, daß hier die 4fache Menge von Duodenalsaft erst hinreichend ist, um einen Magenchymus von p_H 1,95 eben über p_H 5 zu bringen. Es ist dabei wahrscheinlich, daß die Alkalikonzentration des Duodenalsaftes beim erwachsenen Hunde wesentlich höher ist als beim Säugling. Die Konzentration an gallensauren Salzen beim Säugling wurde durch Taylor, Ziegler, Gourdreau untersucht. Das Glykocholat überwiegt Taurocholat im Verhältnis 1:1 bis 1:17. Die Gesamtkonzentration an Gallensäuren bei einem gesunden 3 Monate alten Säugling wurde zu 0,18 Grammprozent angegeben, bei einem 2jährigen Kinde zu 5,5 Grammprozent. Hieraus ist ersichtlich, daß die Konzentration an Gallensäuren ausreicht, um den in den Kurven ausgedrückten Puffereffekt auszuüben. Dieser Effekt geht auch aus der folgenden, Kurve I in Abb. 25 entsprechenden Tabelle hervor, welche die Verhältnisse der Neutralisation im Duodenum nach einem Versuche von ENDERLEN-FREUDENBERG-V. REDWITZ beleuchtet. Es wurde Magenchymus nach Fleischfütterung gegen Ende der Verdauungsphase aus einer Magenfistel entnommen und filtriert. Duodenalsaft stand in völlig reinem Zustande zur Verfügung von einem Hunde mit Pylorusausschaltung nach v. EISELSBERG und Duodenalfistel.

65 ccm Magenchymus, p_H 1,95, METT 6,8
41 „ Duodenalsaft, „ 6,98, „ 3,5

Teile Magenchymus .	0	1	2	3	4	6	8	10
„ Duodenalsaft . .	10	9	8	7	6	4	2	0
p_H	6,98	6,34	5,26	4,46	3,85	2,99	2,51	1,95
Farbe	gelb	gelb	braun-grün	grün-braun	grün	grün	grün	farblos
Aussehen	klar	klar	Hauch	trüb	sehr trüb	Fällung		Opales-cenz.

Von p_H 4,5 an entspricht dieser Neutralisationsverlauf vollständig dem einer 4proz. Lösung von Taurocholsäure. Zwischen p_H 2,2 und 3,9 liefert deren Titrationskurve einen Knick, der sich durch Ausfällung der Gallensäuren aus der Lösung erklärt. Der Einfluß der Galle allein ohne Mitwirkung des Pankreassekretes auf die Magenacidität ging aus einem Versuche der oben genannten Autoren hervor, bei dem die Galle nach Cholecystogastrostomie und Choledochusresektion in den Magen geleitet wurde. Der Chymus erreichte dann, wenn er nach Fleischfütterung durch die Magenfistel entnommen wurde, niemals eine höhere h als p_H 3,07 bis 3,37 an Stelle von 1,9.

Es ist sehr wahrscheinlich, daß die Aciditätsregulation im Darm bei acholischen Zuständen Störungen erleiden wird, denn die Pufferwirkung der Gallensäuren fällt unter diesen Verhältnissen gänzlich fort. Es ist auffällig, daß bei dieser Krankheit die ärztliche Empirie schon längst gefunden hat, daß Mahlzeiten, welche die Magensekretion stark erregen (Fleisch), hier zu vermeiden sind. Mittels eines Kohlenhydrat-Milchregimes wird hier die Salzsäureabsonderung gering gehalten und durch die Nahrung selbst für kräftige Pufferung gesorgt. Im Säuglingsalter ist dieser Schutz bei acholischen Zuständen a priori vorhanden. Immerhin arbeitet die Reaktionsregulierung unter erschwerten Bedingungen, was für die Fermentprozesse namentlich nicht gleichgültig sein kann.

Während wir noch einige Kenntnisse über die Duodenalsekrete haben, wissen wir so gut wie nichts über die sekretorischen Leistungen des übrigen Darmes. Sicher sind sie gegenüber den anderen Sekretionen im Darmkanal der Menge nach nicht sehr bedeutend. Im Tierversuch ist Sekretion aus Darmschlingen in erster Linie durch mechanischen Reiz auszulösen. Als chemische Reizbildner sind außerdem Säuren und Abbauprodukte des Eiweiß- und Fettstoffwechsels erkannt worden, außerdem verschiedene Arzneimittel (Senföl, Kalomel). Im Gegensatz zum isolierten kleinen Magen, der durch Fressen bekanntlich energisch zur Saftbildung angeregt wird, erregt eine Mahlzeit keinerlei Absonderung in der isolierten Darmschlinge, solange sie nicht mechanisch gereizt wird (BABKIN). Nach Fettmahlzeiten (Sahne) gelingt es, durch mechanische Reizung wesentlich größere Mengen an Darmsekret aus dem isolierten Abschnitt zu gewinnen. Die besonders starke reizbildende Kraft des Fettes für die Darmsekretion geht auch aus den Tierversuchen von LONDON hervor, nach denen sich die Mengen des gebildeten Chymus bei 100 g Fleisch, 100 g Fleisch plus 10 g Stärke und endlich 100 g Fleisch und 10 g Fett verhielten wie 126:140: 213, die Sekrete also wie 26: 26+ 4: 26+77. Die steigernde Kraft des Fettes ist also fast 20fach höher als die der Stärke.

Die einzige spontane Sekretion aus Darmfisteln wurde bei Durchfall beobachtet. Diese Beobachtung ist von hohem theoretischen Interesse. *Sie zeigt, daß Reizwirkungen auf die Darmdrüsen nicht nur durch lokale Einwirkungen entstehen, sondern daß sie durch Nerven- oder hormonale Erregung weitergeleitet werden können.*

Die Reaktion des Darmsaftes fand ROSENBAUM am Hunde mit THIRY-VELLA-Fistel bei p_H 7,3—7,6. Vermutungsweise hatte auch dieses Sekret nicht mehr die Kohlensäurespannung wie am Entstehungsort und dürfte somit ursprünglich sauer gewesen sein. Verschiedene Milchgemische mit verschiedener h nahmen nach einem Aufenthalt in der Darmfistel dieselbe Reaktion an, die das Sekret selbst besaß. Wenn gelegentlich bei Menschen Inhalt aus Dünndarmfisteln zur Untersuchung gelangt, wozu ich einmal bei einem Säugling Gelegenheit hatte, so sind dort noch viel mehr wie im Tierversuch die genuinen Verhältnisse verwischt. Es bildet sich eine lebhafte Bakterienwucherungszone, welche Gärungen hervorruft.

In der folgenden Tabelle versuchen wir nach Literaturangaben nochmals eine Zusammenfassung der chemischen Sekretionserreger in ihrer Wirkung auf die verschiedenen Sekretionen im Darmkanal zu geben.

Die innige Verflechtung und Verknüpfung der verschiedenen Absonderungsleistungen wird aus dieser Zusammenstellung klar ersichtlich. Eine Verminderung der Salzsäureabsonderung nimmt einen der stärksten Sekretinbildner in den tieferen Abschnitten fort, so daß die Absonderung von Pankreassaft und Galle sich vermindern müssen, und die geringe Benetzung der Darmschleimhaut mit Pankreassekret ihrerseits nur eine

	Magensaft	Galle	Pankreassaft	Darmsaft
Wirksam:	Eiweißabbauprodukte, Peptone, organische Säuren, Seifen, Gemüsesekretine, Hitzesekretine, Carnosin, Pankreassaft, Galle, Speichel, Wasser, Histamin	Fett > Eiweiß > Kohlenhydrat, Extraktivstoffe, Galle, Cholate, Salzsäure, organische Säuren, Seifen, Peptone, Lebersubstanz, Mineralwasser, Histamin, Insulin	Kohlenhydrat > Eiweiß > Fett, Salzsäure, Fettsäuren, Seifen, Galle, Sekretine, Cholin, Histamin	Salzsäure, organische Säuren, Dextrine, Seifen, Abbauprodukte von Casein, Cholate, *Pankreassaft*, Harnstoff, hypertonische Salzlösung, Glycerin, Histamin
Unwirksam:	Stärkekleister, Zuckerlösung	Rohes Eiweiß, Wasser, Salzlösung, Stärke, Zucker, Bicarbonate	Aminosäuren in neutraler Lösung	
Hemmend:	Fett, Atropin, Insulin	Atropin (weil Magensekretion gehemmt) Adrenalin	Bicarbonatlösung, Sodalösung, Molkensalze, rohes Eiweiß, Atropin	Atropin

schwache Darmsekretion auslösen kann. Fällt die Gallesekretion in den Darm beim Säugling fort, etwa bei Atresie der abführenden Wege oder aber bei gewissen Formen von Lebersyphilis, so entfällt ein starkes Reizmittel für die Pankreassekretion und die von dieser abhängigen Darmsaftabsonderung. Bei einer vermehrten Entstehung organischer Säuren im Dünndarm werden die Sekretionen von Galle, Pankreas und Darmsaft erregt. Ist der chemische Abbau, etwa die Bildung von Seifen und Fettsäuren gehemmt oder gestört, so entfällt ein Reiz für die Bildung gerade derjenigen Sekrete, welche diesen Abbau am meisten beschleunigen. Ganz ähnlich würden die Folgen einer Hemmung des Eiweißabbaues sein. Wir können aber aus der Feststellung solcher Zusammenhänge keine weitgehenden Folgerungen für die pathologischen Verhältnisse ziehen. Die Abhängigkeiten sind zu vielfach und zu komplex. Die Einflüsse von seiten des Nervensystems, die zu dem Modus der direkten chemischen und der humoralen Erregung noch hinzutreten, endlich die Möglichkeit der Entstehung von Reizstoffen im Darm wie Histamin und Cholin gestalten den Gesamtvorgang so unübersichtlich, daß man kaum von der Verfolgung einer einzelnen Abweichung aus in die komplizierten Verhältnisse bei pathologischen Störungen weit vordringen können wird.

Der Dickdarm kommt als Sekretbildner unter normalen Verhältnissen wenig in Betracht, sicher ist dies dagegen der Fall bei der Ruhr, Kolitis und anderen Reizzuständen.

Über das Verhalten der Acidität in den tieferen Darmabschnitten sind wir beim Erwachsenen durch die Einführung der Methode des langen

Schlauches auch in vivo einigermaßen unterrichtet. Es ergab sich hier z. B. im Duodenum eine Acidität von p_H 4,7, im Jejunum p_H 5, im Ileum p_H 5,1, im unteren Ileum p_H 6,2. Leider ist diese Methode beim

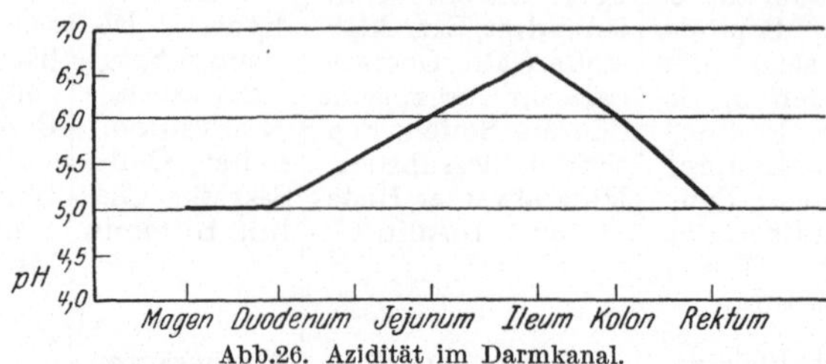

Abb. 26. Azidität im Darmkanal.

Säugling noch nicht zur Anwendung gelangt, so daß wir hier auf Befunde an Leichen kürzlich Verstorbener angewiesen sind. Sofern man aus diesen etwas schließen kann, dürfen wir auch beim Säugling im ganzen Verlauf des Dünndarmes leicht saure Reaktion annehmen, die nach der BAUHIN-schen Klappe hin allmählich abnimmt. Auch Tierversuche, welche HEL-LER anstellte, hatten ein analoges Ergebnis. Sie betrafen junge Hunde in der Säugeperiode. Nur wenn es zu dyspeptischen Störungen gekom-men war, fehlte die allmähliche Abnahme der Acidität nach dem Dick-darm zu. Die Übereinstimmung der Befunde am Erwachsenen und am saugenden Tier bekräftigt sehr die Folgerungen, die für den Säugling ge-zogen worden waren.

Literatur.

Zusammenfassende Darstellungen:

BABKIN: Die äußere Sekretion der Verdauungsdrüsen. 2. Aufl. Berlin: Julius Springer 1928.

COHNHEIM: Physiologie der Verdauung und Aufsaugung. Handbuch der Physiologie des Menschen von NAGEL, 2. Braunschweig: Vieweg 1907. — CZERNY-KELLER: Des Kindes Ernährung, Ernährungsstörungen und Ernährungs-therapie, 2. Aufl., 1, Kap. 11. Leipzig-Wien: Deuticke 1928.

DEMUTH: Zur Physiologie und pathologischen Physiologie der Milchverdau-ung im Säuglingsalter. Erg. inn. Med. 29 (1926).

GUNDOBIN: Die Besonderheiten des Kindesalters. Berlin: Medizin. Verlags-anstalt 1912.

MURLIN: Physiology of metabolism in infancy and childhood. Pediatrics (edited by ABT) 1, Kap. 5. Philadelphia-London: Saunders 1924.

PAWLOW: Die Arbeit der Verdauungsdrüsen. Wiesbaden: Bergmann 1898.

SCHEUNERT: Verdauung der Wirbeltiere. Handbuch der Biochemie, 2. Aufl., 5. Jena: Gustav Fischer 1925.

TOBLER: Über die Verdauung der Milch im Magen. Erg. inn. Med. 1 (1908). — TOBLER-BESSAU: Allgemeine pathologische Physiologie der Ernährung und des Stoffwechsels im Kindesalter (Abschnitt 7). Wiesbaden: Bergmann 1914.

Einzeldarstellungen:

CLARK-CARTER: Factors involved in the reaction of human saliva. J. of biol. Chem. 53 (1927). — COLLAZO-DOBREFF: Die Beeinflussung der äußeren Sekretion des Pankreas durch Insulin. Biochem. Z. 165 (1925).

Davidsohn-Hymanson: Untersuchungen über den Säuglingsspeichel. Z. Kinderheilk. **35** (1923).

Hatta-Marui: Über die Tätigkeit der Bauchspeicheldrüse bei den Verdauungsstörungen des Magens sowie bei Aufnahme verschiedener Nahrungsstoffe und Arzneimittel. Mitt. med. Fak. Tokyo **20** (1918).

Müller, Fritz: Untersuchungen über den Duodenalinhalt beim Säugling. Z. Kinderheilk. **43** (1927).

Rosenbaum: Nahrung und Dünndarmsekretion. Mschr. Kinderheilk. **31** (1926).

Schiff-Eliasberg-Mosse: Untersuchungen am Duodenalsaft. Jb. Kinderheilk. **102** (1923). — Schiff und Gottstein: Wie verhält sich die Acidität des Duodenalinhaltes bei Verabreichung von sauren Milchmischungen? Ebenda **107** (1925).

IV. Eiweißverdauung.

Die chemischen Vorgänge im Verdauungsrohr sind als die wesentlichsten und kompliziertesten seiner Leistungen zu betrachten. Die Motorik ist der Hilfsapparat zu dieser Aufgabe, die Sekretion ihr Werkzeug, die Resorption ihr Ziel, die Nahrung der Rohstoff. Worin besteht das Wesen der Aufgabe? Rohstoff kann als Halbfabrikat einer anderen Industrie zugeführt, ihr übergeben oder bis zum Enderzeugnis verarbeitet werden. Beide Aufgaben leistet der Verdauungsapparat. Bereits die Darmepithelien vollziehen wieder Synthesen des abgebauten Materials, z. B. des Fettes, stellen also Fertigfabrikate her, während dies mit anderen Materialien (Kohlenhydraten) nicht geschieht. Wie die Verhältnisse beim Eiweiß liegen, ist eine außerordentlich schwierige, noch nicht genügend geklärte Frage. Wir dürfen aber die synthetischen Funktionen des Darmes bereits als hinter der Resorption, der Aufnahme in den Körperbestand liegend, dem Intermediärstoffwechsel zurechnen und aus dem Kreise unserer Betrachtungen ausscheiden.

Der Vorgang der Materialverarbeitung bei der Verdauung ist nur zu verstehen auf Grund von Materialkenntnis. Eiweißchemie und Physiologie der Eiweißverdauung haben sich in steter Wechselwirkung entwickelt. Der Wendepunkt, den die Synthese der Polypeptide durch E. Fischer für die Eiweißchemie bedeutet hat, hat sogleich weittragende Folgen für die Kenntnis der Eiweißverdauung gewonnen, insbesondere betreffs des Angriffspunktes der Fermente. Ebenso wie durch die Synthese Fischers die säureamidartige Verknüpfung der Aminosäuren, die F. Hofmeister schon vorher angenommen hatte, als tatsächlich bestehend erwiesen wurde, so trat als ein Teil der fermentativen Leistung beim Eiweißabbau nun die Lösung dieser Bindung hervor. Aber ebensowenig wie heute noch angenommen werden darf, daß die Eiweißkörper Moleküle von ungeheurer Größe, entstanden durch endlose Aneinanderkettung von Aminosäuren, darstellen, ebensowenig ist die Leistung des fermentativen Eiweißabbaues richtig definiert, wenn man sie beschränken wollte auf die Zersprengung solcher Ketten durch Lösung von Peptidbindungen. Immer größere Bedeutung gewinnen die Annahme von anhydridartigen Bindungen nach dem Typus der 2,5-Diketopiperazine im Eiweißmoleküle (LEVENE, ABDERHALDEN, DAKIN, SSADIKOW-ZELINSKY), und die Versuche zu erweisen, daß die tatsächlich isolierten Anhydride vorgebildet waren und nicht durch die chemischen Eingriffe zu ihrer Gewinnung erzeugt wurden. Von außerordentlicher Tragweite für das Schicksal solcher Verbindungen bei der Verdauung ist der Nachweis ABDERHALDENS, daß die Anhydridringe unter der Wirkung saurer oder alkalischer Reaktion der Verdauungssäfte bereits zerfallen können. *Die Öffnung des Ringschlusses benötigt also keine besonderen Fermente.* Die offenen Ketten werden dann von den peptidspaltenden Fermenten in Aminosäuren zerlegt.

C. OPPENHEIMER macht nun in Analogie zu den erfolgreichen Forschungen an der Stärke die Annahme, daß alles, was an scheinbar höher molekularem Aufbau sich über den aus Anhydriden und Polypeptiden aufgebauten „Grundkörpern", deren Charakterisierung allerdings noch unmöglich ist, erhebt, nur durch Betätigung von Nebenvalenzen aggregiert sei. Wirklich chemische Individualität soll hier nicht mehr existieren, die Kolloidchemie tritt an Stelle der Strukturchemie. Daß typische, chemische Individuen hier fehlen, das zeigt die Erfolglosigkeit der jahrzehntelangen Bemühungen, definierte, höhere Spaltprodukte des Eiweißes zu finden. Albumosen, Peptone konnten nie anders als durch kolloidchemische Methoden charakterisiert werden, niemals durch strukturelle, wirklich chemische Eigenschaften. Die ganze Nomenklatur von Proto-, Hetero-, Deutero-, Anti-, Hemi-, Amphopeptonen, samt den den obigen Namen zugesetzten Alphabetbuchstaben, diese Nomenklatur, die immer unübersichtlicher wurde, hat gezeigt, daß die Forschung hier in die Sackgasse geraten war. Peptone und Albumosen sind keine chemischen Begriffe mehr. Wenn wir auf die Anwendung dieser Worte gleichwohl nicht verzichten können, so sei betont, daß sie nicht chemische Verbindungen, sondern ein Material, das unter bestimmten Bedingungen gewonnen wird, sozusagen eine Droge, kennzeichnen sollen.

Auf Grund der so skizzierten Auffassung trennt OPPENHEIMER nun diejenigen Fermente, welche rein desaggregierend, hydratisierend, aber nicht hydrolisierend wirken, von den die Peptinbindung lösenden. Hiernach ergibt sich das folgende Schema:

I. Primäre Proteasen: hydratisierende Fermente.
Pepsinasen, Chymasen, Tryptasen.

II. Peptidasen: spalten nur Polypeptide zu Aminosäuren.
Erepsine des Pankreas- und Darmsekretes.

III. Akzessorische Fermente: Amidasen, Arginase, Aminophosphatase.

Hier sind nun noch über die Bezeichnungsweise einige Erläuterungen zu geben, da es sonst als unbegründet erscheinen könnte, daß die alte einfache Bezeichnung Pepsin, Trypsin, Chymosin oder Lab aufgegeben ist. Zunächst ist zu sagen, daß die Bezeichnungen Pepsinasen, Tryptasen weiterumfassend sind, als die entsprechenden hergebrachten Ausdrücke, die auf das eiweißverdauende Ferment des Magens und des Pankreas hinweisen. Es sind diejenigen Gruppen von Fermenten gemeint, die gleichgültig welcher Herkunft auf kationisches, anionisches oder isoelektrisches Eiweiß einwirken. Pepsinasen finden sich als im ausgesprochen sauren Bereiche wirksame Fermente außer im Magen in den Geweben, Tryptasen außer im Pankreas in Geweben und Leukocyten, die Chymasen stehen nach einer Vermutung OPPENHEIMERS vielleicht dem pflanzlichen Papain nahe. Die Namengebung wird nun aber weiter dadurch erschwert, als die früher gültige Definition: ,,Trypsin bzw. Trypsinogen ist das eiweißzerlegende Ferment des Pankreassaftes‘‘, nicht mehr die bekannten Tatsachen richtig bezeichnet. Der Pankreassaft enthält einerseits ein eiweißspaltendes Ferment aus der Gruppe der primären Proteasen, also eine Tryptase, und ferner eine ganze Reihe von Peptidasen, das Pankreaserepsin, wodurch er imstande ist, Peptide zu zerlegen. Die Peptidasen des Darmerepsins sind gleichartig mit denen des Pankreassaftes. Tryptasen und Peptidasen sind nach den ganz verschiedenen Substraten, auf die sie einwirken, streng voneinander zu trennen. Der Fortschritt, der hier dank den erfolgreichen Isolierungen der Fermente durch WILLSTÄTTER und seine Schüler erzielt wurde, ist von wesentlicher verdauungsphysiologischer Bedeutung, denn er hat eine Reihe falscher Vorstellungen berichtigt, wie die, daß das Erepsin Casein verdaut, und daß das gleiche einheitliche Trypsinferment Eiweiß ver-

Substrat	Erepsin (Darm- und Pankreaspeptidasen)	Trypsin (Trypsinogen)	Trypsin und Enterokinase
1. Alanyl-Glycin	+	−	−
2. Glycyl-Tyrosin	+	−	−
3. Glycyl-Glycin	+	−	−
4. Glycyl-Alanin	+	−	−
5. Leucyl.Glycin	+	−	−
6. Leucyl-Alanin	+	−	−
7. Leucyl-Glycil-Glycin	+	−	−
8. Pepton ex albumine (MERCK) .	−	+	+ +
9. Clupein	−	+	+ +
10. Thymushiston	−	+	+ +
11. Casein	−	−	+
12. Fibrin	−	−	+
13. Gelatine	−	−	+
14. Gliadin	−	−	+
15. Zein	−	−	+

daut und Peptide spaltet. Die wirklich vorliegenden Verhältnisse sind aus der auf S. 87 nach WALDSCHMIDT-LEITZ wiedergegebenen Tabelle zu ersehen, in welcher das Zeichen — fehlende Hydrolyse, + positive Hydrolyse, ++ verstärkte Hydrolyse bedeutet.

Wie aus der Tabelle ersichtlich ist, enthält das Trypsinogen nur auf Peptone und Protamine wirkende Fermente. Der besonders einfache chemische Aufbau der Protamine macht diese offenbar dem nicht aktivierten Trypsin zugänglich. Erst nach der durch den Hinzutritt der Enterokinase erfolgenden Aktivierung des Trypsinogens zu Trypsin kommt die Tryptasewirkung zustande, welche sich auch auf echte Eiweißkörper erstreckt, die Wirkung auf Pepton und Protamine aber verstärkt. Die alte Meinung, daß Erepsin Casein spalte, ist falsch. Das Erepsin des pankreopriven Tieres greift nach HÉDON Casein nicht an. Wenn ANTONINO und CLEMENTI im Saft von VELLA-Fisteln noch Kaseinolyse finden, so spielen hier vielleicht Fermente aus den Wanderzellen, den Leukocyten aus den Plaques, eine Rolle. Es ist im übrigen nicht zu bestreiten, daß hier Widersprüche in der Literatur vorhanden sind.

Neuerdings ist diese Frage durch WALDSCHMIDT-LEITZ und WALDSCHMIDT-GRASER bearbeitet worden. Im Safte aus VELLA-schlingen von Hunden wurde deutliche Erepsinwirkung gefunden, aber keine tryptische Wirkung. Auch fehlte die Enterokinase in dieser Schleimhaut, die nicht mehr mit Pankreassekret in Berührung kam. Wo doch etwas Enterokinase gefunden wurde, da übernahmen Leukocyten als Träger dieses Effektes die wesentliche Rolle. Trypsin wurde übrigens auch im leukocytenhaltigen Darmsekrete vermißt. Nach WALDSCHMIDT-LEITZ und HARTENECK entstammt die Vorstufe der Enterokinase dem Pankreas. Die Darmzellen sollen diese Vorstufe aus dem Pankreassekret aufnehmen, speichern, in das fertige Produkt überführen und bei Bedarf abgeben. Wenige Tage nach Entfernung des Pankreas verliert die Darmschleimhaut ihren Kinasegehalt.

Die oben nach C. OPPENHEIMER skizzierten Anschauungen über den Aufbau der Eiweißkörper und die Proteolyse finden durch eine experimentelle Untersuchung von RONA und MYSLOWITZER eine starke Stütze. Es wurden bei der Wirkung eines erepsinfreien Trypsinpräparates nebeneinander die Lösung der COHN-Bindung und die Desaggregierung untersucht, welch letztere durch zwei verschiedene Methoden gemessen wurde, die Bestimmung des Rest-N und die Analyse der an Kollodium adsorbierbaren Teilchen bei der Proteoklasis. Casein ist gar nicht an Kollodium adsorbierbar, sehr stark sind es aber seine höheren Spaltstücke. Wenn das Präparat auf Casein einwirkte, so war in ganz kurzer Zeit eine weitgehende Überführung in adsorptionsfähige Produkte erreicht, die in 5 Minuten bis zur Hälfte der ganzen Caseinmenge gingen. Der Rest-N stieg in kurzen Versuchszeiten auf das 4—5fache seines Ausgangswertes, immerhin nicht in dem Umfange beschleunigt, wie der erste Prozeß. Der Aminostickstoff aber wuchs in der gleichen Zeit nur auf das $1^1/_2$fache. Die viel stärkere Erhöhung des Rest-N gegenüber dem Aminostickstoff entspricht auch eigenen Erfahrungen.

Aus diesen Daten ist zu entnehmen, daß das Casein durch die Tryptase sehr rasch desaggregiert und nur langsam chemisch gespalten wird. Es ist als gewiß anzunehmen, daß schon die Desaggregierung den Artcharakter aufhebt, wie dies ja für die ebenfalls nicht tiefgehende peptische Spaltung nachgewiesen ist. Nur bei Störungen der Eiweißverdauung wird also intaktes Protein an die Schleimhaut herantreten können. Wie weit die micellare Zerkleinerung bereits die Möglichkeit der Resorption bewirkt, ist unbekannt.

Die Eiweißverdauung beim Säugling beginnt im Magen. Daß im Speichel einzelne Peptidasen nachgewiesen worden sind, ist für den Verdauungsablauf ohne Bedeutung. Wie beim Tiersäugling, so wird auch beim Menschensäugling die Milch im Magen gelabt. Was die Labung durch das Labferment des Magens, das Chymosin, in fermentchemischer Hinsicht bedeutet, ist ein Problem, über das sich eine ganze Literatur entwickelt hat. Sie hat in dem Fragekomplex, der mit der Labung zusammenhängt, keineswegs bereits volle Klarheit geschaffen. Von dem fermentchemischen Probleme zu trennen ist die Frage, welche Bedeutung die Labung für Physiologie und Pathologie der Verdauung besitzt, und zwar hinsichtlich des Eiweißes wie auch der anderen Nahrungsstoffe.

Es besteht Einigkeit darüber, daß die Labung ein fermentativer Vorgang ist, der das Caseinogen der Milchen, aber auch einige andere Eiweißkörper, wie Legumin und Syntonin, durch Abbau derart verändert, daß mit Kalk leichter fällbare Substanzen entstehen, in der Milch das Casein. Nebenbei bilden sich kleine Mengen eines nicht durch Hitze fällbaren, „albumoseartigen" Produktes. Dieses wird in der Milch als das Molkeneiweiß bezeichnet. Zahlreiche proteolytische Fermente im Tier- und Pflanzenreich bringen ebenfalls Milch zur Gerinnung. Am bekanntesten ist dieses Labungsvermögen vom Pepsin. Da sich im Hundemagensaft peptische und labende Eigenschaften bei Schwankungen gleichsinnig verhalten (PAWLOW), da jedes Labpräparat gemeinhin Pepsin und jedes Pepsinpräparat Lab enthält, so entstand die Meinung, diese scheinbar verschiedenen Fermente seien in Wirklichkeit ein und dasselbe, wobei nur in saurem Medium die Pepsineigenschaft, im neutralen die labende hervortrete. Dieser unitarischen Ansicht steht die dualistische entgegen, daß Pepsin und Chymosin verschiedene Fermente sind (O. HAMMARSTEN). Von den Dualisten wird heute zugegeben, daß die labende Eigenschaft des Hundemagensaftes, ebenso wie die des Menschen-, Schweine-, Pferdemagens Besonderheiten aufweist, die eine Trennung vom Chymosin der jungen Wiederkäuer und Gleichsetzung mit dem

Pepsin rechtfertigt. Man spricht deshalb von Parachymosin. Was das Parachymosin vom wahren Chymosin trennt, sind folgende Eigenschaften:

1. Ungültigkeit des Zeitgeseztes des Chymosins, nach welchem die Produkte von Labungszeiten und Fermentmengen konstant sind.

2. Bei alkalischer Reaktion besitzt das Parachymosin eine höhere Empfindlichkeit gegen Wärme, und außerdem besteht eine höhere Empfindlichkeit des Parachymosins gegen Alkali überhaupt.

3. Bei saurer Reaktion besitzt das Parachymosin eine höhere Wärmestabilität.

4. Das Parachmyosin ist befähigt „Paranuclein" zu bilden.

Das echte Chymosin konnte von HAMMARSTEN durch immer weiter vervollkommnete Trennungsmethoden von den es begleitenden Pepsinresten so befreit werden, daß die Besonderheit dieses Fermentes heute außer Frage steht.

Da RAKOCZY gezeigt hat, daß das Chymosin des Kalbes im Laufe der ersten Lebensmonate langsam Eigenschaften annimmt, die es dem Parachymosin des erwachsenen Rindes immer ähnlicher machen, und der Magen anderer Tiere, welche erwachsen Parachymosin im Magen erzeugen, im Neugeborenenalter Chymosin liefert, so könnte man daran denken, daß auch der menschliche Säugling in seinem Magen zunächst echtes Chymosin und erst später Parachymosin-Pepsin besitzt. Eine exakte experimentelle Untersuchung über diesen Gegenstand wäre sehr erwünscht. Die Untersuchungen von K. HECHT, die später ausführlich dargestellt werden sollen, machen diese Annahme aber unwahrscheinlich, denn der Magensaft der jüngsten Säuglinge vermag bereits bei genügend saurer Reaktion Eieralbumin zu verdauen.

Eine andere Frage, die für die Magenverdauung des Säuglings Bedeutung hat, ist die des Labungsunterschiedes zwischen Frauen- und Kuhmilch. Früher glaubte man, Frauenmilch könne nicht durch künstliches Labferment vom Kalbe zur Gerinnung gebracht werden. Später hieß es, es sei wohl möglich, aber schwierig. Dann wurde gezeigt, daß Zusatz von etwas Salzsäure (ENGEL, FULD) oder Kalksalz (BANG) die Frauenmilch labungsfähig macht.

Die Verhältnisse liegen so, daß das Optimum der Labfällung für Kuhmilch bei p_H 6—6,4 liegt (MICHAELIS, MENDELSSOHN), während es für Frauenmilch bei p_H 5 durch SCHEMANN gefunden worden ist. Oberhalb p_H 6,5 ist die Labung in Frauenmilch, wenn nicht Kalk zugefügt wird, nicht mehr nachweislich. Also kann genuine Frauenmilch, deren p_H bei 7 liegt, durch Hineinbringen von neutraler Lablösung nicht zur Gerinnung kommen. Es ist dies jedoch möglich, sobald der Frauenmilch Kalksalze zugesetzt werden. Hieraus ist die Folgerung abzuleiten, daß das Ausbleiben der Labung in genuiner Frauenmilch auf dem Mangel an Calciumionen beruht, und daß die leichte, erforderliche Ansäuerung

diesen Mangel behebt, indem Kalk aus kolloidalem Zustande in ionisierte
Form übergeht. Umgekehrt findet man selbst bei leicht saurer Reaktion
von p_H 6 dann keine Labfällung, wenn diese Reaktionsstufe durch Lipolyse des Milchfettes entsteht. Hierdurch bilden sich undissoziierte Kalkseifen. Das Gleichgewicht zwischen Caseinogen und Phosphat-, Car-
bonat-, Citrationen in der Konkurrenz um den Kalk wird durch die
neuauftretenden Fettsäuren mit der Wirkung gestört, daß weniger ioni-
sierter und gelöster Kalk vorhanden ist. Erst wenn die Fettsäurebildung
bei der Lipolyse so steigt, daß die h merklich anwächst, und die Kalkseifen sich wieder zersetzen, tritt Labfällung ein. Bei dem Brustkinde
mit kräftiger Fettspaltung im Magen wird also die Labung zunächst gehemmt sein und erst mit einer gewissen Verzögerung bemerkbar werden.
Es schließt diese Verzögerung der Fällung aber nicht aus, daß vorher die
Veränderungen am Caseinogen ablaufen, die mit seiner Überführung in
Casein enden.

Damit kommen wir auf die proteolytische Seite der Chymosinwir-
kung, den eigentlichen Chymaseeffekt. Es ist durch VAN DAM die Ansicht
vertreten worden, daß dieser Effekt bei einer stärker sauren Reaktion
sein Optimum hat (p_H 5), als er der Labfällung der Kuhmilch zukommt.
Wenn eine Milch im Magen bei etwa p_H 6 gerinnt, und dann weiter Säure
gebildet wird, so ist es durchaus möglich, daß die Chymasewirkung noch
weitergeht, sie findet mit der ersten Fällung des Caseinkalks noch nicht
ihr Ende. Hierdurch können merkliche Beträge an Casein allmählich
in Zustände übergehen, in denen sie mit den üblichen Fällungsmitteln
wie Trichloressigsäure, Gerbsäure, Zinkhydroxyd nicht mehr niederge-
schlagen werden können, es erfolgt Desaggregierung. Der Befund der
Zunahme an löslichem Stickstoff wird demgemäß besonders bei längerer
Magenverweildauer hervortreten, und tatsächlich wurde er gerade bei
künstlicher Ernährung erhoben (R. HESS, ROSENBAUM). Offenbar wegen
der stärker sauren Reaktion sind die Ausschläge bei Milchsäure-Halb-
milch sehr viel größer als bei gewöhnlicher Halbmilch (SCHIFF-
MOSSE). Ob man in diesen Fällen von einer Pepsinwirkung, deren Grenz-
bereich in das Gebiet einer niederen h verschoben ist, sprechen darf, ist
eine Frage von untergeordneter, verdauungsphysiologischer Bedeutung,
es handelt sich hier um ein rein fermentchemisches Problem. Wichtig
aber ist es, daß wirkliche chemische Veränderungen bei der Labung
nicht vor sich gehen. Die eigentlich analytischen Verfahren, wie
die Titrationen nach SÖRENSEN oder WILLSTÄTTER, ergeben bei der
Chymasewirkung keinerlei Ausschläge (INICHOFF, WILLHEIM, FREUDEN-
BERG, MATHIESEN). Es liegen also nur Sprengungen von adsorptiven
oder Nebenvalenzbindungen vor, nicht von Bindungen durch chemische
Valenzen. Die Feststellung der Fällbarkeitsänderung ist kein chemischer, struktureller Nachweis. Auch das „Molkeneiweiß“ ist nur

kolloidchemisch definiert. Es kann sogar vorkommen, daß bei tieferem
Abbau die Fällbarkeit durch die gewöhnlichen Eiweißfällungsmittel wieder größer wird, wie es kürzlich RONA für den Trypsinabbau gezeigt hat.

Immerhin dürfte der leichten Andauung, die das Casein in der isoelektrischen Zone im Säuglingsmagen erfährt, eine gewisse Bedeutung
für die Fähigkeit, weiterhin durch Darmfermente aufgeschlossen zu werden, wohl zukommen. Von wesentlicher Bedeutung für den Verdauungsvorgang ist auch der physikalische Zustand der Kaseinkoagula. Diese
pflegen bei Frauenmilch zarter, feiner, weicher als bei Kuhmilch zu sein.
Es muß gesagt werden, daß dann, wenn man Frauenmilch unter richtigen Bedingungen labt, der Vorgang nicht so gänzlich anders als in Kuhmilch ist, wie die Autoren, welche die Bedingungen der Frauenmilch-
labung nicht kannten, ihn hinstellen. Ferner ist das Casein in der Kuhmilch 3mal so konzentriert, wodurch das Aussehen von vornherein ein
anderes werden muß. Daß sich die Kuhmilchkoagula fester anfühlen,
daran trägt wesentlich der Umstand schuld, daß die Frauenmilchgerinnsel im Verhältnis zum Kaseinkalk viel mehr Fett einschließen, als es in
der Kuhmilch der Fall ist. Dort wird das Verhältnis bis zu 4:1, hier 1:1
sein. Hiermit hängt die Beobachtung zusammen, daß Frauenmilch-
koagula zu schwimmen vermögen, Kuhmilchgerinnsel aber in der Molke
untersinken (ZIMMERMANN). Auch daß die Frauenmilchgerinnsel feiner,
kleiner als die der Kuhmilch sind, hängt zum Teil mit dieser Re-
lation zusammen. In Frauenmagermilch vollzieht sich die Gerinnung
grobflockiger. Namentlich aber ist für den genannten Unterschied der
höhere Gehalt der Frauenmilch an Albumin und Globulin verantwortlich
zu machen, die gewissermaßen als Schutzkolloide gegenüber der Flockung
des Kaseinkalks dienen und so die Koagulation feiner werden lassen. Im
übrigen kennt man auch bei der Kuhmilch eine Reihe von Eingriffen,
die die Gerinnselbildung hemmen. Der bestbekannte ist das Kochen der
Kuhmilch. Das Kochen macht die Kuhmilch durch Verdrängen der
Kohlensäure etwas alkalischer, bewirkt aber namentlich Veränderungen
im Lösungszustande der Phosphate des Kalks, die ebenso wie die Kalk-
citrate in der Siedehitze dazu neigen, in die weniger löslichen Formen
überzugehen. Bei der Ultrafiltration gekochter Milch geht weniger Kalk
durch das Filter als bei roher Milch (GROSSER). Der relative Mangel an
gelöstem, ionisiertem Kalk ist es, der die schlechtere Gerinnungsfähigkeit gekochter Milch herbeiführt. In ähnlichem Sinne wirkt das die Bildung von offenbar schlecht dissoziiertem Calciumcitrat herbeiführende
Natriumcitrat (BOSWORTH-SLYKE). 0,4% des genannten Salzes hemmen
die Labgerinnung völlig. Verzögernde Wirkungen bringen auch die Mehlabkochungen und Schleime hervor, die der als Säuglingsnahrung dienen-
den Milch beigemischt zu werden pflegen, sowie höhere Zuckerkonzentrationen (ASCHENHEIM-STERN).

Störungen in der Ausnützung des Caseins durch zu grobe Gerinnung
wird man nur da zu fürchten haben, wo die Maßnahmen des Kochens,
des Schleim- und Zuckerzusatzes zur Kuhmilch nicht üblich sind. Dies
ist in Amerika manchen Ortes der Fall. So ist es kein Zufall, daß das
Auftreten von derben, bis zu mehreren Zentimetern langen, mehreren
Gramm schweren Klumpen im Stuhl zuerst in Amerika zur Beobachtung
kam (TALBOT, SOUTHWORTH, SCHLOSS), später auch andernorts festgestellt werden konnte (WERNSTEDT, IBRAHIM, BENJAMIN), wenn nur die
Bedingung der Rohmilchernährung erfüllt war. Der Nachweis, daß die
Bröckel Caseinkalkphosphat mit eingeschlossenem Fett und Seifen sind,
wurde einwandfrei erbracht (TALBOT, BENJAMIN, BOSWORTH). Mehr als
einen interessanten Ausnahmefall stellen diese Beobachtungen nicht dar.
Sie zeigen nur, daß unter Bedingungen, die selten verwirklicht sind, die
Labgerinnung so verlaufen kann, daß die Aufschließung des Caseins im
Darmkanal Schaden leidet.

Auf die Gerinnungsverhältnisse im Magen ist nun weiter von großem
Einfluß, in welchem Verhältnisse sich bereits gelabte und ungelabte
Milch durchmischen. Eine solche Durchmischung wird durch die Magenbewegungen ja stets zustande kommen, sobald ein Teil der aufgenommenen Milch durch Labung geronnen ist. Es hat sich nun gezeigt, daß
die Säuregerinnung solcher Gemische bei niederer h zustande kommen
kann, als die, bei welcher genuine Milch durch Säure gerinnt. Nach
RONA-GABBE erfolgt die Säuregerinnung von Mischungen gelabter und
ungelabter Milch bei folgenden p_H-Zahlen:

% Labmilch in ungelabter Milch:	Säuregerinnung bei p_H:
0	4,51
25	4,73
50	4,88
75	5,41
100	6,33

Hiernach erleichtert also die Labung die Säurefällung im Magen, indem bei einer Mischung zu gleichen Teilen von Labmilch und ungelabter Milch die Säuregerinnung bei etwa p_H 4,9 anstatt 4,5 erfolgt. Mit dem Einsetzen der Labung wird also die Fällung ungelabter Milch durch Säure rascher fortschreiten. Da die untere Grenze des Optimums der
Labfällung von p_H 6 in Kuhmilch häufig in kürzerer Zeit als 30 Minuten
im Magen überschritten wird, worauf sich dann die Labfällungsgeschwin-
digkeit wieder verlangsamt, so wird Zeit genug vorhanden sein, daß der in
der Tabelle wiedergegebene Mechanismus eine Rolle spielt, ehe alle Milch
verlabt ist. Für Frauenmilch, bei der das Optimum der Labfällung und
der Säurefällung viel mehr zusammenfallen, als es in der Kuhmilch der
Fall ist, wird ein solcher Vorgang weniger Bedeutung besitzen. Im übrigen sind die entsprechenden Verhältnisse hier noch nicht untersucht
worden. Da beim Trimenonkind oft in 2 Stunden p_H 5 noch nicht erreicht wird, die Labfällung aber erst unter p_H 6 nennenswert, bei p_H 5
optimal ist, während die Säurefällung erst unter diesem Wert beginnt, so

ist zu erwarten, daß reine Labgerinnung während des größeren Teiles der Magenverdauung vorherrschen wird. Die Säuregerinnung wird bei ganz jungen Brustkindern dagegen zurücktreten.

Der Umstand, daß allgemein angenommen wird, daß die Labfermente artspezifisch sind, und daß es wahrscheinlich gemacht wurde, daß solche Spezifität beim Vergleich der Labung von Milcharten mit artgleichem und artfremdem Lab eine fördernde bzw. hemmende Rolle spielt (BANG, FULD-NÖGGERATH u. a.), hat bedeutendes theoretisches Interesse. Für den Verdauungsablauf spielt diese Tatsache bei der Beurteilung eines möglichen Nachteiles der Kuhmilch gegenüber der Frauenmilch gar keine Rolle. In der Ernährungspraxis hat man der Kuhmilch manchmal ihr Plus in der Gerinnungsfähigkeit schlecht vermerkt, noch niemand aber kam auf den Gedanken, ihr hier ein Debet anzurechnen.

Die Tatsache, daß der Mageninhalt beim Säugling Aciditätswerte von p_H 4 während des größten Teiles der Verdauung meist nicht überschreitet, hat die Frage entstehen lassen, wie es möglich ist, daß der Säugling unter diesen Verhältnissen peptisch verdauen kann. Diese Frage wurde denn auch, wenigstens für den jüngeren Säugling und den größeren Teil der Magenverdauungsphase, entschieden verneint (SALGE, R. HESS, DAVIDSOHN, DEMUTH), weil die peptische Verdauung erst unter p_H 4 gerade eben beginnt, bei p_H 1,8—2,4 aber ihr Optimum hat. Nach den Messungen von SÖRENSEN und von NORTHROP beträgt die Aktivität des Pepsins schon bei p_H 3 nur mehr etwa $^1/_{10}$ des Optimalwertes. Daß die letzten Mageninhaltsreste nach 2—3 Stunden Verweildauer auf die Säurestufe der Pepsinverdauung kommen können, wird allgemein zugegeben. Dann aber hat sehr viel Milch den Magen bereits verlassen.

Die Zuflucht der Anhänger der Pepsinverdauung im Magen ging auf eine stark saure Randschicht, andererseits auf ein festes Gerinnsel im Magen, das dort nach Abfluß der verdünnten Molke in den Darm liegenbleibt und von außen her angedaut wird (TOBLER). Solche Vorstellungen werden heute von niemand mehr geteilt. Der Mageninhalt des menschlichen Säuglings bleibt stets flüssig, durchmischbar; und er wird auch de facto durch die Magenbewegungen gemischt, wie Ausheberung und Röntgenverfahren gezeigt haben. Eine Sonderung flüssiger und fester Teile erfolgt nicht in merklichem Grade. Dagegen findet man bei der Fütterung junger Hunde mit Rohmilch die Verhältnisse so vor, wie es der Annahme TOBLERS entspricht. Nur konnte ich in den vier Versuchen, die ich ausführte, die stark saure Außenzone nicht nachweisen, die auch vom physiko-chemischen Standpunkte als Annahme sehr unwahrscheinlich ist.

KRONENBERG hat die Frage der Pepsinverdauung zu entscheiden versucht, indem er Glycerinextrakte der Magenschleimhaut von Säuglingsleichen verwendete. Bei p_H 3 wird, wie es selbstverständlich ist, schon eine beträchtliche Zunahme des nicht fällbaren Stickstoffes gefunden. Bei p_H 4,4 sind aber KRONENBERGS Werte trotz sehr langer Ausdehnung der Versuchszeiten recht geringfügig. Der Autor konnte damals nicht wissen, daß die Gewebe bei saurer Reaktion von p_H 3—4 optimal wirkende Proteasen vom Typus der Pepsinasen enthalten. Gewebsextrakte, wie sie von KRONENBERG benutzt wurden, dürfen also in dieser Grenzzone der Wirksamkeit des Pepsins zum Nachweise echten Magenpepsins nicht Verwendung finden, wenn nicht Kontrolluntersuchungen mit Magensäften unternommen werden. Die Schlüsse KRONENBERGS, daß die Milch zur peptischen Verdauung eine geringere Acidität als anderes Eiweiß benötige, eine Acidität, die der Säugling herbeiführen könne, sind demnach nicht genügend begründet. Zum gleichen Schlusse gelangten auch SOMLO-SZIRMAY, die bei p_H 3—4 so gut wie keine Verdauung von Eiereiweiß und Rindermuskeleiweiß mittels des Refraktometers bei sehr langen Versuchszeiten fanden, dagegen gute Kaseinspaltung. Bei der Nachverdauung des Mageninhaltes von Säuglingen fanden R. HESS, ROSENBAUM, ferner SCHIFF-MOSSE, wie bereits erwähnt wurde, Zunahmen an nicht fällbarem Stickstoff.

In letzter Zeit hat sich WILLSTÄTTER mit BAMANN dem Studium de eiweißverdauenden Fermente der Magenschleimhaut zugewendet. Er findet in ihr eine bei schwach saurer Reaktion wirkende Proteinase, für die er den Namen „Kathepsin" (von $\varkappa\alpha\vartheta\acute{\epsilon}\psi\epsilon\iota\nu$ = verdauen) vorschlägt. Glycerinauszüge der frischen Magenschleimhaut von Hund und Schwein enthalten das bei p_H 3,5—4 optimal wirksame Ferment, während salzsaure Auszüge das bei p_H 2 optimal wirksame Pepsin ergeben. Es wird vermutet, daß das Kathepsin den Leukocyten entstammt, und daß der leukocytäre Apparat der Schleimhäute des Verdauungstractus mittels dieses Fermentes und der außerdem durch ihn gelieferten Peptidasen (Erepsin) die durch Pepsin und Trypsin vorbereitete Eiweißspaltung vollende und bei der Resorption mitwirke. In Form von Granulis sollen Kathepsin und Erepsin in das Darmlumen übertreten, also nicht in echt gelöster Form und ähnlich, wie es für Lactase und Saccharase angenommen werden muß. Das Kathepsin ist dadurch von so großer Bedeutung, daß es ein bei schwach saurer Reaktion wirksames proteolytisches Ferment darstellt, das die zwischen Tryptase und Peptidasen einerseits, dem Pepsin andererseits klaffende Lücke zu schließen vermag. Die in Abb. 27 dargestellten Felder der Wirksamkeit, welche nach den wirklich erhobenen Aktivitätskurven konstruiert sind, schließen sich, wenn man sie aneinandergerückt denkt, zu einem lückenlosen Ganzen zusammen, dem Bereich proteolytischer Wirksamkeit im Darmkanal.

Neuerdings hat O. BUDDE die Frage der Magenverdauung des Eiweißes beim Säugling systematisch bearbeitet. Sie kommt zu dem Ergebnis, daß es in Bestätigung der Angaben von R. HESS und von ROSEN-

BAUM tatsächlich eine Eiweißspaltung im Magen gibt. Es wurde nicht nur Vermehrung des Filtratstickstoffes nachgewiesen, sondern die Peptonbildung durch Titration nach WILLSTÄTTER festgestellt. Bei dem Versuche, den Modus dieser Peptonisierung zu erklären, die bei ganz schwach saurer Reaktion möglich ist, wurde gefunden, daß die peptische Verdauung der Milch nicht genau der klassischen Aktivitätskurve des Pepsins folgt, sondern daß ein steiler Abfall in der Spaltung erst zwischen p_H 3,5 und 4,5 sich zeigt. Vollständig gleich Null wird die Pepsinverdauung der Milch nicht einmal bei p_H 5—6. Beim Vergleich von Kuh- und Frauenmilch wurde der sehr merkwürdige Befund erhoben, daß die Kuhmilch in weit höherem Maße peptisch gespalten wird, als

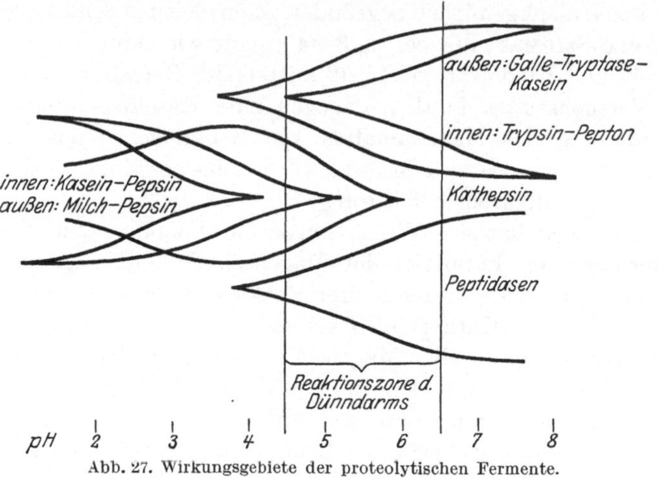

Abb. 27. Wirkungsgebiete der proteolytischen Fermente.

wenn Frauenmilch bei genau den gleichen Bedingungen verdaut wird. Der Unterschied rührt daher, daß Albumin schwerer peptisch gespalten wird als Casein. Die Umsätze mit Eier- und Milchalbumin sind bei gleichen Bedingungen kleiner als die von Casein. Die Frauenmilch ist eine Albuminmilch, die Kuhmilch eine Caseinmilch. Dementsprechend findet man auch mehr konstant und in stärkerem Grade die Peptonbildung in der Kuhmilch gegenüber der Frauenmilch, wie dies auch HESS und ROSENBAUM angeben.

Aus allen diesen Untersuchungen ergibt sich, daß die Hauptaufgabe bei der Eiweißverdauung doch dem Darme obliegt, dem das nur leicht vorbereitete Milcheiweiß zugeführt wird. Die Aciditätsverhältnisse im Dünndarme des Säuglings liegen so, daß im ganzen oberen Dünndarme leicht saure Reaktion herrscht, die sich erst im unteren Ileum der neutralen nähert. Leider hat man die Verhältnisse in vivo außer dem Duodenum noch nicht direkt geprüft, was mit der Methode des langen Schlauches sicher möglich wäre. Jedoch spricht das, was man von

Leichenuntersuchungen und bei säugenden Tieren festgestellt hat, durchaus im Sinne unserer Ausführungen, welche in Übereinstimmung mit den in vivo-Befunden beim Erwachsenen stehen.

Es ist bekannt, daß die Tryptasewirkung im leicht alkalischen Gebiet von p_H 8 ihr Optimum hat. Bei p_H 6 ist die Wirkung auf die Hälfte bis zum Drittel der Optimalen gesunken, bei p_H 5 nur spurenhaft, bei p_H 4 gleich 0 (MICHAELIS, DAVIDSOHN). Ganz ähnlich liegen im allgemeinen die Optima der Peptidasen. Darmerepsin auf Pepton wirkt optimal bei p_H 7,8 (RONA, ARNHEIM), Schweinedarmerepsin wirkt am besten bei p_H 8,6 auf Glycyl-Glycin (EULER). Im übrigen variieren die Aktivitätskurven sowohl bei der Tryptase, wie NORTHROP zeigte, als auch bei der Spaltung der Di- und Polypeptide nach ABDERHALDEN mit dem Substrat. Es wird Leucylpentaglycylglycin bei p_H 6,24, Glycyl-1-Leucin bei p_H 8,4—8,5 optimal zerlegt. *Hiernach wäre ein einziger, fest fixierter Reaktionspunkt im Dünndarm für die Eiweißverdauung durchaus nicht zweckmäßig. Daß aber die Optima im oberen Dünndarm, dem Hauptorte der Spaltungen, überhaupt nicht erreicht werden können, geht aus dem, was über die Sekretionsverhältnisse früher ausgeführt wurde, unzweifelhaft hervor.*

Für die Fermentwirkungen im Darm kommt nun noch ein weiterer Gesichtspunkt in Frage. Wenn sich mehrere Proteasen mit verschiedenem p_H-Optimum mischen, wie dies bei der Hefe und bei den Gewebsproteasen, hier in vivo sicher unter örtlicher Trennung, der Fall ist, so resultiert ein Mischproteaseneffekt. Das Enzymgemisch der Proteasen der Hefe mit einer Pepsinase vom Optimum 4,5, einer Tryptase vom Optimum 7 und einer Peptidase vom Optimum 7,8 besitzt nach DERNBY ein durchschnittliches Wirkungsoptimum bei p_H 6. Es wäre denkbar, daß die Mischung von Pepsin, Tryptase und Peptidasen im Darmchymus Wirkungsbedingungen findet, die zwischen den vorauszusetzenden Grenzpunkten von p_H 4,5—6,5 den Erfolg sichern. Die Übersicht über die Wirkungsgrenzen der reinen Fermente gibt die Abb. 27 wieder.

Es ist ersichtlich, daß das Pepsin im Darm rasch seine Wirkung ganz einstellen muß, sofern es solche vorher besaß. Es reicht hier die h nicht mehr aus, ferner wird das Ferment oberhalb p_H 4,6 zunehmend rasch zerstört, und endlich hemmen die Gallensäuren das Pepsin (RINGER). Die durch Aktivierung mittels Enterokinase entstehende Tryptase findet eine Ausdehnung der Wirkung ins saure Gebiet hinein, wenn Gallensäuren vorhanden sind. HELLER zeigte, daß dies auf Beeinflussung der Substrate beruht, indem die Fällungsbedingungen des Caseinogens wie diejenigen der löslichen Eiweißkörper der Molke durch die Gegenwart von Galle wesentlich verändert werden. Der Angriffspunkt der Tryptase auf das Labcasein wird ebenfalls durch Gallensäuren stark gefördert (FREUDENBERG). Wenn man zu Frauenmilch, die bei p_H 6 oder p_H 5 verlabt wurde, Gallensäure hinzufügt, so gehen die Labgerinnsel durch Tryptase sehr viel schneller in Lösung, als wenn Gallensäuren fehlen. Gerade im sauren Reaktionsgebiet wird diese Förderung, die fast momentan sichtbar wird, deutlich. Auch an der Menge des gelösten Stickstoffes ließ sich diese Erscheinung nachweisen (s. Abb. 28—30).

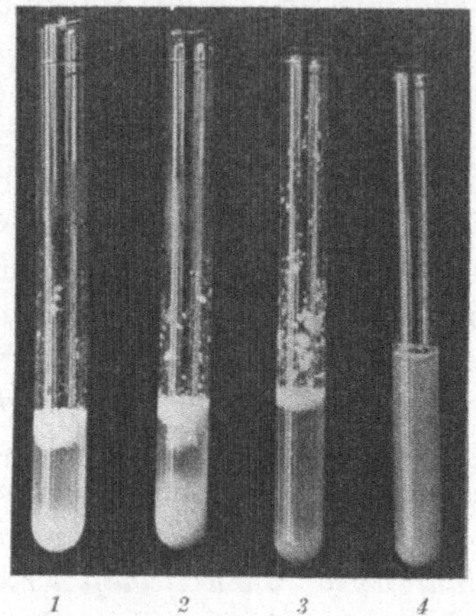

Abb. 28.   pH 5

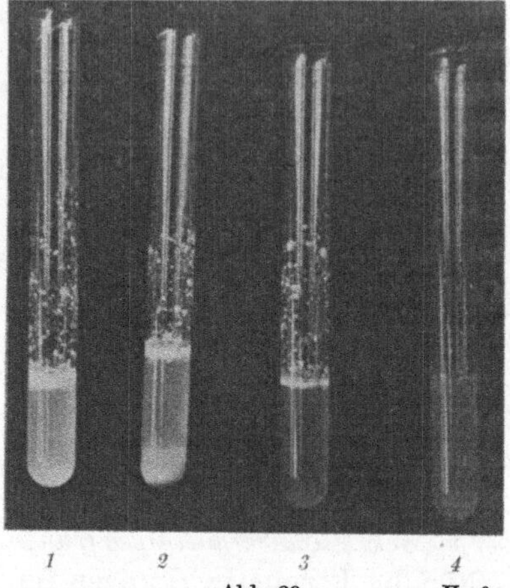

Abb. 29.   Hp 6

Abb. 28—30. Wirkung der Galle auf die Lösung des Labkaseins durch Tryptase. *1* Frauenmilch und Labferment; *2* Frauenmilch mit Labferment und Galle; *3* Frauenmilch, Labferment, Trypsin; *4* Frauenmilch, Labferment, Trypsin und Galle. Numerierung der Röhrchen von links nach rechts.

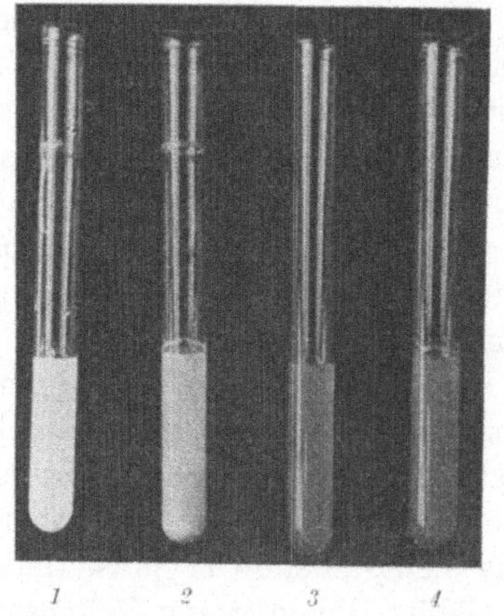

Abb. 30.   pH 7

Nicht sehr ausgesprochen geht die Bedeutung der Galle für die Eiweißverdauung aus den Stoffwechselversuchen an Fällen von kongenitalem Verschluß der Gallengänge hervor. Sicher ist die Rolle, die die Galle für das Eiweiß spielt, lange nicht so wesentlich wie für das Fett. FREISE findet bei 1,27 g Nahrungsstickstoff im Kot bei dieser Erkrankung eine Stickstoffausfuhr von 0,32, also 25%. Beim Versuchskinde NIEMANNs steigt die Stickstoffausfuhr im Kot mit fortschreitender Krankheit in zunehmendem Maße von 7 auf 10 auf 20% der Zufuhr. Im Falle PAULs liegt der Kotstickstoff bei 12—23% des Nahrungsstickstoffes. Dies sind Zahlen, die die Verluste, wie sie bei gewöhnlichen Durchfällen öfters gefunden wurden, nicht überschreiten. Mindestens bis zu einem gewissen Grade kann also der Gallemangel in der Eiweißverdauung doch kompensiert werden, was nach HELLER auch in vitro durch größere Fermentmengen möglich ist.

Mán kann betreffs der Tryptase, genau wie beim Magen, die Acidität im Chymus dadurch als bedeutungslos hinzustellen versuchen, daß man die Bildung einer Randschicht von optimaler h (p_H 7—8) annimmt. Dieser Ausweg ist aber hier noch viel weniger gangbar als beim Magen. Daß der Darmchymus in lebhaftester Bewegung ist, und es dadurch zu ständiger Durchmischung und Zerstörung sich etwa bildender Konzentrationsgefälle kommen muß, ist nach dem, was man über die Dünndarmbewegungen weiß, gar nicht zu bezweifeln. Wir müssen also damit rechnen, daß tatsächlich die Eiweißverdauung im Dünndarm abseits vom Reaktionsoptimum erfolgt. Dieser Nachteil wird, wie erwähnt, für die Tryptase durch die Galle teilweise ausgeglichen. Wenig günstig sind die Bedingungen für die Peptidasen. Die Wirkung derselben wird durch Galle nicht gefördert. Nun liegen aber die Wirkungsverhältnisse für die Peptidasen anders als für die Tryptase, indem diese vom oberen Duodenum her dem Chymus beigemischt wird und ihn dann darmabwärts begleitet. Die Peptidasen aber sind außerdem im ganzen Epithel des Dünn- und Dickdarmes vorhanden. An jeder Stelle des Darmes treten sie etwa gebildeten Peptiden entgegen. Ihre Menge im Dickdarmepithel ist noch $^2/_3$ von der im Duodenum. Außerdem ist zu berücksichtigen, daß, wenn im oberen Dünndarm die Chymusreaktion weniger günstig ist als im unteren, die höhere Fermentkonzentration sowohl für die Tryptase wie die Peptidasen diesen Mangel dort kompensiert. *Der Chymus im Dünndarm haftet ferner im Gegensatz zum Verhalten des Kotes im Dickdarm dem Epithel fest an.* Wenn der Inhalt einer Darmschlinge weiterbefördert wird, so bleibt doch ein dünner Wandbelag zurück, das Epithel benetzend, von dem er artifiziell nur mit großer Mühe abzuspülen ist, wie jeder weiß, der mit solchem Material experimentiert hat. Im Wandbelag kann nun eine rasche Neutralisierung erfolgen, denn die weiterdauernde Darmsekretion findet nur geringe Mengen puffernden Materials. Es ist auch daran zu denken, daß die zellständigen Darmpeptidasen erst nach Resorption der Peptide in Funktion treten. Im Inneren der Zelle sind dann die Reaktionsverhältnisse für die Peptidasen natürlich weit günstigere. Die Verteilung der Peptidasen im Darm gibt umstehende Tabelle wieder.

Material: Versuch 1—5 betreffen Glycerinextrakte 1:7 der frischen Darmschleimhaut eines akut gestorbenen, darmgesunden Säuglings. Verdünnung zu den Versuchen in Spalte 3 und 4 mit Wasser zu gleichen Teilen. Versuch 6—8 Darmschleimhaut von Saugkätzchen, ebenso zubereitet.

Methoden: Spalte 3 und 4 nach WALDSCHMIDT-LEITZ, Spalte 5 Reihenversuch nach PFEIFFER; $^1/_{1000}$ Mol Dipeptid in 10 ccm, Versuchsdauer 3 Stunden 37⁰. Titration nach WILLSTÄTTER, Analysen von O. BUDDE.

Nr.	Darmteil	Titrationszuwachs in ccm n/5 KOH		PFEIFFERscher Versuch mit Glycyl-Tryptophan
		Substrat: Glycyl-Alanin	Glycyl-Glycin	
1	Duodenum . . .	1,56	1,23	$1\times2^{-12}+$, $1\times2^{-11}\pm$, $1\times2^{-12}\,\ominus$
2	Oberes Jejunum .	1,32	1,21	$1\times2^{-11}+$, $1\times2^{-12}\,\ominus$
3	Unteres Jejunum	1,05	1,23	$1\times2^{-11}+$, $1\times2^{-12}\pm$, $1\times2^{-13}\,\ominus$
4	Ileum	1,36	0,78	$1\times2^{-11}+$, $1\times2^{-11}\pm$, $1\times2^{-13}\,\ominus$
5	Colon	1,06	0,80	$1\times2^{-10}+$, $1\times2^{-11}\pm$, $1\times2^{-12}\,\ominus$
6	Katze, Magen . .	—	0,41	—
7	Katze, Dünndarm	—	1,53	—
8	Katze, Dickdarm	—	0,41	—

Diese Übersicht liefert zwar eine Topographie der Peptidasen, sie gibt aber kein Bild von den wirklich sezernierten Fermentmengen. Um ein solches für die Proteasen zu gewinnen, kann man nur so vorgehen, daß man den Stuhl des Säuglings wie im Stoffwechselversuch auffängt, wägt, extrahiert und das Extrakt in bestimmter Weise filtriert. Als Extraktionsmittel ist Glycerin, das weit weniger Ballaststoffe mitnimmt als Wasser, sehr empfehlenswert. Hierdurch werden eine Reihe von Fehlerquellen ausgeschlossen. Spezielle Untersuchungen haben ergeben, daß für die Tryptase Bakterien und Bakterienfermente keine Rolle spielen (O. BUDDE). Sicher wird nach dem Verfahren nicht alles Ferment, das sezerniert wurde, gemessen, denn ein Teil desselben wird resorbiert oder doch von den Darmzellen fest adsorbiert, wahrscheinlich auch im Dickdarm teilweise zerstört. Wenn diese methodischen Mängel offen eingestanden werden müssen, so ist das Verfahren doch das einzige, welches zu Gebote steht. Wie die Abb. 31 zeigt, ergibt sich in solchen Vergleichsversuchen ein durchaus gesetzmäßiges Verhalten.

Es tritt deutlich hervor, daß das Flaschenkind im Durchschnitt höhere Tryptasemengen, gemessen am caseinolytischen Vermögen des Stuhlextraktes und auf 24 Stunden bezogen, ausscheidet als das Brustkind. Die Fermentmenge ist eine Funktion der Stuhlmenge. Der Mehrbetrag bei künstlicher Nahrung kommt in erster Linie durch die durchschnittlich größeren Stuhlmengen zustande. Da der Stuhl im wesentlichen aus Sekretresten und Bakterien besteht, so bedeutet dies dasselbe, wie wenn man sagt, bei der künstlichen Ernährung sei die Sekretbildung im Darme stärker; eine Folgerung, die wir schon aus unseren Betrachtungen über Sekretion abgeleitet hatten. Im übrigen steht sie mit der klinischen Erfahrung im besten Einklang. Wir sehen also, daß mit größeren Sekretmengen keine Verminderung des Fermentgehaltes der Sekrete eintritt. Auch nach den Untersuchungen von DAVISON ist damit zu rechnen, daß die Fermentmenge im einzelnen Kubikzentimeter nur wenig schwankt, und daß die Stärke der Sekretion den Wechsel des Fermentgehaltes bestimmt. Durch seine erhöhte Sekretionsleistung arbeitet das Flaschenkind mit einer höheren Produktion von Tryptase bei der Eiweißverdauung. Kann man nun diese Mehrleistung auf Menge oder Eigenart des Kuhmilcheiweißes zurückführen? Sicher nicht ohne weiteres. Man erhält durch Zulage von etwas Eiweiß oder durch Übergang von $^1/_2$- zu $^2/_3$-Milch nicht etwa sogleich einen Tryptaseanstieg, der der Eiweißvermehrung entsprechen würde. Da jedoch die Sekretmengen bei der künstlichen Nahrung größere sind, und dieser Mehrbetrag doch wohl auf das Eiweiß bezogen werden muß, denn die Zucker sind ohne Belang und Fett ist in den üblichen Milchmischungen gegenüber der Frauenmilch vermindert, so folgt, daß ein indirekter Zusammenhang zwischen den erhöhten Fermentmengen und

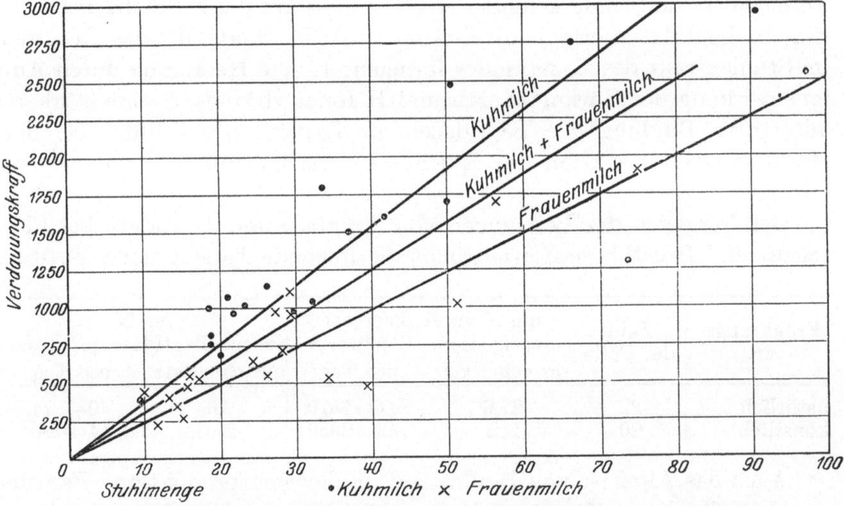

Abb. 31. Tryptase im Kuhmilch- und Frauenmilch-Stuhl nach O. Budde.

der größeren Menge Eiweiß in der künstlichen Nahrung doch angenommen werden muß. Andere Faktoren wirken vermutlich mit. Die Frage eines spezifischen Molkensalzeffektes haben wir mangels experimenteller Unterlagen hier ganz außer acht gelassen.

Spielt die Artspezifität der Milcheiweißkörper hier eine Rolle, die in einer Erschwerung des Abbaues von Kuhcasein durch Menschentryptase besteht? Nötigt etwa ein solches Verhalten im weiteren Gefolge zur Bereitstellung größerer Fermentmengen? Der Versuch, diese Frage zu klären, der mit Duodenalsäften natürlich und künstlich ernährter Säuglinge an Frauen- und Kuhmilch unternommen wurde, nachdem diese Milchen auf gleichen Eiweißgehalt gebracht und in völlig paralleler Weise auf verschiedene Aciditäten eingestellt worden waren, hatte ein gänzlich negatives Ergebnis. Die Variation der Bedingungen in mannigfaltiger Weise, indem rohe und gekochte, gelabte und ungelabte Frauen- und Kuhmilch zur Verwendung kamen, änderte an diesem negativen Ergebnis nichts. Als Methode kam die Formoltitration nach Ultrafiltration zur Anwendung. Für den tiefen Abbau des Eiweißes tritt also keine Begünstigung der Eiweißspaltung in homologer Milch hervor (FREUDENBERG-STERN). Wie sich die eigentliche Tryptasewirkung, die Überführung der Caseine und Albumine in die höheren Abbaustufen verhält, wird durch diese Untersuchung allerdings nicht geklärt. Diese Frage harrt noch weiter ihrer experimentellen Bearbeitung.

Auch der Gehalt an Peptidasen ist im Stuhlextrakte des Flaschenkindes sehr viel höher als der im Extrakte des Brustmilchkindes (O. BUDDE). Im Mittel wurde nur etwa $^1/_5$ hier gefunden, jedoch festgestellt, daß die Verhältnisse im Stuhle keinerlei Rückschlüsse auf die wirkliche Produktion an Peptidasen erlauben. Es sind zwei Umstände, die das Resultat im Stuhlextrakt des Brustkindes fälschen: 1. eine Hemmung durch Anionenwirkung der Gärungssäuren und H-Ionenwirkung, 2. eine stärkere adsorptive Bindung der Peptidasen an Partikel des Stuhles bei der stärker sauren Reaktion des Extraktes, wahrscheinlich an Bakterienleiber.

Den Vergleich der Leistungen von Tryptase und Peptidase bei Flaschen- und Brustkindern ermöglicht die folgende Tabelle nach BUDDE.

Ernährungs-art	Zahl der Fälle	mg N durch Tryptase abgespalten. Mittelwerte		mg N durch Peptidase gespalten	
		pro ccm Extr.	pro Tag	pro ccm Extr.	pro Tag
natürlich	22	27,6	244—1870	0,64	0— 24,0
künstlich	20	41,1	763—2950	2,91	30,4—700

Auch das Alter ist von Einfluß auf die Fermentproduktion. Es wurden betreffs dieses Zusammenhanges allerdings nur die Magenfermente der Prüfung unterzogen, die aber eine ganz stete Zunahme mit dem Alter aufweisen (H. HAHN, A. F. TUR). Tryptase bildet übrigens schon der Fetus. Das Ferment ist bei ihm im Gegensatz zu anderen Fermenten im unteren Dünn- und im Dickdarm in größeren Mengen als im oberen Dünndarm enthalten (EDUARD MÜLLER, IBRAHIM). Hierfür fehlte bisher eine Erklärung. Sie dürfte damit gegeben sein, daß durch Wasserresorption nach abwärts eine Konzentrierung der festen Teile und so auch des Fermentes erfolgt, während in den oberen Darmabschnitten ein wasserreicheres, fermentärmeres Sekret gebildet wird.

Zur Orientierung über die Altersverhältnisse sollen hier die Ergebnisse von HAHN tabellarisch wiedergegeben werden. Leider betreffen sie nur Flaschenkinder.

Wurden junge Säuglinge, von denen neun im Alter von 9 Tagen bis zu 2 Monaten untersucht wurden, mit großen Eiweißmengen ernährt, so wuchs keineswegs der Pepsingehalt entsprechend dem höheren Angebote an, sondern er blieb altersgemäß tief (HAHN). Andererseits sollen künst-

Nahrung	Alter Monate	Zahl der Analysen	Pepsin nach der Edestin-Methode	Durchschnitts-p_H im Mageninhalt
1/3 Fettmilch. .	1	4	21,3 (10— 25)	5,16
mit				
1,5% Eiweiss. .	2	8	11,8 (0— 40)	5,05
3,8% Fett . . .	3— 4	19	30,1 (10 –100)	4,82
6,5% Zucker . .				
2/3 Milch . . .	4— 6	17	74,4 (30—100)	4,82
mit				
2,5% Eiweiss. .	7— 9	17	77,8 (10—300)	4,68
2,5% Fett . . .	10—11	17	77,2 (16 –120)	4,54
7,5% Zucker . .				

lich genährte Säuglinge stets größere Labmengen bilden (WALTNER), was
als Anpassung gedeutet werden könnte. Auch dieser Autor findet eine
Zunahme der Labmenge mit dem Alter.

Unter pathologischen Verhältnissen hat MASSLOW den Magensaft
1 Stunde nach einer Schleimmahlzeit auf seinen Fermentgehalt geprüft.
Die Ergebnisse müssen mit der Einschränkung gewertet werden, daß der
Nahrungsreiz unphysiologisch und wahrscheinlich zu schwach ist. Immerhin sind Vergleiche möglich. Ähnliche Ergebnisse erhielt MENGERT.

	Gesunde	Dyspepsie	Hypothrepsie I. Grades	Hypothrepsie II. Grades	Athrepsie
Gesamtazidität .	8,5	5,1	7,1	4,0	2,4
Freie HCl . . .	4 (1—9)	2,1 (0—5,2)	2,9	1,2	0—1
Pepsin	5,1 (1—9)	1,1 (0 4)	1,5 (0—4)	0,75 (0—3)	0
Lab	100—256	8—40	48—72	10—40	4—8

Nach diesen Zahlen haben wir bei den Ernährungsstörungen mit einer
Schädigung der Fermenterzeugung zu rechnen. Aus Tierversuchen weiß
man, daß Hunger ebenfalls die Fermentproduktion schwächt. Unter den
eiweißverdauenden Fermenten dürfen wir zum mindesten für Lab und
Pepsin mit einer Depression beim ernährungsgestörten Kinde rechnen.
Entsprechende Untersuchungen wie über den Magensaft hat MASSLOW
auch über den Duodenalsaft angestellt, die er folgendermaßen wiedergibt:

	Gesunde	Dyspepsie	Hypothrepsie I. Grades	Hypothrepsie II. Grades	Athrepsie
p_H Duodenalsaft (Nüchternsaft) . .	6,4—7,2	6 – 7	6,7	6,4—6,6	6,6
Trypsin	512—1024	250—1024	250—1024	512—1024	250—1024

Aus diesen Zahlen läßt sich leider nicht viel erschließen. Namentlich
besagt die Untersuchung von Einzelproben des Duodenalsaftes nichts
darüber, wieviel die Gesamtleistung bei den verschiedenen Zuständen
beträgt. Immerhin scheint es, daß eine stärkere Variation nach der Seite

geringerer Werte bei den pathologischen Fällen vorkommt. DAVISON gibt folgende Zahlen für seine Trypsinuntersuchungen im Duodenalsaft.

Zustand	Zahl der Proben	p_H (Mittelwert)	Trypsineinheiten
Normal.	23	6,2	74,5 (31—166)
Rekonvaleszenz nach Diarrhöe.	16	6,0	30,7 (5— 55)
Diarrhöe (Leichenmaterial) . .	6	5,3	3,2 (0— 5,7)
Dysenterie (Leichenmaterial) .	5	5,1	10,3 (0— 18)

Hier wird der Wert der 3. und 4. Gruppe durch die Verwendung von Leichenmaterial stark herabgesetzt. Der Autor teilt allerdings mit, daß er bei Pneumonie keine Verminderung der Fermente im Leichenmaterial fand. Viel wichtiger ist der so große Rückgang der Trypsinwerte bei den Rekonvaleszenten.

Die Einwirkung von Eingriffen, welche die Verdauung schädigen, wurde auch im Tierversuch geprüft. In Experimenten am Pankreasfistelhund wurde von GYOTOKU durch Fieber, das vermittels Bakteriensuspensionen, artfremdes Serum oder Lichtbäder erzeugt wurde, nachgewiesen, daß die Pankreasfermente im allgemeinen, das Trypsin aber ganz besonders abnehmen, und zwar namentlich beim bakteriellen Fieber.

In einigen Fällen leichterer Diarrhöe wurde beim Versuche, Aufschluß über die Gesamtmenge an Tryptase zu gewinnen, festgestellt, daß die großen Stuhlmengen bei nur geringfügiger Verminderung im Gehalt der Einheit sehr große Gesamtmengen an Tryptase enthielten (O. BUDDE). Beim Erwachsenen soll die Trypsinmenge bei Diarrhöe herabgesetzt sein (BRUGSCH-MASUDA). Die Gesamtausscheidung wurde in diesen Versuchen aber nicht verfolgt.

Wie steht es bei Toxikosen? Wenn die leichtere Dyspepsieform mit ihren großen Sekretmengen eine starke Beanspruchung der Fermentbereitung darstellt, so könnte man sich vorstellen, daß es bei der Toxikose zum Versagen, mindestens zu einem Nachlassen der Fermentproduktion kommen kann. Der Versuch, die Tryptasemenge in der Drüse selbst bei tödlich verlaufenen Toxikosefällen zu bestimmen, brachte leider keine Entscheidung dieser Fragestellung.

In einer Untersuchungsreihe von O. BUDDE und FREUDENBERG wurde bei zwei Toxikoseleichen und zwei Kontrollfällen das Pankreas entnommen, gewogen, zerkleinert, mit Glycerin im Verhältnis 1 : 5 14 Tage lang extrahiert, das Extrakt abfiltriert und untersucht. Das Alter von 5 bis 7 Monaten, die Gewichte der Kinder und diejenigen der Drüsen selbst (von 6,2—6,8 g) lagen in diesen Fällen in recht engen Grenzen nahe beieinander. Die Zahlen der ersten Reihe stellen Messungen nach WILLSTÄTTER dar und sind in ccm n/10 KOH ausgedrückt. Sie betreffen Ansätze von je 1 ccm unverdünntem Extrakt auf 5 ccm 6%iges Casein. Die

Zahlen der zweiten Reihe stellen den Reststickstoff in mg N dar, wie er sich nach einem 1 stündigen Versuch bei 40° unter Einwirkung des 5 fach mit Wasser verdünnten Glycerinextraktes pro 1 ccm der Verdünnung gegenüber 10 ccm $^1/_2$%igem Casein als Zuwachs nach Acetatalkoholfällung ergab. In der dritten Reihe ist der Lipasegehalt von 1 ccm Glycerinextrakt gegenüber 10 ccm gekochter Frauenmilch wiedergegeben.

	Normalfall I	Normalfall II	Toxikosefall I	Toxikosefall II
ccm n/10 KOH . .	0,60	1,53	0,55	0,60
mg N (Reststickstoff)	1,26	2,25	1,32	1,66
Lipasegehalt . . .	3,4	7,7	0,4	0,5

In den hier untersuchten Extrakten sind überall proteolytische Fermente enthalten. Bei den Toxikosen ist sowohl die eigentlich proteolytische wie die desaggregierende Wirkung nachweisbar, allerdings gegenüber dem einen Kontrollfall in vermindertem Maße. Wirkliche zum Vergleich geeignete Normalfälle sind leider kaum zu beschaffen. Es waren tatsächlich im Kontrollfall I dem Tode an Meningitis schwere Gewichtsstürze vorhergegangen, ein Umstand, der sich selten bei Sektionsmaterial von Säuglingen umgehen lassen wird. So muß die Frage, ob bei Toxikosefällen nicht doch eine gewisse Herabminderung der proteolytischen Fähigkeit vorliegt, offenbleiben. Auf keinen Fall aber ist sie so hochgradig wie bei der Lipase.

Außer durch eine Herabsetzung der Fermentbildung kann es zu einer Schädigung der Fermentleistung dadurch kommen, daß die Bedingungen derselben ungünstig werden. Wenn wir die oben wiedergegebenen p_H-Zahlen im Duodenalnüchternsaft betrachten, so ist zu erkennen, daß hier bisweilen eine starke Verschiebung ins saure Gebiet vorkommt. Wir sahen aber, daß schon die physiologische Eiweißverdauung beim Säugling nicht unter optimalen Bedingungen arbeitet. Wenn es für die Tryptase in gewissen Grenzen einen Kompensationsmechanismus in der Galle gibt, so fehlt dieser für die Peptidasen. Gerade diese also sind in ihrer Leistung bedroht. Unter solchen Bedingungen werden Peptide leichter der bakteriellen Zersetzung anheimfallen, als daß sie durch die Fermente rasch in Aminosäuren aufgespalten und resorbiert werden. Ferner weiß man, daß Polypeptide in einem tryptischen Verdauungssystem die Funktion der Tryptase stark hemmen (WEBER-GESENIUS). NORTHROP bezeichnet derartig wirkende Intermediärkörper bei der Proteolyse als Inhibitoren. Noch eine weitere Bedrohung entsteht dann, wenn aus Mangel an Betriebswasser bei Störungen des Wasserhaushaltes oder infolge von Schädigungen der Schleimhäute die Sekretionen, die, wie wir sahen große Wassermengen erfordern, herabgemindert werden und endlich aufhören, trotzdem aber weiter gefüttert wird.

Die Bedingungen und die Folgen der bakteriellen Eiweißzersetzung sollen an dieser Stelle nicht besprochen werden. Dagegen steht die Frage zur Erörterung, wie sich die verlangsamte Eiweißspaltung in der Resorption äußert. Unter solchen Verhältnissen wird im Kot das Bild der Stickstoffverteilung wohl in erster Linie durch Resorptionshemmung, daneben auch durch abnorme Bakterientätigkeit, ein anderes, der Proteinstickstoff sinkt im Verhältnis zum Stickstoff der Aminosäuren und des Ammoniaks (SLYKE-COURTNEY-FALES, GAMBLE). Wie das zu bewerten ist, wird weiter unten besprochen werden.

Daß bei Störungen im Eiweißabbau unabgebautes Eiweiß durch die Darmschleimhaut, solange diese nicht grob geschädigt ist, nicht durchzudringen vermag, das geht sehr eindrucksvoll aus den Verdauungsversuchen von PFAUNDLER-SCHÜBEL am Dünndarm säugender Zicklein hervor. Wurde unveränderte Milch in die abgebundenen Dünndarmschlingen eingefüllt, so blieb das Eiweiß unresorbiert am Orte liegen, gleichgültig, ob es aus arteigener oder artfremder Milch stammte. Wurde aber energisch durch aufeinanderfolgende Verdauung mit Pepsin und Trypsin vorverdaut, so leistete der Darm im homologen Medium sehr gute Resorptionsarbeit, im heterologen aber überhaupt keine, der Stickstoffgehalt in der Schlinge nahm zu. Diese Versuche, die eine exakte Experimentalwiderlegung der Hypothese des heterologen Eiweißschadens in der ursprünglichen Fassung derselben darstellen, zeigen, daß auch homologes, genuines Eiweiß normaliter nicht resorptionsfähig ist; weiter aber, *daß offensichtlich eine Begünstigung der Resorption für die Verdauungsprodukte der arteigenen Milch besteht.* Wäre das Verdauungsgemisch eine Lösung von Aminosäuren, so wäre das allerdings sehr merkwürdig. In Wirklichkeit aber ist es unmöglich, Eiweiß durch Fermente *quantitativ* bis zu Aminosäuren zu zerlegen, es bleibt stets ein Rest von intermediären Spaltungskörpern. Entweder geht nun in vivo die Protelyse dieses Restes, wenn er der arteigenen Milch entstammt, leichter vonstatten, so daß die Resorptionsverhältnisse rein aus quantitativen Gründen begünstigt werden, oder aber es ist so, daß jener Rest eine Hemmung der Resorption ausübt, wenn er nicht beseitigt werden kann. Das letztere könnte man für das Wahrscheinlichere halten, denn anderenfalls wäre nicht einzusehen, warum die Resorption einfach gleich Null bzw. negativ ist. Gerade dieses Negativwerden zeigt, daß hier eine größere Sekretion in die Schlinge stattfinden muß, die vielleicht sogar eine gewisse Resorption verdeckt. Es wäre sehr zu wünschen, daß dieser ungemein wichtige Versuch wiederholt würde, dann aber eine Fraktionierung des Stickstoffes nach seinen verschiedenen Formen stattfände. Nur so kann man zu einem vollständigen Einblick in das Geschehen zu gelangen hoffen.

Wenn oben angeführt wurde, daß genuines Eiweiß die Schleimhaut schwer durchdringt, so unterliegt es andererseits keinem Zweifel, daß ein solcher Durchtritt in viel größerer Häufigkeit geschieht, als man es früher annahm. Man spricht von einer abnormen Darmdurchlässigkeit oder Darmpermeabilität zur Kennzeichnung solcher Zustände. Ohne daß Einwendungen gegen dieses Wort erhoben werden sollen, sollte doch bei seiner Anwendung daran gedacht werden, daß dieser Begriff nicht ausschließlich einen physikalischen Zustand zu bedeuten hat, sondern daß er im Sinne funktioneller Abweichungen gebraucht werden muß. In eine solche funktionelle Schädigung ist eine Herabsetzung der fermentativen Energie einzubeziehen oder aber eine Schädigung der Wirkungsbedingungen der Fermente. Ohne solche Störungen wird eben das Eiweiß oder Pepton von den Fermenten im Darmlumen und in der Darmwand erfaßt und abgebaut und permeiert nicht. Eine Hemmung der Tryptasewirkung wird hierbei die wesentlichere Störung sein. Peptidasen enthält schließlich jedes Gewebe, so daß die Polypeptide noch jenseits des Darmes gespalten und nutzbar gemacht werden können. Viel zweifelhafter muß dies betreffs eines Ersatzes der Darmproteasen vom Tryptasetypus durch die entsprechenden Gewebsproteasen bleiben. Prinzipiell ist Caseinolyse auch im Gewebe möglich (HEDIN, CLEMENTI). Der Größenordnung nach steht aber dieser Vorgang so tief unter der fermentativen Leistung des Darmes, daß ein Ausgleich hier praktisch nicht möglich sein dürfte, wenn unabgebautes Eiweiß durch den Kreislauf in den intermediären Stoffwechsel gebracht wird. Ferner steht die Fähigkeit, die anderen Eiweißkörper der Milch, Albumin und Globulin, abzubauen im allgemeinen hinter der für das Casein weit zurück, so daß ein Ersatz der Darmfunktion durch die Gewebe hier ganz entfällt.

Einen Schutz gegen das Eindringen peptonartiger Körper durch die Darmschleimhaut bei geschädigter Mucosa bieten auch die Fällungsbedingungen der Peptone, solange saure Reaktion herrscht, die ja im größten Teil des Dünndarmes nachgewiesen ist. Peptone werden bekanntlich nicht wie Casein durch saure Reaktion geflockt. Dagegen fallen Peptone noch in großer Verdünnung aus ihrer Lösung flockig aus, sobald gallensaure Salze oder Gallensäuren anwesend sind. Dieses Fällungsvermögen besitzen die Gallensäuren auch gegenüber nicht ausgeflocktem Eiweiß in saurer Lösung in dem Sinne, daß die isoelektrische Zone weiter ins saure Gebiet hinein verbreitert wird.

Wir müssen die Fragen voneinander trennen, inwiefern es bewiesen ist, daß artfremdes Eiweiß als solches resorbiert werden kann und inwiefern hierdurch Schädigungen entstehen können.

Die anzuwendenden Verfahren konnten hier nur die hochempfindlichen Methoden der Serologie sein. Positive Befunde wurden bei neugeborenen Tieren und Menschen erhoben. Es können in dieser frühesten Altersstufe offenbar kolloide Stoffe die Schranke der Schleimhaut leichter durchbrechen als später. Dementsprechend gelang es, den Übertritt von

Eiweiß und von Antitoxin von dem Darm ins Blut zu erweisen (RÖMER-MUCH, SALGE, HAMBURGER, GANGHOFNER-LANGER, MORO, UFFENHEIMER). Ferner wies MORO bei einem Atrophiker Kuhmilchpräcipitine im Blute nach, ein Befund, der durch BAUER mittels der Komplementbindung bestätigt wurde, während andere Autoren negative Ergebnisse hatten (HAMBURGER-SPERCK). Später wurden die positiven Befunde von Kuhmilcheiweiß, teils mittels der Präcipitinreaktion, teils mittels des Anaphylaxieversuches erhoben, immer häufiger (SCHLOSS-WORTHEN, MODIGLIANI-BENINO, HOOBLER, ANDERSON-SCHLOSS). Die letztgenannten Autoren prüften nicht weniger als 98 Atrophiker und fanden bei 80 präcipitierende Antikörper im Blute. Negativ waren die Resultate bei 30 Dystrophikern. Der direkte Nachweis von Kuhmilcheiweiß mittels präciptierenden Antiserums gelang im Blute 8mal bei 33 Fällen schwerer Diarrhöe. Die Übertragung von Atrophikerserum auf Meerschweinchen sensibilisierte diese in manchen Fällen für den mit Kuhmilch 24 Stunden später unternommenen Anaphylaxieversuch. Bei Diarrhöe wurden 17 positive, 16 negative Ergebnisse erzielt. Auch mittels der von DALE ausgearbeiteten pharmakologischen Technik wurden positive Ergebnisse erhalten.

Häufig wurde Eiereiweiß zu den Versuchen herangezogen (LUST, HAYASHI). Auch hier fand sich eine Abhängigkeit von vorhergehenden Ernährungsstörungen, indem solche die Darmdurchlässigkeit für das artfremde Eiweiß erhöhten. Auch das Alter hat eine gewisse Bedeutung. Je jünger die Kinder sind, um so eher ist die Permeabilität des Darmes zu erwarten, ein Verhalten, das durchaus dem des Tierversuches entspricht. Es unterliegt nach den oben wiedergegebenen Zahlen keinem Zweifel, daß der Übertritt von Kuhmilcheiweiß kein Vorkommnis ist, das man als ein ganz außergewöhnliches zu betrachten hätte. Bei schwerer Dyspepsie und fortgeschrittener Atrophie kommt solcher Übertritt häufig zustande. Macht er aber klinische Erscheinungen?

Prinzipiell ist die Möglichkeit hierzu gegeben. Es gibt offenbar eine, wenn auch seltene kongenitale Überempfindlichkeit gegen das artfremde Eiweiß. Ein Fall von NEUHAUS-SCHAUB scheint den Autoren selbst nicht ganz ohne jeden Einwand, dagegen teilt ABRAHAM einen Fall mit, der nie einen Tropfen Kuhmilch erhalten hatte, ehe er erstmalig idiosynkrasisch mit Fieber und Schock reagierte. Die Fieberkurve dieses Falles wird in Abb. 32 wiedergegeben. Sehr viel häufiger ist die erworbene Kuhmilchidiosynkrasie, bei der ein schlecht gelungener Ablaktationsversuch vorherging, und die zweite Kuhmilchfütterung nach einer Pause mit reiner Frauenmilchernährung unternommen wird. Es kommen Schock, Blässe, Erbrechen, Fieber, Diarrhöe zur Beobachtung. Oft bleibt der Darm eine gewisse Zeit gereizt, auch wenn sofort die Kuhmilchversuche abgebrochen werden, und Frauenmilch gereicht wird. Auch Hauterscheinungen wie

Urticaria, Ödeme, Exantheme, selbst Purpura (LANDSBERGER) sind beschrieben worden. Die Empfindlichkeit kann sich vorwiegend dem Casein gegenüber äußern, während Molke weniger Erscheinungen macht (SCHRICKER), jedoch kommt es auch vor, daß gerade umgekehrt Casein toleriert wird, Molke nicht. Meist betrifft die Intoleranz die Milcheiweißkörper insgesamt. Auch gegenüber Hühnereiweiß sind ähnliche Vorfälle beschrieben. COUDAT berichtet von einem 5 monatigen nervösen Ekzemkind, das wegen Diarrhöe früher wiederholt gut ertragenes Eiweißwasser erhält. Es treten Erbrechen, Temperatursturz, Algidität, nach 2 Stunden Collaps und Koma, am folgenden Tage eine generalisierte Urticaria auf. Über solche Vorfälle, die im ganzen recht selten sind, dürften die Meinungen nicht weit auseinandergehen.

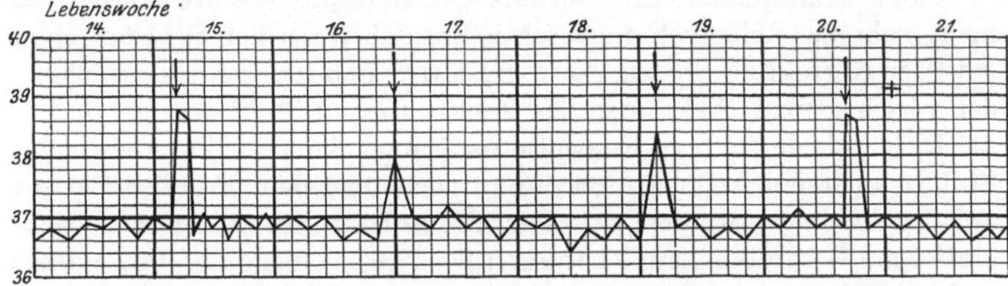

Abb. 32. Fieberkurve eines Falles von Kuhmilchidiosynkrasie nach ABRAHAM.

In der französischen Literatur (COMBY) werden aber weiterhin als „kleine Anaphylaxie" Zustände von Appetitlosigkeit, Gewichtsstillstand, Neigung zur Obstipation, Hauterscheinungen wie Urticaria, Ekzem, Prurigo und von intestinalen Syndromen in Gestalt von Übelkeit, Erbrechen, Kolik, Diarrhöe beschrieben. Vorhergehende dyspeptische Zustände sollen diese Reaktionen vorbereiten. Im amerikanischen Schrifttum wird von „suppressed Anaphylaxis", gedämpfter Anaphylaxie, gesprochen (HOOBLER), deren Symptomatologie meines Erachtens weitgehend der exsudativen Diathese CZERNYS entspricht. Wenn es hier auch unbestreitbar Fälle gibt, die sozusagen als Bindeglieder oder Übergangsfälle betrachtet werden können[1], so wird man sich doch sehr schwer entschließen können, die exsudative Diathese auf eine Summe allergischer Reaktionen zurückzuführen, auch wenn anerkannt werden muß, daß diese Reaktionen sich nur unter gegebenen konstitutionellen Voraussetzungen manifestieren können.

Unsere Vorstellungen gehen vielmehr dahin, daß das klinische Bild der „kleinen Anaphylaxie" nicht genügend umschrieben ist, und seine Konstruktion einer exakten Beweisführung entbehrt. Wenn eine solche in der Klinik auch nicht immer möglich ist, und heuristische Prinzipien

---

[1] Der Strofulus ist nach meinen Erfahrungen nicht selten alimentär-enterogenen Ursprungs.

angewendet werden dürfen, so muß doch betont werden, daß ein Fortschritt dadurch nicht zustande kommen kann, daß die Grenzen der Begriffe verwischt werden.

Auch eine Einreihung des toxischen Brechdurchfalles in diese Kategorie muß durchaus abgelehnt werden, da sie mit den klinischen Erfahrungstatsachen in Widerspruch steht. Ebensowenig können wir irgendeine Beziehung atrophischer Zustände zur proteinogenen Kachexie anerkennen.

Es muß als erwiesen gelten, daß die Eiweißausnützung im Darmkanal im allgemeinen gut ist und nur bei schweren Diarrhöen eine schlechte Resorption vorkommt, die nach früheren Angaben vorgetäuscht sein kann und in Wirklichkeit nur auf erhöhter Ausscheidung eiweißreicher Sekrete beruhen soll.

Dieser Standpunkt kann betreffs der Herkunft des Kotstickstoffes nicht mehr als uneingeschränkt richtig angesehen werden, er bedarf einer gewissen Korrektur. SLYKE, COUTNEY-FALES haben durch Untersuchung der verschiedenen Fraktionen des Stickstoffes im Stuhl gezeigt, daß es bei Dyspepsie de facto zu Resorptionsstörungen kommt. Der Gehalt des Stuhles an freien Aminosäuren nimmt gegenüber dem Proteinstickstoff bei durchfälligen Stühlen zu. Der Prozentsatz des Aminosäurestickstoffes am Gesamtstickstoff beträgt 1,8—17,6%. Wenn der Prozentsatz mehr als 8 beträgt, so liegen stets breiige bis wässerige Entleerungen vor. Das Anwachsen bis auf fast $^1/_5$ des Gesamtstickstoffes, der seinerseits eine erhebliche Vermehrung bei Diarrhöe erfahren kann, ist kaum anders zu erklären wie als Resorptionshemmung. Wenn bei Durchfällen der Kot-N-Verlust z. B. von 7 auf 25% der Zufuhr ansteigt, und gleichzeitig der Aminosäurenstickstoff von 2 auf 16% des Kotstickstoffes zunimmt, so ist dies eine Steigerung auf das 29fache. Es ist viel näherliegend anzunehmen, daß hier genau so, wie es für Fett und Zucker bei Diarrhoe der Fall ist, die Aminosäuren der Resorption entgangen sind, als daß die Bakterien das doch schwer angreifbare Sekreteiweiß bis zur Aminosäurenstufe spalten konnten. Diese Widerstandsfähigkeit des Sekreteiweißes, die als stillschweigende Annahme in der pädiatrischen Literatur eine große Rolle spielt, ist im übrigen noch niemals experimentell überprüft worden, was dringend notwendig wäre.

Auch die Ammoniakausscheidung im Stuhl steht mit dyspeptischen Zuständen in Zusammenhang (GAMBLE). Dieser Autor teilt folgende Beobachtung über die Beziehung des Kotammoniaks zur Stuhlzahl mit (vgl. Tabelle auf nächster Seite).

Auf die besonderen methodischen Schwierigkeiten, exakte Zahlen für die wirkliche Ammoniakausscheidung zu gewinnen und nachträgliche Veränderung auszuschließen, soll hier nicht eingegangen werden. Die Deutung des Befundes ist aber auch aus anderen Gründen nicht einfach. Ammoniak kann sowohl auf bakteriellem Wege aus Eiweißabbauproduk-

Stuhlzahl pro Tag	Anzahl der Beobachtungen	Gesamtstickstoff im Stuhl pro Tag mg	Ammoniak im Stuhl pro Tag mg
1	9	321	27
2— 4	12	322	34
5—10	15	608	48

ten durch Desaminierung von Aminosäuren oder Aufspaltung von Amiden entstehen, wie auch durch den regulären fermentativen Eiweißabbau, liefert doch auch die Säurehydrolyse des Eiweißes regelmäßig Ammoniak. Schon bei der peptischen Verdauung entstehen erhebliche Mengen von solchem. Der erhöhte Ammoniakgehalt im Pfortaderblut gegenüber dem der Hohlvene (NENCKI, PAWLOW und ZALESKI) zeigte frühzeitig, daß im Darm Ammoniak entsteht, was später wiederholt bestätigt wurde. Es ist im übrigen wahrscheinlich, daß ein großer Teil des Eiweißes erst *nach* der Resorption desaminiert wird, wobei Ammoniak, Fettsäuren und Oxysäuren entstehen (LEATHES, FOLIN). Das Ammoniak bildet in der Leber Harnstoff, die niederen Fettsäuren werden oxydiert. Aus diesem Verhalten erklärt sich sowohl die steigernde Einwirkung des Eiweißes auf die Bildung und renale Ausscheidung von Harnstoff und organischen Säuren, wie auch die Steigerung der Verbrennungen nach Eiweißzufuhr.

Im ganzen genommen ist die relative Menge an Ammoniak im Kotstickstoff nicht eben bedeutend. Daß dieser *Prozent*satz bei den diarrhöischen Stühlen nach der obigen Tabelle nicht zunimmt, spricht eher dafür, daß die jeweils im Kot erscheinende Menge Ammoniak bakterieller Herkunft ist. Bei Resorptionsstörung sollte man nicht nur eine Steigerung, die dem Zuwachs an Gesamtstickstoff entspricht, erwarten, sondern eine größere, in Analogie zum Verhalten bei den Aminosäuren. Für eine bakterielle Genese spricht nach SLYKE-COURTNEY-FALES ferner, daß das Verhältnis von freiem Aminostickstoff zum Gesamt-N bei Proteolysen mehr als 7 : 1 beträgt, während es sich hier oft um 1 : 1 bewegt. Wenn nun aber ein Teil des Kot-N durch bakterielle Umwandlung von Amino-N in Ammoniak entsteht, und wir jenes als virtuelles Nahrungseiweiß ansehen dürfen, ähnlich wie die Milchsäure im Stuhl des Brustkindes als virtuellen Milchzucker, so erhebt sich die Frage, ob die vorzügliche Eiweißausnützung unter normalen Verhältnissen nicht doch auch einer gewissen Korrektur bedarf. Freilich sind 2—5% Aminosäurenstickstoff am Gesamtwert sehr wenig. Wenn wir aber außerdem 3—5% Ammoniakstickstoff als unresorbierten und später bakteriell zersetzten Aminosäurenstickstoff ansehen, so kommen wir doch zu Zahlen, welche die begünstigte Ausnahmestellung des Eiweißes betreffs der Resorptionsverhältnisse zweifelhaft erscheinen lassen.

Unter nicht genau zu bestimmenden Verhältnissen kommt es zu sehr viel größeren Ammoniakmengen im Kot. Gegenüber dem gewöhnlich

gefundenen Prozentsatz von 7—9 an Gesamt-N gibt GAMBLE für pathologische Verhältnisse folgende Zahlen an:

Klinischer Zustand	Nahrungsweise g pro kg	Stuhl-N mg	Ammoniak-N in % vom Gesamt-N des Stuhls
Indigestion	8	1556	15,2
Malnutrition	8,2	620	24
Atrophy	5,4	670	22
Atrophy	5,8	1022	15,4

In Obstipationsstühlen soll besonders wenig Ammoniak enthalten
sein. Aus den Bestimmungen von SLYKE-COURTNEY-FALES geht dies
aber nicht mit Sicherheit hervor. Bei festen Stühlen finden sich Variationen von 3,6—18,8, bei ausgesprochen wässerigen Entleerungen 3,8 bis
37,3% des Gesamt-N im Kot als Ammoniak-N. Eine einfach zu deutende
Beziehung zur titrierbaren Acidität, etwa im Sinne eines Antagonismus,
ist auch nicht sicher zu erkennen. Hohe wie niedrige Aciditäten können
mit hohen oder geringen NH_3-Mengen kombiniert vorkommen. Ein gewisser Zusammenhang aber scheint mit der Ernährung zu bestehen, indem mit steigendem Eiweißangebot auch eine Tendenz zur Vermehrung
des Kotammoniaks hervortritt, die selbstverständlich nicht entfernt
einer Proportionalität entspricht (GAMBLE, TALBOT-GAMBLE).

Wir haben die Durchwanderung der Darmschleimhaut durch genuines
Kuhmilcheiweiß nur für Fälle schwerer Diarrhöe und Atrophie als erwiesen ansehen können. Was schützt das Flaschenkind unter normalen
Verhältnissen vor dem Durchtritt von Eiweiß in die Blutbahn? Es wurde
bereits früher auf die weit größeren Sekretionsleistungen und die in glei-
chem Sinne sprechenden höheren Tryptasemengen im Stuhle bei künstlicher Ernährung hingewiesen. Durch größere Mengen Verdauungssekret
und größere Fermentmengen bewältigt also das Flaschenkind die gegenüber dem Brustkinde aus quantitativen Gründen fast immer wesentlich
höheren Ansprüche an seine Eiweißverdauung.

Bleibt diese Mehrleistung ohne Folgen? Diese Frage muß verneint
werden, denn jene große Sekretmengen sind es, die die Voraussetzung
zum Zustandekommen der Kalkseifenstühle und des Milchnährschadens
bilden, wie später ausgeführt werden wird. *Es ist also nicht das Versagen
des proteolytischen Vermögens, wie* BIEDERT *glaubte, sondern es ist gerade
die erfolgreiche Vollbringung der kompensatorischen Mehrleistung, die zum
Schaden führt, wenn bei unzweckmäßiger Ernährungsweise die Anpassung
gelingt.*

Der Abbau der Nucleine ist offenbar schon im Darme des Säuglings
möglich. LUKÁCZ hatte auf Grund der Probe von SCHMIDT-KASHIWODA,
die im mikroskopischen Nachweis gefärbter Zellkerne besteht, dieser An-

nahme widersprochen. Durch Purin-Bilanzversuche von EINECKE wurde aber dargetan, daß dieser Einspruch unberechtigt ist, und daß die Bauchspeicheldrüse des Säuglings kernlösende Eigenschaften besitzt. Der Kotverlust beträgt nur 12—14% des zugeführten Purin-N. Also enthält der Pankreassaft des Säuglings Nucleasen.

Literatur.

Zusammenfassende Darstellungen:

ABDERHALDEN: Abbau der Proteine. In: Handbuch der Biochemie von OPPENHEIMER, 2. Aufl. 1. Jena: Gustav Fischer 1923.

BRIGL: Tierfermente. In: HOPPE-SEYLER, Physiologische und pathologisch-physiologische Analyse. Berlin: Julius Springer 1924.

COHNHEIM: Chemie der Eiweißkörper, 3. Aufl. Braunschweig: Vieweg 1911. — Verdauung und Aufsaugung. Nagels Handbuch der Physiologie. 2. Braunschweig: Vieweg 1907.

ENGEL-HECKER: Milchgerinnung. Handbuch der Biochemie von OPPENHEIMER, 2. Aufl., 4. Jena: Gustav Fischer 1925. — EULER: Chemie der Enzyme, 2. Teil. München-Wiesbaden: J. F. Bergmann 1926.

FULD: Milchgerinnung durch Lab. Ergebnisse der Physiologie von ASHER-SPIRO, 1 (1902).

LOEB, JACQUES: Die Eiweißkörper. Berlin: Julius Springer 1924.

OPPENHEIMER: Fermente 2. Leipzig: Thieme 1926.

PFAUNDLER: Physiologie der Pflege und Ernährung des Neugeborenen. München: J. F. Bergmann 1924.

STARLING-PINCUSSEN: Die Resorption vom Verdauungskanal aus. Handbuch der Biochemie von OPPENHEIMER, 2. Aufl. , 5. Jena: Gustav Fischer 1925.

TOBLER: Über die Verdauung der Milch im Magen. Erg. inn. Med. 1 (1908).

WILLSTÄTTER: Untersuchungen über Enzyme 2. Berlin: Julius Springer 1928.

Einzelarbeiten:

ANTONINO: Kaseinolytische Wirkungen im Darmsaft und tierischen Geweben. Biochem. Z. 136 (1923).

BEHRENS: Über einen Fall von alimentärer Intoxikation durch Eiweißüberfütterung bei Kohlehydratkarenz. Mschr. Kinderheilk. 21 (1921).

COMBY: Anaphylaxie alimentaire. Arch. Méd. Enf. 27 (1924). — COUDAT: Etat de choc chez un nourrisson après l'ingestion d'eau albumineuse. Ebenda 27 (1924).

EINECKE: Über die kernlösende Fähigkeit der Säuglingsbauchspeicheldrüse. Mschr. Kinderheilk. 35 (1927).

FRÄNKEL, S.: Über die Produkte prolongierter tryptischer Verdauung des Caseins. Biochem. Z. 145 (1924). — FREUDENBERG-STERN: Über Eiweißverdauung beim Säugling. Jb. Kinderheilk. 106 (1924).

GYOTOKU: Über den Einfluß des Fiebers auf die Pankreassaftsekretion. Tokio, Ig. Kw. Z. 36 (1922) (nach Referat).

HAYASHI: Über den Übergang von Eiweißkörpern aus der Nahrung in den Harn bei Albuminurie der Kinder. Mschr. Kinderheilk. 12 (1914). — Über die Durchlässigkeit des Säuglingsdarms für artfremdes Eiweiß und Doppelzucker. Ebenda 12 (1914). — HELLER: Über Eiweißverdauung beim Säugling. Jb. Kinderheilk. 98 (1922). — HOOBLER: Some early symptoms suggesting protein sensitisation in infancy. J. diseas. Childr. 12 (1916).

Inichoff: Chemische Wirkung des Labferments. Biochem. Z. 131 (1922).

Karger-Peiper: Über Fleischverdauung im Säuglingsalter. Jb. Kinderheilk. 91 (1920). — Kleinmann: Zur Kinetik der tryptischen Spaltung. Biochem. Z. 177 (1926).

Lukács: Trypsin secretion of infants. J. diseas. Childr. 31 (1926). — Trypsinstudien insbesondere bei rachitischen Säuglingen. Mschr. Kinderheilk. 31 (1926). — Über die kernlösende Fähigkeit der Säuglingsbauchspeicheldrüse. Ebenda 33 (1926).

Moro: Bemerkungen zur Lehre von der Säuglingsernährung. Jb. Kinderheilk. 83 (1916). — Park: Hypersensitiveness to cows milk. J. diseas. Childr. 19 (1920).

Rhonheimer: Beitrag zur Ätiologie der Überempfindlichkeit gegen Kuhmilch. Jb. Kinderheilk. 94 (1921). — Rosenow: Wirkung der Galle auf die Verdauung des Eiweißes. Biochem. Z. 159 (1925).

Schloss-Worthen: The permeability of the gastro-enteric tract of infants to undigested protein. J. diseas. Child. 11 (1916). — Schricker: Beitrag zur Frage der Kuhmilchidiosynkrasie. Arch. Kinderheilk. 68 (1921). — Stone-Alsberg: Rennin coagulation of milk. J. biol. Chem. 78 (1928).

Tanaka: Der Einfluß von Eiweißanreicherung der Nahrung beim Säugling auf den Stoffwechsel. Jb. Kinderheilk. 87 (1918).

Weber-Gesenius: Proteasen und proteolytische Hemmungskörper. Biochem. Z. 187 (1927). — Wohlgemuth-Sugihara: Aktivierung und Hitzebeständigkeit von Fermenten. Ebenda 163 (1925).

Zelinsky-Gawrilow: Zur Frage des anhydridaritgen Charakters der Eiweißstoffe. Ebenda 182 (1927).

V. Kohlenhydratverdauung.

Es ist nachgewiesen, daß der Säugling einen hohen Bedarf an Kohlenhydraten in der Nahrung hat. Diese Tatsache schränkt eine unberechtigte Auslegung des Isodynamiegesetzes ein, als ob die Kohlenhydrate isodynam durch Eiweiß oder Fett in der Nahrung unbegrenzt ersetzbar seien. Der Säugling hat vielmehr einen nicht rein aus kalorischen, sondern aus funktionellen Gründen zu erklärenden Kohlenhydratbedarf, der eine gewisse Minimalzufuhr unbedingt erheischt. Das Optimum wird in der praktischen Säuglingsernährung zwischen 5 und 10% der Nahrung angenommen. Dieser hohe Bedarf zeigt, wie wichtig das ungestörte Arbeiten der Verdauung und Resorption der Kohlenhydrate für den Säugling ist.

Die Milch enthält das besondere Kohlenhydrat des Milchzuckers, der gewissermaßen den physiologischen Zucker in der Säuglingsernährung darstellt. Eine verflossene Epoche derselben leitete hieraus die Folgerung ab, daß die künstlichen Nahrungen sich besonders zweckmäßig dieses Zuckers zu bedienen hätten. Der Milchzucker spielt hier aber sicher keine Sonderrolle, er kann mit sogar besserem Erfolge in der künstlichen Ernährung durch andere Kohlenhydrate ersetzt werden, wie die Erfahrung gelehrt hat.

Im intermediären Stoffwechsel ist der Milchzucker ebenso wie der

Rohrzucker nicht verwertbar, nur die bei seiner Spaltung entstehenden Monosaccharide werden assimiliert. Selbst bezüglich des Spaltstückes Galaktose gibt es häufig nicht beachtete Besonderheiten. Der Hund mit *Eck*fistel verliert 79% von zugeführter Galaktose im Harn (DRAUDT). Lactose und Galaktose bedürfen bei ihrer Verwertung der Mitwirkung der Leber (FISCHLER). Lactosefütterung wird also bei Leberschädigung besonders leicht zu Glykosurie führen, worauf ja die Galaktoseprobe von BAUER beruht. Diese Tatsache lehrt, daß Glykosurie bei Milchernährung vorsichtig zu bewerten ist. Es ist unzulässig, aus solcher ohne weiteres auf „erhöhte Permeabilität" zu schließen. Ganz besonders darf dies dann nicht geschehen, wenn nicht festgestellt ist, ob der ausgeschiedene Zucker wirklich Lactose ist. Diese Feststellung aber ist mit den Mitteln, welche gewöhnlich angewendet werden, einschließlich der Osazonprobe nicht so sicher, wie wohl angenommen wird. SCHLOSS bestreitet neuerdings strikt, daß bei Ernährungsstörungen vorwiegend Lactose ausgeschieden werde, indem er methodisch besonders sorgfältig vorgeht. Nach ihm liegt überwiegend Glykose vor, die bisweilen von Lactose begleitet wird. Die Zufuhr von 12% Milchzucker in der Nahrung soll aber bei Dystrophie häufig den Übertritt von Milchzucker bewirken. Wiederholt wurde Galaktose im Harn von Säuglingen nachgewiesen (L. F. MEYER, GÖPPERT). THEOPOLD fand bei einem Ruhrfall, bei welchem die Sektion eine Fettinfiltration der Leber aufzeigte, bei ausschließlicher Zufuhr von Milchzucker Dextrose im Harn. Ehe wir uns den Darmvorgängen zuwenden, möge ein Vergleich der Assimilationsgrenzen der verschiedenen Kohlenhydrate beim Säugling die hier bestehenden Unterschiede darstellen. ASCHENHEIM macht folgende Angaben, an denen das Auffällige ist, wie hoch die Zahlen beim Säugling im Vergleich zu denen des älteren Kindes und des Erwachsenen sind.

Toleranzgrenze für	g pro kg	Ausgeschieden
Galaktose	etwa 4	Galaktose
Dextrose	8—12	Dextrose
Lävulose.	4—5	Lävulose
Lactose	6 – 8	neben Lactose auch gärfähiger Zucker
Saccharose	6—8	Saccharose und Hexosen

Nun hat auch diese klinisch bisweilen verwendete Prüfung der Toleranzgrenze ihre Mängel. Von Bedeutung für die gefundenen Werte ist sehr die Konzentration des Zuckers, d. h. die Menge Wasser, in der er bei der Zufuhr aufgelöst wurde. Hohe Konzentrationen führen bei gleichen absoluten Mengen leichter zur Ausscheidung (UTTER). WORINGER empfiehlt 5%ige Rohrzuckerlösung zu geben, nach Belieben trinken zu lassen, die aufgenommene Menge zu bestimmen und in Beziehung zur Ausscheidung zu setzen. Es wird berechnet, wieviel in Prozenten der Einfuhr wieder im Harn verloren geht. Die so gewonnenen Zahlen schwanken bei Toxikosen zwischen 0,14 und 15,9% der Zufuhr. Es werden Kurven verfertigt, die zugleich „Kurven der Darmpermeabilität" darstellen sollen. Diesem Vorschlag steht die Tatsache entgegen, daß der die Toleranzgrenze überschreitenden Menge zugeführter Saccharose nicht eine gesetzmäßig bestimmte Menge ausgeschiedener Saccharose entspricht, für welches Verhältnis WORINGER engbegrenzte Zahlengrößen angenommen hatte. Ferner zeigte UTTER, daß die Bedingungen der Ernährung weitgehenden Einfluß auf die Assimilationsgrenze haben. Casein, Eier, besonders in gekochtem Zustande, 10%ige Sahne erhöhen die Toleranz. Sodazugabe beim Toleranzversuch setzt sie herab. Die Erklärung hierfür, daß Alkali die Pankreassekretion herabsetze, kann diese Erscheinung allerdings nicht erklären, denn der Duodenalsaft enthält nach meinen Beobachtungen keine Saccharase. In Wirklichkeit gibt es also nicht einen absoluten Wert der Toleranzgrenze, sondern diese hängt von einer Reihe begleitender Umstände ab und ist eine wechselnde, keine für ein bestimmtes Individuum und Alter konstante Größe. Damit soll nicht gesagt sein, daß man nicht vergleichende Versuche unter analogen experimentellen Bedingungen, am besten am gleichen Kind bei verschiedenen Zuständen anstellen dürfe. Es kann auch die Beobachtung, daß vorher ernährungsgestörte Säuglinge bei geringerem Angebot schon Zucker durchtreten lassen (HAYASHI), anerkannt werden. Nur wird es sich empfehlen, in der Deutung solcher Befunde etwas vorsichtiger vorzugehen, als es bisher meistens geschehen ist.

Vielfach wurde versucht, mit Hilfe der Glykämiekurve über die Zuckerassimilation Aufschluß zu erhalten. Auch hier läßt sich feststellen, daß gewisse Tatsachen als sicher nachgewiesen gelten können, während die Deutung durchaus nicht einfach ist. Die Glykämiekurve nach einer Frauenmilchmahlzeit verläuft gesetzmäßig anders als nach einer Kuhmilchmahlzeit (KEILMANN-ROSENBUND, JÄGER-WELCKER). Bei Frauenmilch zeigt sich ein steiler Anstieg, dem ein ebenso rascher Abfall wieder folgt, während im zweiten Falle eine wesentlich spätere, geringere Erhebung sowie ein Hinziehen über längere Zeit bemerkbar ist. Es kann auch als erwiesen gelten, daß für diese Verzögerung der Hyperglykämie die Molke, und zwar wahrscheinlich ihr Salzanteil verantwortlich zu machen ist, wenigstens im Sinne eines mitwirkenden Faktors (KEILMANN). Die Hypothesenbildung fängt an, sobald diese Dinge auf das Darmepithel bezogen werden, und sobald statt von „Glykämiekurven" von „Resorptionskurven" gesprochen wird, denn hierin liegt einfach ein Übersehen der Tatsache, daß die Glykämiereaktion in ganz einschneidender Weise von intermediären Prozessen mitbeeinflußt wird, wie Säurebasenhaushalt, Phosphatstoffwechsel, Zustand der Leber. Die bis jetzt vorliegenden Experimente reichen noch nicht aus, um die Rolle der Resorption und des Intermediärstoffwechsels hier auseinanderhalten zu können.

Was wissen wir über die Vorgänge im Darm selbst? Die Verhältnisse beim Embryo fanden namentlich durch IBRAHIM und seine Schüler eine systematische Bearbeitung, aus der hervorging, daß Saccharase sehr früh und zwar im 4. Fetalmonat auftritt, Lactase erst spät, im 8. So wird es verständlich, daß Lactase bei Frühgeburten zur Zeit der Geburt fehlen kann. Auch Maltase erscheint vor der Lactase. Amylase findet man vom 6. Fetalmonat an.

Ist das verdauende Fermentsystem des Neugeborenen völlig fertig? Genügt das des Säuglings allen Anforderungen?

Mit diesen Fragen tritt uns das Problem der Fermentanpassung entgegen, das gerade bei den Carbohydrasen eine bedeutende Rolle in der Literatur gespielt und letzten Endes zur Aufstellung des Begriffes „Abwehrfermente" Veranlassung gegeben hat. Bekanntlich hat WEINLAND gefunden, daß das Pankreas von erwachsenen Hunden, aber nicht das von jungen Hunden Lactase enthalte. Durch Fütterung der alten Tiere mit Milchzucker gelinge es, auch bei diesen Lactasebildung anzuregen. Hier soll nicht das Für und Wider an dieser Angelegenheit verfolgt werden, zumal die Verhältnisse beim Menschen ganz anders liegen. IBRAHIM-KAUMHEIMER haben gezeigt, daß es beim Säugling eine Pankreaslactase nicht gibt, und ich kann auf Grund von Untersuchungen von Duodenalsäften dem beistimmen. Ich fand dort nie Lactase, ebensowenig wie Saccharase. Das Pankreas kommt also beim Säugling weder als Produktionsstätte von Lactase in Frage, noch braucht eine Anregung dieser Stelle zur Produktion vom Darm aus durch Milchzucker angenommen zu werden. Wenn schon an Anregung gedacht wird, so wird es viel leichter verständlich, daß der Darm selbst in seiner Fermentproduktion durch das entsprechende Kohlenhydrat, das mit ihm in Kontakt kommt, gereizt wird. In diesem Sinne verdankt man WEINLAND den Nachweis der Entstehung von Lactase im Darme des Huhnes und des erwachsenen Kaninchens, dem sie sonst fehlen, durch Milchfütterung. Analoge Befunde stammen von FOA und BOMPIANI. Angesichts dieser Tatsachen erhebt sich die Frage, ob auch der Darm des Neugeborenen einer solchen Anregung bedarf, zumal bei ihm Lactosurie nicht ganz selten gefunden wurde.

ROSENBAUM unterscheidet in einer Untersuchung über die Milchzuckerausscheidung beim Neugeborenen diejenige Lactosurie, die innerhalb der ersten 2 oder 3 Lebenstage auftritt, von der später zu beobachtenden. Jene soll zustande kommen, wenn am 1. oder 2. Lebenstage mehr als 50 ccm Frauenmilch zugeführt werden, für diese wird der Gewichtsverlust verantwortlich gemacht. Die Möglichkeit einer Trennung der Lactosurie in mehrere Formen muß bei den klinisch so gänzlich ver-

schiedenartigen Bedingungen, unter denen sie erfolgen kann, durchaus
bejaht werden. Hier interessieren diejenigen Lactosurien, die in 40% der
Fälle bei den Neugeborenen auftreten sollen, und bei welchen eine Ab-
hängigkeit von der Nahrungszufuhr nachweislich ist. Hier liegt das gleiche
Verhalten vor wie bei den Frühgeburten, bei denen auch erst die Ernährung die Lactasebildung anregt. Es ist auch von Bedeutung, daß die
Colostralmilch einen niedrigen Gehalt an Milchzucker besitzt, der erst am
Ende der 1. Woche auf seine volle Höhe zu kommen pflegt. Es ist also
physiologisch beachtenswert, daß die Lactase nicht sofort in hohem
Maße in Anspruch genommen wird. An einem anderen Material hat
NOTHMANN gezeigt, daß mit einer adaptiven Lactasebildung gerechnet
werden muß. Er beobachtete folgendes Verhalten „gesunder", regelmäßig zunehmender, in ihren Verdauungsfunktionen nicht gestörter Frühgeburten: die Kinder schieden Milchzucker im Harn nicht aus, wenn sie
ein gewohntes Nahrungsquantum erhielten. Wurde nun plötzlich von
einem Tag zum anderen die Nahrungsmenge sprunghaft erhöht, so war
Lactosurie nachzuweisen. Im Stuhl war in diesen Fällen Lactase bei
qualitativer Prüfung zu finden. NOTHMANN trennt diese Art von Lactosurie vollkommen von der bei akuten Störungen, besonders Intoxika-
tionen, vorkommenden. Eine weitere Form von Lactosurie bei Brustkindern jenseits der Neugeborenenperiode beschrieb RIETSCHEL. Kinder,
deren Mütter sich als Ammen verdingten, wurden 2, bisweilen sogar
3 Tage auf Teediät gesetzt. Wurde nun den Kindern gestattet, nach den
Hungertagen nach Belieben an reich ergiebigen Ammenbrüsten zu trinken, so trat Lactosurie auf. Wenn die Hungerperiode nicht mit Voll-
ernährung abgebrochen wurde, sondern die Kinder behutsam steigend
kleine Nahrungsmengen bekamen, so unterblieb die Lactosurie. Auch
hier ist die Annahme einer Anpassung der Fermentproduktion weitaus
die beste. Hunger schädigt diese, so wie jedes untätige Organ herabgesetzte Funktionen und Leistungsfähigkeit aufweist. An der VELLA-
Fistel z. B. hat FOA den Funktionsausfall, der durch die Gebrauchs-
ausschaltung erfolgt, bezüglich der Peptolyse untersucht. WORINGER
findet nach alimentärer Intoxikation dann Lactosurie, wenn er vom
Wasser-Zuckerregime auf Frauenmilch übergeht. Auch hier liegt eine
plötzliche Belastung nach dem längeren Ausfall der Funktion vor. Doch
sind die Verhältnisse infolge der vorhergehenden schweren Erkrankung
viel undurchsichtiger. Dies ist auch beim Pylorospasmus der Fall, bei
dem Lactosurie nichts Seltenes ist. Meist wurde der Befund im Zusammenhang mit katastrophalen Gewichtsstürzen und toxischen Zuständen erhoben und mit der angenommenen Steigerung der Permeabilität des Darmepithels in Konnex gesetzt. Bei Pylorospasmus hat aber
das Auftreten von Lactosurie durchaus nicht solche Vorgänge zur Voraussetzung. Man kann hier Zucker auch ohne Gewichtsstürze und Darm-

symptome im Urin finden. Es ist wahrscheinlich, daß hier die überaus wechselnden Verhältnisse der Ernährung bis zur Inanition, die das starke Erbrechen mit sich bringt, von wesentlicher Bedeutung sind.

Daß eine Beziehung zwischen Exsiccation und Lactosurie besteht (ROSENBAUM), ist sehr wahrscheinlich. Die Gewichtsabnahme beim Neugeborenen ist mehr minder ein anhydrämischer Zustand, wie solche auch beim schweren Pylorospasmus, bei der Intoxikation und beim Durstfieber auftreten. Bei allen diesen Zuständen wird relativ häufig die alimentäre Lactosurie gefunden. Die Schwierigkeiten beginnen, wenn nach Deutungen für diesen Zusammenhang gesucht wird.

Für die Erklärung der Lactosurie wird gewöhnlich die erhöhte Darmpermeabilität verantwortlich gemacht, diese selbst aber dadurch für gegeben erachtet, daß Disaccharid übertritt. Die logische Mangelhaftigkeit solchen Vorgehens ist offensichtlich. Wenn von „gestörtem Funktionszustand" des Darmepithels die Rede ist, so genügt dies auch nicht, wenn nicht genau definiert wird, worauf die Störung beruht, und wie sich die Lactosurie aus ihr ableitet. In einem negativen Urteil sind sich allerdings fast alle, die ihre Meinung hierüber äußerten, einig. Die Funktionsstörung kann nicht bestehen im Mangel der die Saccharide spaltenden Fermente. *Allerdings ist diese Ablehnung gänzlich ungenügend begründet worden,* nämlich dadurch, daß in einigen qualitativen Fermentversuchen Lactase gefunden wurde. Der qualitative Nachweis des Fermentes besagt für diese Frage etwa ebensoviel, wie wenn man die positive oder negative Stoffwechselbilanz einer Substanz durch qualitative Reaktionen auf sie in den Sekreten und Einnahmen beurteilen wollte. Heutzutage müssen quantitative Fermentmessungen verlangt werden, wenn es sich um die Frage handelt, ob genug an einem Ferment geliefert wird, dessen Mangel für eine bestimmte Störung Bedeutung haben kann. Qualitative Proben entsprechen dem Stande der Forschung vor eineinhalb Dezennien; es ist Zeit, weiterzugehen.

Die Messung der Fermentmenge ist gerade in dieser Frage aber besonderen Schwierigkeiten unterworfen, weil wir wissen, daß die Lactase nur teilweise in das Darmlumen hinein sezerniert wird und in Chymus und Kot übergeht. Ein weit größerer Teil bleibt sicher im Epithel zurück, in dem stets mehr als in den Darmsekreten gefunden wurde. RÖHMANN glaubt sogar, daß Lactase und Saccharase nur intracellulär wirkten, welcher Anschauung EULER sich nicht voll anschließt, indem er von Enzymwirkung an Zelloberflächen, die vom Substrat berührt werden, spricht. Immerhin ist klar ersichtlich, daß ein wesentlicher Teil der Wirkung selbst durch quantitative Messung des in den Kot übergehenden Anteils der Fermente nicht erfaßt werden kann. Wir können also nach den bisher vorliegenden Beobachtungen nicht schließen, daß der Fermentbestand bei Lactosurie unverändert ist. Die „Permeabilitätsstörung"

könnte man zu verstehen versuchen als morphologische Veränderung
etwa im Sinne der Befunde von ADAM-FROBÖSE. Ob solchen Vorkommnissen aber größere Verbreitung und namentlich vitale Bedeutung zukommt, erscheint noch nicht genügend sichergestellt.

Ein anderer Weg, um zu einem Verständnis der Darmvorgänge zu
gelangen, ist die Untersuchung der Wirkungsbedingungen der Fermente.
Die Abb. 33—35 geben die Verteilung der Wirkungsfelder der Saccharase

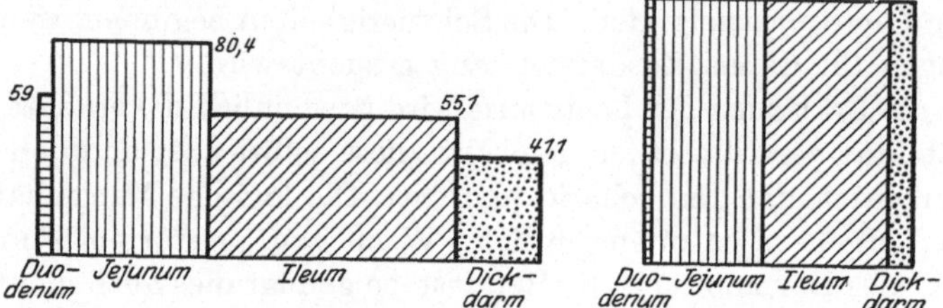

Abb. 33 und 34. Milchzuckerspaltung im Darme.

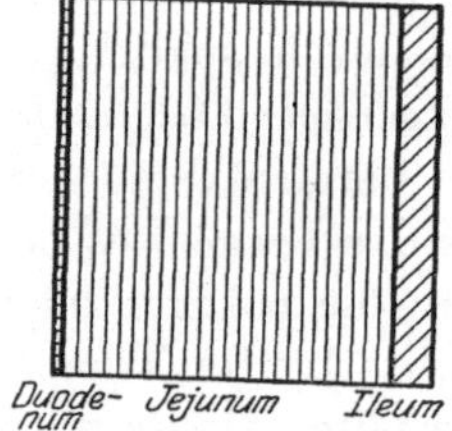

Abb. 35. Rohrzuckerspaltung
im Darme.

und Lactase im Darm an. Die Flächen sind konstruiert nach Messungen der Wirkungsstärken der
Fermente in den einzelnen Darmteilen und nach
den Angaben über die relativen Größen der Darmabschnitte (GUNDOBIN). Wie ersichtlich, wirkt die
Saccharase ganz vorwiegend im Jejunum, auch
hier im oberen Teile stärker als im unteren (RÖH-
MANN, EULER), das Ileum ist nur wenig beteiligt. Bei der Lactase verteilt sich die Spaltungs-
tätigkeit gleichmäßiger auf Jejunum und Ileum,
auch das Kolon weist noch etwas Wirkung auf. Damit ist die Meinung,
die Lactase sei in ihrem Vorkommen auf eine schmale Zone im oberen
Dünndarm beschränkt, widerlegt. Über die p_H-Optima von Darmsac-
charase und Darmlactase liegen folgende Angaben vor:

Saccharase (menschlicher Darm) EULER.

| p_H | | Relative Geschwindigkeit |
Versuchsbeginn	Ende	der Spaltung
4,5	5,25	100
6,6	6,84	100
7,5	7,48	78
8,0	7,95	57
4,2	4,40	84
6,6	6,80	100
7,5	6,89	80
8,0	7,63	70
8,5	7,98	63

Menschendarm-Sac-
charase hat also nur ein
sehr flaches Optimum
des p_H, von 4,5—6,8 ist
die Wirkung gleich. Es
ist also nicht möglich,
daß Verschlechterun-
gen der Wirkung der
Saccharase dadurch
eintreten, daß saure
Gärungen mit Chymus
eine höhere Acidität

geben. Der Befund von
UTTER, daß bei Verabreichung von Soda und Saccharoselösung leichter Saccharosurie auftritt, wäre eher mit einer Verschiebung ins alkalische Gebiet, die der Wirkung nicht mehr günstig ist, in Verbindung zu bringen. Beträgt doch die h von Sodalösungen etwa p_H 11. Selbstverständlich aber ist auch

Kalbslactase FREUDENBERG-HOFFMANN.

p_H (Phosphatpuffer)		Relativer Umsatz
Versuchsbeginn	Ende	
4,1	5,3	100
4,9	5,2	72
5,7	5,9	77
6,5	6,7	55
7,5	7,5	52
(Lactatpuffer)		
2,4		9
3,2		28
4,0		76
4,9		100
5,9		84
6,5		60
6,8		56
7,2		46

an die Möglichkeit einer direkten Beeinflussung des Darmepithels zu denken, etwa im Sinne erhöhter Quellungen, wie sie stärkere Alkalescenz hervorbringt, da angenommen wurde, daß hierdurch eine erhöhte Durchlässigkeit des Darmkanals entstehen kann. Die Lactase hat ihr Optimum bei p_H 4—5, bei p_H 6 besteht noch ungefähr 80% der Wirkung, bei p_H 7 noch etwa die Hälfte. Also auch hier ist der Abfall nach dem Neutralpunkt zu recht sanft. Im ganzen Dünndarm, am besten in dessen oberen Teilen, können Spaltungen erfolgen. Eine Verschlechterung derselben durch saure Gärung aus rein reaktionskinetischen Gründen ist nicht denkbar. Die Spaltungen durch die beiden Fermente erfolgen wohl hauptsächlich beim Kontakt der Zuckerlösung mit der Zelloberfläche, wie man daraus schließen kann, daß die Hydrolyse der Disaccharide schon dadurch zustande kommt, daß man Darmstücke in ihre Lösung einlegt (EULER). Außerdem wird Ferment von der Schleimhaut in das Lumen des Darmkanals abgegeben. Es ist anzunehmen, daß dies jedoch kein Akt echter Sekretion ist, sondern daß Granula in das Darmrohr übertreten. Scharf zentrifugierte Säfte zeigen verminderte Wirkungsfähigkeit. Die in den Darm entleerten Fermentmengen erscheinen dann wenigstens teilweise im Stuhl wieder.

Die Darmlactasen finden im artgleichen Molkenmedium bessere Wirkungsbedingungen (FREUDENBERG-HOFFMANN). Die Unterschiede sind sehr stark. Kalbslactase erreicht in Frauenmilchmolke nur die Hälfte bis zu $^3/_4$ des Umsatzes wie in Kuhmilchmolke. Bei Säuglingslactase ist der Endwert in Kuhmilchmolke 60—70% von dem in Frauenmilchmolke erreichten. Diese Unterschiede existieren aber nur bei jungen Brustkindern, nicht bei älteren, künstlich ernährten Säuglingen, bei denen die Ergebnisse wechselnde sind. In Säuremolken waren die Unterschiede im Gegensatz zu den Labmolken verwischt. Diese Feststellung nimmt den

Beobachtungen nicht ihre praktische verdauungsphysiologische Bedeutung. Es war früher ausgeführt worden, daß beim jungen Säugling vorwiegend Labgerinnung, weniger Säuregerinnung zu erwarten ist. Auf Unterschieden in der Spaltbarkeit des Milchzuckers im homo- und heterologen Molkenmedium beruhen auch die von FREUDENBERG-SCHOFMANN gefundenen Differenzen in der Resorption des Milchzuckers von Kuhmilch- und Frauenmilchmolke aus überlebenden Kälberdärmen. Dort erfolgt die Spaltung rascher als hier, deshalb erfolgt auch dort die Resorption schneller, denn der ungespaltene Milchzucker wird sehr viel schlechter als seine Spaltprodukte resorbiert (RÖHMANN).

DAVIDSOHN verglich die Wirkung der menschlichen Lactase in Kuhmilchmolke, in auf $^1/_3$ verdünnter Molke, in wässeriger Milchzuckerlösung, in enteiweißter Kuhmilchmolke und in solcher mit Zusatz von Molkenalbumin. Die angegebenen Zahlen sind Mittelwerte aus 3—4 Versuchen. Die Zuckerkonzentration beträgt überall 3,62%, p_H beträgt 5, Pufferung mit Acetat.

Umsatz nach Stunden:	1.	2.	3.	4.
Kuhvollmilchmolke	14	32	45	58
1/3·Molke	29	63	71	88
Wasserlösung von Milchzucker. . .	23	40	50	71
Enteiweißte Kuhmilch-Vollmolke .	24	53	64	74
Ebenso mit 0,3% Molkenalbumin .	12	25	35	57

Hieraus ergibt sich, daß der in Kuhvollmolke sich vollziehende Umsatz durch Verdünnen gefördert wird. Dieses Resultat steht in Übereinstimmung damit, daß Frauenmilch wesentlich bessere Umsatzbedingungen bietet als Kuhmilchmolke. Daß der Umsatz im Wasser schlechter ist, erklärt sich aus dem hier herrschenden Mangel fördernde Salze, als welche FREUDENBERG-HOFFMANN die Phosphate erkannt hatten. Auch die Enteiweißung scheint die Lactasewirkung zu begünstigen, wie namentlich der Kreuzversuch mit dem Zusatz von Molkenalbumin zeigt. Caseinzusatz bewirkte keine Hemmung, weder im Milchzuckerwasser, noch in enteiweißter Molke, jedoch dürfte Casein bei p_H 5 sehr wenig löslich sein.

Diese Versuche zeigen, daß artfremde Nahrung beim jungen Säugling die Tätigkeit der Lactase ungünstig beeinflußt, daß Verdünnen diese Hemmung aufhebt, daß an der Hemmung außer den Molkensalzen auch das Molkenalbumin oder aber ein bei der Albuminfällung mitgerissener hemmender Stoff schuld sind. Diese Zusammenhänge zeigen nun enge Beziehungen zu den Erfahrungstatsachen der Ernährungslehre des Säuglings. Die höhere Gefährdung durch Kuhmilch, der Vorteil der Verdünnungsmaßnahmen sind auffällige Analoga. Was bei den Proteasen bisher nicht gelang, einen Nachteil in der fermentativen Spaltung der artfremden Nahrung als solcher zu zeigen, das ist hier bei Lactase und Milchzucker gelungen. Wir können diese Tatsache des nachteiligeren Milieus keineswegs für bedeutungslos halten. Wo die ungünstigeren Bedingungen liegen, da entsteht leichter ein Ausfall, wenn noch weitere Schädigungen hinzutreten. Solche sind Überfütterung, Infektionen, Hitze, Unterernährung und Hunger mit ihrer die Konstitution schädigenden Wirkung. Alle diese Umstände vermögen die enzymatischen Fähigkeiten herabzusetzen. Diese Herabsetzung führt zur Verlangsamung der Verdauung, damit aber zu Rückständen und Resorptionsverzögerung, die dann an sich oder auch durch Vermittlung bakterieller Prozesse zur Diarrhöe führt. Im übrigen muß angenommen werden, daß stets etwas Milchzucker ungespalten den Dünndarm verläßt und im Dickdarm den Bakterien anheimfällt. Beim gesunden Kinde findet man keinen Milchzucker im Stuhl, wohl aber bei Durchfällen schwereren Grades. Hier müssen also große quantitative Unterschiede in der Menge des Milchzuckers, der den Dickdarm erreicht, vorhanden sein. Daß kleine Spuren normaliter in den Dickdarm übertreten, beruht nicht auf schwerer Verzögerung der Milchzuckerspaltung und damit verbundener Resorptionshemmung, es ist ein für den Gesamtablauf der Verdauung sicher nicht schädlicher, vielleicht sogar ein nützlicher Vorgang. Er bietet jedenfalls keinerlei Grund, grobe Retardationen der Lactasewirkung als bedeutungslos aufzufassen.

In der Säuglingsernährung werden außer Milch- und Rohrzucker vielfach Polysaccharide angewendet. Sie gelangen in verschiedenen Formen zur Anwendung, einerseits als Schleime, d. h. Abkochungen von ganzen oder grob geschroteten Fruchtkörnern von Hafer, Gerste oder Reis, andererseits als Mehlabkochungen. Den Mehlen näher als der Grütze stehen die durch mechanische Prozeduren vorbereiteten und dadurch erhöht aufschließbaren Haferflocken. Die bei der Herstellung der Schleime üblichen langen Kochzeiten bewirken die Verkleisterung der Stärke, die dem fermentativen Abbau günstig ist. Auch die Stärkemehle können durch protrahiertes Kochen weitgehend aufgeschlossen werden. 10%ige Abkochungen, die eine Stunde gekocht waren, bleiben flüssig, der Kleister erstarrt nicht mehr (RACHMILEWITSCH). Die Angreifbarkeit der Stärkearten, beurteilt nach der Geschwindigkeit der Zuckerbildung durch Pankreasamylase, verläuft in der absteigenden Reihe Hafer, Weizen, Mais, Kartoffel. Gesondert nach der Verflüssigungsgeschwindigkeit ist die Reihenfolge dieser Kohlenhydrate beim Abbau durch Pankreasamylase gerade die umgekehrte (LANG).

Die reine Stärkesubstanz ist kein chemisch einheitliches Produkt. Mehr in der Hülle des Stärkekörnchens befindet sich das Amylopektin, gekennzeichnet durch im allgemeinen schwerere Aufspaltbarkeit, braune statt blaue Jodreaktion, Resistenz gegen komplementfreie Amylase,

Hinterlassung eines Restes von „Grenzdextrinen" beim fermentativen Abbau und konstantem Phosphorgehalt (Samec). Das Amylopektin steht dem tierischen Glykogen mindestens recht nahe. Die zweite Substanz in der Stärke ist die Amylose, die die blaue Jodreaktion gibt und beim Abbau glatt in Maltose überführbar ist, auch der komplementfreien Amylase sich zugänglicher erweist. Beide Substanzen werden als hochkolloide Aggregate einfacher Grundkörper aufgefaßt, das Amylopektin aus den Grundkörpern der Trihexosane, die Amylose aus denen der Dihexosane, welche Anhydrite der Kohlenhydrate Amylotriose und Amylobiose darstellen. Letztere werden zu 100% durch Fermente in Maltose verwandelt. Dextrine gelten nicht mehr als chemische Substanzen, sie sind nach Oppenheimer Gemenge von desaggregierter Stärke mit Hexosanen. In diese Kategorie wären also auch die „dextrinisierten" Kindermehle einzureihen, wie etwa der Nährzucker, die daneben auch Maltose enthalten. Die kolloiden Aggregate, die sich aus den Hexosanen bilden, sind nicht durch chemische Valenzen, sondern durch Nebenvalenzbindung aneinander geschlossen. Die Diastase ist ein aus mehreren Fermenten bestehendes Fermentgemisch, dessen Endprodukt Maltose dann durch die Maltase angegriffen wird. Diese begleitet in der Natur die Amylase fast immer. Auch im tierischen und menschlichen Organismus treten diese beiden Fermente zusammen auf. Im Säuglingsspeichel, der amylasehaltig ist — enthält doch nach Ibrahim schon die Parotis des 6monatlichen Fetus dieses Ferment —, vermißte Allaria jedoch Maltase. Im Pankreas und im Darm treten beide Fermente auf. Maltase ist schon beim Fetus im Darm zu finden (Ibrahim), beim Neugeborenen wurde sie im Jejunum und Ileum (Pautz und Vogel), im Säuglingsstuhl durch Langstein sowie Coerper nachgewiesen. Die Diastase im Speichel fand in neuerer Zeit durch Davidsohn-Hymanson eine experimentelle Bearbeitung. Die Werte sind schwankend, bei jungen Säuglingen niedriger als bei älteren, 300—600 gegenüber 600—1600 Einheiten betragend. Es findet also mit dem Alter eine Mehrproduktion an Ferment statt, *auch die Amylasebildung ist eine werdende Funktion.* Wenn man vom Speichelferment auf dem Wege des Analogieschlusses Folgerungen für die Verhältnisse der Pankreasdiastase zu ziehen sich erlaubt, so wäre auch dort mit einer Mehrbildung mit zunehmendem Alter zu rechnen. Diese Annahme wird sehr wahrscheinlich gemacht durch die von Simchen nachgewiesene erhöhte Bereitschaft jüngerer Säuglinge zur Stärkeausscheidung im Stuhl, wenn Mehl verabreicht wird, wie es die folgende Zusammenstellung (S. 125 oben) angibt. Es kamen in dieser nur darmgesunde Säuglinge zur Verwertung.

Über das Verhalten der Diastase im Darm liegen Untersuchungen im Duodenalsaft und im Kot vor. Nach Waltner nimmt der Amylasegehalt mit dem Alter zu. Das p_H-Optimum, praktisch identisch mit dem

Alter in Monaten:	1. bis 2.	3. bis 4.	5. bis 6.	7. bis 8.	9. bis 12.
% positiver Jodreaktionen im Stuhl	70	45	35	15	0

der begleitenden Maltase, entspricht mit 6,7 der Reaktion, wie sie der mit Chymus nicht vermischte Duodenalsaft selbst besitzt. Das Optimum der Speicheldiastase ist durch Anionen stark beeinflußbar. Allgemein bekannt ist die fördernde Wirkung der Chloride, an denen es im Darmkanal ja nicht gebricht. In Gegenwart von Chlorid haben die übrigen Anionen geringere Bedeutung (MICHAELIS). Man wird noch bis p_H 5 mit einer Wirksamkeit der Diastase rechnen dürfen.

Amylasegehalt des Duodenalsaftes nach DAVISON *und* MASSLOW.

Klinischer Zustand	p_H	Amylase-Einheiten	
		Mittelwert	Grenzwerte
Normal	6,2	17,1	7,6—59,9
Rekonvaleszenz nach Diarrhoe	6,0	19,5	15 —54,9
Diarrhoe (Leichenmaterial)	5,3	1	0 —15,8
Dysenterie	5,1	11,6	0 — 16
Gesund	6,8	570	
Dyspepsie	6—7	180	
Hypotrophie 1. Grades	6,7	360	
Hypotrophie 2. Grades	6,4—6,6	125—250	
Atrophie	6,6	250	

Die Einheiten, welche die beiden Autoren zugrunde legen, sind natürlich nicht die gleichen. Auch hier tritt uns wieder die Tatsache einer verminderten Fermentproduktion entgegen, besonders bei Dyspepsie, jedoch auch bei chronischen Störungen. Beim Erwachsenen liegen ähnliche Befunde von HYRAYAMA vor. Daß die Fermentschwäche der Störung bereits vorausgeht, also in der Ätiologie eine gewisse Rolle spielt, ergibt sich daraus, daß SIMCHEN die Stärkeausscheidung als Vorbote einer Dyspepsie noch vor den ersten schlechten Stühlen gefunden hat. Als Parallele zur Darmdiastase kann das Verhalten der Speicheldiastase nach DAVIDSOHN-HYMANSON angeführt werden. Bei Dyspepsie wurden im Speichel meistens normale Diastasewerte gefunden, dagegen kam bei Dystrophie unter 19 Fällen 7mal sowie 6mal unter 14 schwereren Infekten starke Verminderung zur Beobachtung, die sich erst in der Rekonvaleszenz ausglich. Es ist zu berücksichtigen, daß bei Dyspepsie und Infekten herabgesetzte Speichelsekretion gefunden wurde, so daß außerdem auf dem Wege über eine verringerte Speichelmenge ein Minderbetrag an Fermenten entstehen kann.

Kann Speicheldiastase im verschluckten Speichel im Magen noch wirken? Die Beantwortung dieser Frage hängt von der anderen ab, wie

sich die Aciditätsverhältnisse dort gestalten. Hohe Acidität zerstört die
Amylase. Die niedrige Acidität, welche während eines großen Teiles der
Verdauung beim Säugling herrscht, schließt Amylasefunktion keineswegs
aus. Bei Stichproben, die ich gelegentlich von Magenausheberungen nach
zuckerfreien Schleimmahlzeiten vornahm, bekam ich stets kräftige Re-
duktionsproben. Es kommt nun noch hinzu, daß eine anregende Wirkung
von Proteolyseprodukten für die Amylase nachgewiesen ist (EFFRONT,
TERROINE, SHERMAN, PRINGSHEIM-WINTER). Die wirksamen Produkte
werden mehr bei der peptischen als bei der tryptischen Verdauung gebildet, sie werden also beim Säugling nicht in größerem Maße vorhanden
sein. PRINGSHEIM-WINTER rechnen mit der Entstehung von Konden-
sationsprodukten zwischen Maltose und Eiweißabbaustoffen. Diese Produkte können auch bei einer Reaktion von p_H 5 sich bilden. Casein ist
ebensowohl ein geeignetes Ausgangsmaterial für sie wie Albumine. Die verdauungsphysiologische Wichtigkeit dieser Kondensate hat auch ARON
erkannt, der sie als Erreger von Peristaltik und Sekretion anspricht. Es
handelt sich um „Melanoidine", die durch die Synthese MAILLARDS unter
Reaktion zwischen den Aminogruppen der Aminosäuren und den Alde-
hydgruppen der Zucker entstehen. Diese Substanzen verleihen dem
Malzextrakt Farbe, Geruch und Geschmack, sie sind Erzeuger des Malz-
und Backaromas. Nach ARON ist die Wirkung des Malzextraktes durch
solche Stoffe veranlaßt. Es ist übrigens zu erwarten, daß sie teilweise
auch abhängt von der schweren Spalt- und Resorptionsfähigkeit der
kolloidalen Kohlenhydrate des Malzes, wodurch sie in tiefe Darmabschnitte hinabgelangen. Die Wirkung kann durch RÖSTUNG von Rohrzucker imitiert werden (FREUDENBERG-HELLER).

Die Frage, ob die Cellulose, die schon relativ jungen Säuglingen im
Grießbrei zugeführt wird, den Darm reizen kann und so zu verschlechter-
ter Ausnützung Veranlassung gibt, verneinen PFERSDORFF-STOLTE. Die
Kotverluste sind so geringfügig, daß sie vernachlässigt werden können.

Außer bei der Cellulose, welche als für die Verdauungsfermente un-
angreifbare Substanz unresorbierbar ist, ist die Resorption der Kohlenhydrate im allgemeinen gut. Selbst bei Mehlabkochungen und Breien
entstehen im allgemeinen keine nennenswerten Kotverluste. Am gün-
stigsten liegen die Verhältnisse bei den Zuckern, von denen normaliter
nichts in den Stuhl gelangt. Man kann hiergegen nun einwenden, daß
diese gute Resorption nur eine scheinbare sei, daß der Zucker eben genau
so wie Polysaccharide, soweit sie nicht resorbiert sind, den Darmbakterien anheimfallen und verschwinden muß. Dieser Vorgang spielt sich
tatsächlich ab. Es handelt sich darum zu erfassen, welche quantitative
Bedeutung ihm zuzuerkennen ist.

Im Reagenzglase vermögen 0,5 g Darmepithel-Trockenpulver, die
etwa 2,5 g frischer Schleimhaut entsprechen, in 2 Stunden 0,35 g Milch-

zucker zu spalten (FREUDENBERG-HOFFMANN). Schätzt man die Länge
des Darmstückchens, dem 2,5 g Mucosa entsprechen, grob auf 20 cm,
was mir hoch geschätzt scheint, so würde bei einem jüngeren Säugling
der ganze Dünndarm von 350 cm Länge 43,75 g Milchzucker, wenn alle
Teile in Funktion treten könnten, zu bewältigen vermögen. Dies würde
der völligen Zuckerspaltung in 680 g Frauenmilch entsprechen. Die Verweildauer im Dünndarm beträgt aber nicht 2, sondern meist 7—8 Stunden. Die Milchzuckerspaltung erfolgt im Darm also keineswegs unter
irgendwie angespannten Bedingungen. Und letzten Endes ist bezüglich
der experimentellen Grundlage dieser Rechnung doch anzunehmen, daß
die Anordnung des Vorganges in der Natur zweckmäßiger und besser ist
als im Experiment der oben genannten Autoren.

Gleiches würde sich vom Rohrzucker ausführen lassen. Man kann
daher mit hoher Wahrscheinlichkeit sagen, daß die Ausnützung der löslichen Kohlenhydrate im Darme tatsächlich und nicht nur scheinbar eine
gute ist. Daß bei stürmischen Diarrhöen die Verhältnisse ganz anders
liegen, wurde schon erwähnt. Dann geht tatsächlich dem Körper Kohlenhydrat verloren.

Es gibt noch einen anderen Weg, um unsere Behauptung unter Beweis zu stellen. Der Milchzucker, der im Dickdarm vergoren wird, liefert
Milchsäure und Essigsäure, und zwar pro Mol Zucker 6 Mole von dieser,
4 Mole von jener. Wir wissen weiter, wie groß die Kotmengen sind. Es
werden 3 g pro 100 g Nahrung, also bei 750 g Frauenmilch 22,5 g Kot
anzunehmen sein. Wir kennen weiter die Acidität des Frauenmilch-
stuhles. Allerdings sind die Zahlen, die BLAUBERG gibt, nach seinem
Titrierverfahren, das das gesamte Basenbindungsvermögen mißt, viel zu
hoch. LANGSTEIN ermittelte nach einem etwas abgeänderten Verfahren
Werte, die bis auf $^1/_{10}$ der Angabe BLAUBERGs herabgehen. Gleichwohl
legen wir die Zahlen BLAUBERGs, die mithin als Maximalwerte zu betrachten sind, zugrunde. Hiernach soll die Acidität pro 100 g Stuhl
25 ccm n Natronlauge betragen. Es entsprechen also, wenn wir nur
Milchsäure bzw. nur Essigsäure als Produkt annehmen, der Titration die
folgenden Mengen Milchzucker:

Auf Milchsäure gerechnet: $0,25 \times 22,5 \times 0,25 \times 10^{-3}$ Mole Milchzucker = 0,48 g
„ Essigsäure gerechnet: $0,17 \times 22,5 \times 0,25 \times 10^{-3}$ Mole Milchzucker = 0,33 g

Der wirkliche Wert würde, da beide Säuren entstehen, zwischen
diesen Grenzen also etwa bei 0,4 g liegen. Es würden also etwa 0,8% des
Milchzuckers unresorbiert bleiben und der Gärung anheimfallen. Die
Zahl ist aber bestimmt noch zu hoch. Jedenfalls bestätigt sie unser Ergebnis, daß das lösliche Kohlenhydrat im Dünndarm des gesunden Säuglings recht gut ausgenützt wird.

Zur Berechnung der Verhältnisse bei Dyspepsie möge ein Versuch von
TALBOT-LEWIS dienen, bei welchem bei einer Zufuhr von 336 g Milch-

zucker in einer Periode von 3 Tagen der Säurewert der Gesamtstuhlmenge unter dyspeptischen Symptomen auf 227,2 ccm n Säure ansteigt. Nach der obigen Berechnungsweise würde dies der Vergärung von 19,4 bzw. 13,2 g, im Mittel 15,1 g Milchzucker entsprechen oder 4,5%. Also selbst bei Dyspepsie ist die durch die Gärung bedingte Höhe des Verlustes als solche nicht sehr wesentlich.

Die Gefahr der pathologischen Kohlenhydratvergärung liegt in ganz anderer Richtung.

Richtiger als die Zugrundelegung von Titrationen der Gesamtsäure bei dieser Berechnung ist die von Werten für flüchtige Fettsäuren und Milchsäure. Nach dem obigen Beispiele und unter Benützung der von HECHT ermittelten Zahlen — im Mittel 175 ccm 0,1 n Säure für 100 g Frauenmilchstuhl — gelangt man unter Beziehung der Rechnung auf Essigsäure zu 0,23 g oder 0,4% vergorenen Milchzuckers, also zu einem noch kleineren, jedoch durchaus in der Größenordnung der obigen liegenden Werte. Bei Dyspepsie sind wieder etwas größere Zahlen zu erwarten, und zwar mehr deshalb, weil die Stuhlmengen vermehrte sind, als wegen des prozentischen Anwachsens der Mengen an organischen Säuren. Auch in diesem Falle dürfte es durch die bakterielle Einwirkung niemals zu Kohlenhydratverlusten kommen, die die Höhe derjenigen erreichen, die wir nicht selten beim Fett während der Dyspepsie sehen.

Es kann keinem Zweifel unterliegen, daß für Größe und Geschwindigkeit der Resorption der Zustand des Darmepithels von entscheidender Bedeutung ist. Sehr ausgesprochen geht dies aus einem Versuche von WAYMOUTH-REID hervor, der bei intaktem Epithel nach Einbringen einer Maltoselösung in eine Darmschlinge nach einiger Zeit nur Maltose im Darminhalt fand. War aber das Epithel geschädigt worden, so befand sich auch reichlich Glucose in der Schlinge. Im ersten Falle hatte die Resorption mit der Spaltung Schritt gehalten, im zweiten nicht. Schwere Epithelschädigungen und Hemmung der Resorption von Wasser und Salzen entstehen im Darme experimentell durch Anämisierung (vorübergehende Abklemmung der Mesenterialgefäße) und durch Fluorid. Es ist möglich, daß solche Epithelschädigungen mit ihren funktionellen Folgen mit dem Quellungszustande der Darmschleimhaut in Konnex stehen. Nach den Modellversuchen von MAYERHOFER-PRIBRAM ändert sich die Permeabilität gleichsinnig mit dem Quellungszustande der Membran, deren Herabsetzung verminderte Durchdringbarkeit herbeiführt. Es ist andererseits durch FRIEDENTHAL festgestellt worden, daß auch die durch Fluorid abgetötete Darmschleimhaut Lactose nicht durchtreten läßt, woraus dieser Autor schließt, daß die Permeabilität weniger als vitale Funktion, denn als Ausdruck eines strukturellen Verhaltens aufzufassen wäre. Es ist ersichtlich, daß hier noch viele Unklarheiten bestehen. Die Quellungsverhältnisse der Darmschleimhaut scheinen außerdem noch viel zu wenig erforscht zu sein, als daß hier von Modellversuchen aus klinische Ansichten beeinflußt werden dürften.

Literatur.

Zusammenfassende Darstellungen:

Brigl: Tierfermente. Hoppe-Seyler-Thierfelder, Physiologische und pathologisch-chemische Analyse, 9. Aufl. Berlin: Julius Springer 1924.

Cohnheim: Verdauung und Aufsaugung in Nagels Handbuch der Physiologie 2. Braunschweig: Vieweg 1907.

Euler: Chemie der Enzyme, 2. Teil. München: J. F. Bergmann 1926.

Oppenheimer: Die Fermente 1, 8. Hauptteil. Leipzig: Thieme 1925.

Starling-Pincussen: Die Resorption vom Verdauungskanal aus. Handbuch der Biochemie, 2. Aufl., 5. Jena: Gustav Fischer 1925.

Einzelarbeiten:

Aron: Beiträge zur Frage der Wirkung und Verwertung der Mehle bei der Ernährung des Säuglings. Jb. Kinderheilk. 92 (1920). — Aschenheim: Über alimentäre Glycosurie. Mschr. Kinderheilk. 22 (1921).

Bernhard: Molke und Lactosurie. Z. Kinderheilk. 40 (1925).

Davidsohn: Über die Bedeutung der Kuhmilchmolke für die Entstehung akuter diarrhoischer Ernährungsstörungen im Säuglingsalter. Ebenda 40 (1925). — Davison: The duodenal contents of infants in health, and during and following diarrhea. J. diseas. Childr. 29 (1925).

Freudenberg-Hoffmann: Laktasestudien. Jb. Kinderheilk. 103 (1923).

Keilmann-Rosenbund: Die Zuckerresorption bei Frauenmilch, unverdünnter und verdünnter Kuhmilch und Eiweißmilch. Z. Kinderheilk. 40 (1925). — Keilmann: Über die Bedeutung der Kuhmilchmolke für die Entstehung akuter diarrhoischer Ernährungsstörungen im Säuglingsalter. Molke und Blutzucker. Ebenda 40 (1925).

Lust: Über die Ausscheidung von zuckerspaltenden Fermenten beim Säugling. Mschr. Kinderheilk. 11 (1913).

Nassau-Schäferstein: Über den Einfluß der Korrelation der Nährstoffe auf die Resorption des Zuckers. Z. Kinderheilk. 40 (1926).

Pfersdorff-Stolte: Über die Ausnützung von Mehl- und Grießbreien beim Säugling. Mschr. Kinderheilk. 11 (1913) — Pringsheim-Winter: Über das Komplement der Amylasen und die Zuckereiweißkompensation. Biochem. Z. 177 (1926).

Rachmilewitsch: Über konzentrierte flüssige Mehlnahrung für junge Säuglinge. Jb. Kinderheilk. 97 (1922). — Rosenbaum: Zucker im Harne Neugeborener. Mschr. 23 (1922).

Schloss: The nature of the reducing substance in the urine of infants with nutritional disorders. J. diseas. Childr. 21 (1921). — Simchen: Studien über Mehlverdauung beim Säugling. Arch. Kinderheilk. 75 (1925).

Theopold: Über Ausscheidung von Hexosen bei ausschließlicher Fütterung mit Milchzucker. Mschr. Kinderheilk. 14 (1918).

Utter: Über die Saccharosetoleranz und Saccharoseausscheidung im Harne bei Kindern. Acta paediatr. (Stockh.) 7 (1928).

Welcker-Jäger: Zuckerresorption und Glykämiekurve. Z. Kinderheilk. 43 (1927). — Woringer: La saccharosurie dans la choléra infantile. Arch. Méd. Enf. I. 25 (1922).

VI. Fettverdauung.

Das Studium der Fettverdauung hat dadurch günstigere Bedingungen gehabt als das der Kohlenhydrate und des Eiweißes, als relativ große Mengen von Fett nicht resorbiert werden und aus der Verteilung der verschiedenen Fraktionen dieses Kotfettes unter verschiedenen Bedingungen Rückschlüsse auf die Fettverdauung gezogen werden können. Die Dickdarmbakterien vermögen das Bild durch Veränderung des Fettes selbst, das nahezu unangreifbar für sie ist, ebenfalls nicht zu stören. So wurde der „Fettstoffwechsel" beim normalen Kinde und unter krankhaften Bedingungen bei verschiedenen Ernährungsformen untersucht und wertvolle Ergebnisse erzielt.

Diese Technik muß ergänzt werden durch Untersuchungen über die Absonderung und die Wirkungsbedingungen der fettspaltenden Fermente, sowie über die Fettresorption in das Blut, damit sich die verschiedenen Verfahren gegenseitig kontrollieren.

Die Fettverdauung beginnt beim Säugling im Magen. Dort wird sie beim Flaschenkinde ausschließlich durch die Magenlipase vollzogen, beim Brustkind durch diese und außerdem durch das genuine Fettferment der Frauenmilch, die Frauenmilchlipase DAVIDSOHNs. Beim Flaschenkinde wirkt nur ein fettspaltendes Ferment im Magen, und wir können sofort vorwegnehmend sagen, ein schwaches. Beim Brustkinde wirken zwei, von denen das eine, die Frauenmilchlipase, ein hochwirksames ist und an Stärke etwa der Pankreaslipase zur Seite gestellt werden darf. Ob das schlechtere Gedeihen von Frühgeburten, das entsprechend den Beobachtungen von MORO und FINKELSTEIN kürzlich von CATEL und WALLTUCH nachgewiesen wurde, wenn die Frauenmilch gekocht statt roh verfüttert wurde, mit der Lipasezerstörung durch das Kochen zusammenhängt, muß offenbleiben, bis hierüber Resorptionsuntersuchungen vorliegen.

Die Frauenmilchlipase wirkt optimal bei p_H 7—8, hat bei p_H 6 etwa den Halbwert ihrer Leistung, bei p_H 5 nur noch etwa $^1/_{10}$ derselben. Kann unter diesen Verhältnissen die Frauenmilchlipase wirken? Sie kann es, wenn die Absonderung von Salzsäure gering bleibt, und das ist nach unseren früheren Ausführungen beim jungen Brustkinde meistens der Fall. Wenigstens in den ersten 90 Minuten der Verdauungsphase kommt bei diesen Kindern ein Verlauf der Aciditätskurve vor, der nach etwa 30 Minuten p_H 6 erreicht und dann ganz langsam in der Zeit bis zu 120 Minuten bis auf 5,5 gelangt. Hierbei kann das Frauenmilchferment sehr wohl arbeiten. Ja, wir gehen weiter und nehmen an, daß in solchen Fällen die Acidität in erster Linie eben durch die Lipolyse bedingt ist (BEHRENDT, DEMUTH). Man kann das beweisen, indem man abwechselnd Mahlzeiten verfüttert, in denen die Frauenmilch unverändert und solche, in denen sie gekocht ist. Es wird ausgehebert und p_H bestimmt. Hierbei zeigt sich, daß die Acidität in der rohen Milch höhere Grade erreicht und zwar gesetzmäßig.

Die Erklärung ist die, daß durch die Lipolyse, die fermentative Fettspaltung, Fettsäuren in einem solchen Maße in Freiheit gesetzt werden, daß hierdurch das Puffervermögen der Frauenmilch überwunden und diese saurer wird. Bei guter Lipolyse kann man im Reagenzglase p_H 5,5 erreichen, also die gleichen Aciditäten, wie sie bei jungen Brustkindern oft auch nicht übertroffen werden.

Betreffs der Produkte der Lipolyse ist zu bemerken, daß diese in der Frauenmilch ganz vorwiegend hochmolekulare Fettsäuren sind. Dagegen treten bei der Spaltung von Kuhmilchfett durch Magenlipase auch niedere Fettsäuren auf. In Proben von Kuhmilch, die bei p_H 5 mit Magensaft bebrütet werden, entwickelt sich der stechende Geruch niederer Fettsäuren, die Messung der Wasserstoffzahl zeigt, daß hierbei die Acidität merklich ansteigt. In Frauenmilch dagegen tritt bei p_H 5 weder der Fettsäuregeruch unter diesen Bedingungen auf, noch verschiebt sich die aktuelle Acidität. Der Grund ist der, daß die Glyceride niederer Fettsäuren in Frauenmilch nur in sehr kleiner Menge vorhanden sind. Diese Menge reicht nicht aus, um die Milchpufferung bei p_H 5 zu überwinden. Die echten hochmolekularen Fette aber werden bei p_H 5 nur mehr spurenhaft gespalten (FREUDENBERG, LIEPMANN). Nur mit den in diesen Ausführungen liegenden Einschränkungen ist die Angabe richtig, daß die Magenlipase ihr Wirkungsoptimum bei p_H 4—5 habe. Dieses Optimum wurde erhoben durch die Prüfung mit Tributyrin, wodurch eine Esterase nachgewiesen ist, die nicht ohne weiteres identisch mit dem Begriff Lipase ist.

Dieser Unterschied zwischen Frauenmilch und Kuhmilch oder den aus ihr bereiteten Mischungen tritt auch dann hervor, wenn man den Mageninhalt aushebert und die flüchtigen Fettsäuren mittels der Vakuum-Dampfdestillation bestimmt, wie dies HULDSCHINSKY getan hat. Die fermentative Natur dieser Säurebildung ging daraus hervor, daß sie unabhängig von pathologischen Vorgängen im Magen bei gesunden wie kranken Säuglingen zu finden war, womit bakterielle Zersetzungen ausgeschlossen sind.

Wie hieraus ersichtlich ist, beträgt die fermentative Entstehung niederer Fettsäuren aus Frauenmilch weniger als $1/_5$ von der aus Kuhmilch. Dementsprechend ist die REICHERT-MEISSL-Zahl für Kuhmilchfett 17 bis 34,

Nahrung	Niedrige Fettsäuren in 100 ccm Mageninhalt ccm n/10
Brust	4,0
Halbmilch	12,3
2/3-Milch	13,4
Vollmilch	22,0
Buttermilch	10,3
Eiweißmilch	19,2
Malzsuppe	8,6

für Frauenmilchfett 1,5—2,7. Verfütterung infizierter Milch erhöhte im Tierversuch die Entstehung solcher niederer Fettsäuren im Magen nicht (BAHRDT).

Betreffs der Wirkung der Frauenmilchlipase liegt aber außer der Frage der Acidität noch ein zweites Problem vor, das der Aktivierung. Frische Frauenmilch bei 30° aufbewahrt, zeigt, wenn sie sauber gewonnen wurde, auch in Stunden keinerlei Lipolyse. Im Magen aber setzt sofort die Lipolyse ein. Was geht hier vor sich?

Es hat sich gezeigt, daß die Frauenmilchlipase durch folgende Methoden aktiviert werden kann:

1. durch neutralen oder leicht sauren Magensaft (FREUDENBERG),
2. durch Gallensäuren (FREUDENBERG),
3. durch Schütteln (BEHRENDT),
4. durch Aufbewahren in der Kälte (DAVIDSOHN).

Die Vorgänge nach 3 und 4 haben wohl enzymchemisches, aber keinerlei verdauungsphysiologisches Interesse. Dagegen kommt solches den beiden ersten Vorgängen zu.

Um das Aktivierungsverfahren durch Gallensäuren vorwegzunehmen, sei ausgeführt, daß der Duodenalsaft genügende Mengen an Glyco- und Taurocholsäure enthält, durch die die Frauenmilchlipase aktiviert werden kann. Von der ersten Säure ist stets eine größere, bis zur 17fachen Menge vorhanden. Bei einem 3 monatigen Kinde fanden TAYLOR, ZIEGLER und GOURDREAU die Gesamtkonzentration an gallensauren Salzen im Duodenalsafte zu 0,18 Grammprozent, bei einem 2jährigen Kinde sogar zu 5,5 Grammprozent. Sofern gewisse Mengen an Frauenmilchlipase den Magen passieren, ohne aktiviert zu werden, übernehmen die gallensauren Salze diese Aktivierung. Die Frauenmilchlipase wird im Medium der Frauenmilch durch eine Acidität von p_H 4—5 in keiner Weise für eine spätere Wirkung bei geeigneter Reaktion geschädigt.

Unsere Frage, warum die Milchlipase im Magen aktiviert wird, beantwortet sich dahin, daß im Magensaft eine Substanz vorhanden ist, welche das Ferment aus dem inaktiven in den aktiven Zustand überführt. Man kann auch die Ausdrücke verwenden, daß diese Substanz die Prolipase der Frauenmilch in die Lipase verwandelt. Dieser Stoff des Magens ist ein thermolabiler und trägt den Charakter einer echten Kinase, weshalb er als „*Lipokinase*" des Magensaftes bezeichnet wurde. Er fehlt dem Speichel. Er kann mit Glycerin aus der Magenschleimhaut extrahiert werden, findet sich aber nicht in irgendwelchen anderen Teilen des Verdauungsrohres. Beim Tiere gelang es, die Substanz in der Magenschleimhaut von Hund und Katze nachzuweisen, allerdings mit recht schwacher Wirkung. Sie wurde vermißt bei der Ratte, beim Kaninchen, Schwein und Kalb. In Glycerin kann die Lipokinase eine gewisse Zeit haltbar aufbewahrt werden, nicht aber in der Magenflüssigkeit selbst. In dieser wird sie schneller zerstört, wenn die Reaktion sauer, als wenn sie neutral ist. Bei Werten unter p_H 3 findet in $1^1/_4$ Stunden bei 37° in wässeriger Lösung Zerstörung statt. Cellulose adsorbiert Lipokinase sehr stark. Alkohol wirkt vernichtend, wenn die Konzentration 80% beträgt. Die Produktion der Lipokinase ist nicht auf das Säuglingsalter beschränkt, sie findet sich auch im Magensaft des älteren Menschen. Die Lipokinase ist nicht identisch mit Lab oder Pepsin, geschweige denn mit der Magenlipase selbst. Der Umsatz, den die Magenlipase bei p_H 7 in Kuhmilch, die keine genuine Lipase enthält, und in abgekochter, also fermentfreier Frauenmilch bewirkt, ist nur ein Bruchteil der Wirkung der durch Lipokinase aktivierten Frauenmilchlipase bei p_H 7 (vgl. Abb. 36).

Wenn die Aktivierung der Frauenmilchlipase durch die Magenlipase erfolgen würde, also das eine Ferment das in der Wirkung identische andere in Tätigkeit zu setzen hätte, so würde hier ein Fall vorliegen, der wohl ohne Analogie in der Fermentchemie wäre. Ich habe zudem Magensäfte in Händen gehabt, die so gut wie keine Magenlipase enthielten, und die trotzdem die Lipokinasefunktion ausübten. Aber auch genau das gegenteilige Verhalten, Lipasewirkung ohne Kinaseeffekt, habe ich schon gelegentlich beobachtet. Die beiden Erscheinungen können also dissoziieren. Man wird deshalb auch annehmen müssen, daß es verschiedenartige Stoffe sind, die diese Wirkungen herbeiführen. Nicht jeder Mageninhalt besitzt übrigens Kinasefunktion. Der mit

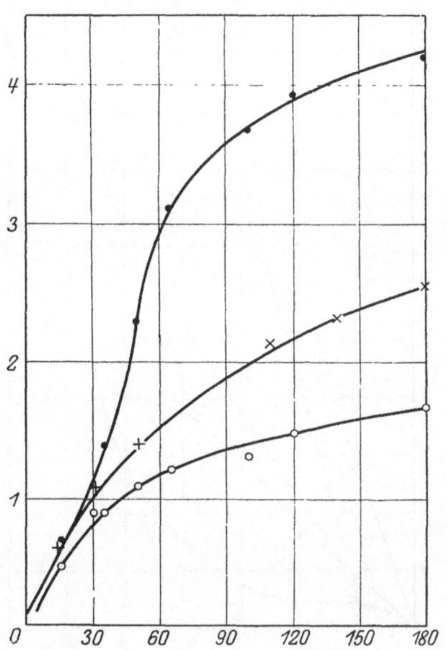

Abb. 36. •————————• Lipolyse von 10 ccm Frauenmilch bei pH 7 mittels Lipokinase (Magensaft). ×————————× die Frauenmilch bei pH 6. ○————————○ Spaltung von 10 ccm Kuhmilch bei pH 7.

milchigem Inhalt gefüllte Magen liefert bei der Ausheberung kein Material, das die Frauenmilchlipase aktivieren könnte. Ähnlich kann es sich mit dem Mageninhalt bei Dyspepsie verhalten, auch wenn er unter richtigen Bedingungen hier entnommen wird. Diese liegen vor, wenn der Magen fast leer ist. Auch der Inhalt nach Tee oder Zuckerwasser oder dünnem Schleim. enthält etwa eine Stunde nach der Mahlzeit die Lipokinase.

Von verdauungsphysiologischer Wichtigkeit ist das Verhalten der Frauenmilchlipase bei der Labung. Geschieht diese in Frauenmilch, in der keine Aktivierung der Lipase erfolgt ist, so geht das Proferment in die Molke über. Wenn aber zugleich aktiviert und gelabt wird, so verbleibt der größere Teil der Lipase im Käsefettgerinnsel und findet Gelegenheit, dort seine Tätigkeit zu entfalten. Die Lipase wird durch saure

Reaktion mäßigen Grades keineswegs geschädigt. Bei nachträglicher Einstellung der Reaktion in ein der Wirkung günstiges Gebiet nimmt sie ihre Funktion voll auf. Die Frauenmilchlipase kann also auch im Darm wieder Fett zerlegen, sobald dort die Reaktion günstig wird, wenn vorher etwa die Tätigkeit in zu saurem Mageninhalt erloschen war. Dies ist im Darme in beschleunigtem Maße möglich, weil nun der zweite Aktivator, die Galle, hinzutritt. Dieses Eingreifen ist von Wert aus zwei Gründen: Galle vermag erstens bei vorheriger Einwirkung von Magensaft — etwa in nicht genügenden Mengen, — übriggebliebene Reste von Prolipase zu aktivieren; Galle vermag zweitens das p_H-Optimum ins saure Gebiet hinein zu verbreitern, so daß in Gegenwart von Galle die Umsetzungen bei p_H 6 etwa noch ebenso gut sind wie ohne Galle bei p_H 7. Die Wirkung der Galle auf die Fettverdauung entspricht also hier ganz derjenigen auf die Eiweißverdauung. Bis zu einem gewissen Grade ist die Behauptung berechtigt, daß die Galle diese fermentativen Vorgänge von der Reaktion unabhängiger macht.

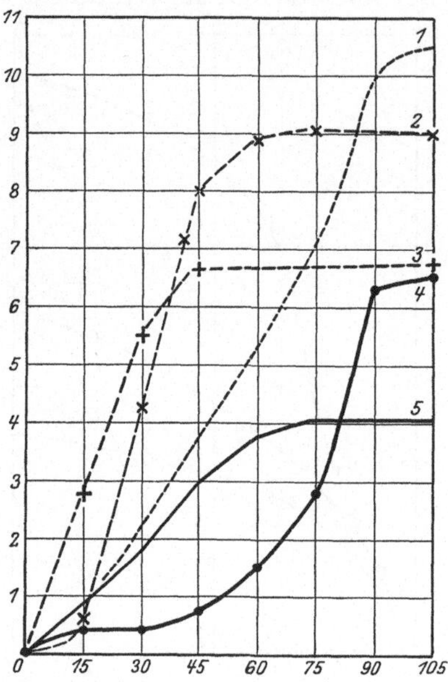

Abb. 37. *1* Summationskurve aus 4 und 5; *2* Lipolyse von 10 ccm Frauenmilch durch 3 ccm Duodenalsaft bei pH 7; *3* Lipolyse von 10 ccm Frauenmilch durch 1 ccm Duodenalsekret unter weiterem Zusatz von Galle; *4* Lipolyse von 10 ccm gekochter Frauenmilch durch 1 ccm Duodenalsaft; *5* Lipolyse von 10 ccm Frauenmilch unter Galleaktivierung bei pH 7.

Der Umsatz der Frauenmilchlipase einschließlich der hinzutretenden Wirkung der Magenlipase überschreitet nicht 40—50% der theoretisch möglichen Spaltung. Dies beruht nicht auf Fermentmangel, sondern rührt von der Hemmung durch die sich bildenden Seifen her. Man kann das so zeigen, daß man den Fettgehalt der Frauenmilch künstlich erhöht. Dann wachsen die Leistungen bei gleichgebliebener Fermentmenge wesentlich an. Wenn man die Seifen durch Kalk ausfällt, so wird der Umsatz namentlich bei Gallegegenwart mächtig gefördert. Auch bei Lipokinaseaktivierung geschieht dies, hier jedoch nach vorhergehender Hemmung.

Tritt Duodenalsaft zur aktivierten Frauenmilchlipase noch hinzu, so erfolgt eine gewaltige Steigerung der Lipolyse. Auf der Gallewirkung beruht dies nicht, denn die beiden Aktivatoren addieren sich nicht in ihren Wirkungen (s. Abb. 37). Die eintretende Steigerung der Geschwin-

digkeit ist größer, als es der Summierung der Wirkungen von Milchferment und Pankreasferment entspricht. Hieraus ist zu schließen, daß
die Eiweißzerlegung als solche die Fettspaltung fördert. Diese Folgerung
ließ sich auch durch Zusatz von peptisch oder tryptisch verdautem Eiweiß, von Peptonen verschiedener Herkunft, von Dipeptiden und von
Aminosäuren zu der aktivierten Frauenmilchlipase nachweisen (FREU-
DENBERG), entsprechend wie durch WILLSTÄTTER-MEMMEN die Förderung
der Tributyrinspaltung durch Alanin und Peptide festgestellt worden
war. Jede dieser Substanzen bewirkte Steigerung oder Beschleunigung
des Umsatzes oder auch beides. Es liegen hier also ähnliche Beziehungen
zwischen Fett- und Eiweißverdauung vor, wie sie zwischen Eiweiß- und
Stärkespaltung bestehen. Die Produkte des Eiweißabbaues sind Förderer des Abbaues von Fett und Stärke, der eine Prozeß greift in den
anderen ein, und zwar nicht durch irgendwelche Anregungen der Enzymbildung oder sonstiger Sekretionsprodukte, sondern auf chemischem bzw.
kolloidchemischem Wege. Den umgekehrten Prozeß konnte man nicht
nachweisen. Seifen hochmolekularer Fettsäuren sind für das Erepsin indifferent, niedere Fettsäuren hemmen es (BUDDE). Die Synergie der
Magen-, Milch- und Pankreaslipase vermag in Gegenwart von Eiweißabbauprodukten in $1^1/_2$—2 Stunden das Milchfett quantitativ zu spalten,
wenn $^1/_{10}$ Volumen Magensaft und ebensoviel gallehaltiger Duodenalsaft
zugesetzt werden, vorausgesetzt, daß diese Sekrete unter den richtigen
Bedingungen entnommen werden.

Die Pankreaslipase des Säuglings findet nach den Feststellungen
DAVIDSOHNS, die LANDSBERGER bestätigte, im Medium der Frauenmilchmolke bessere Wirkungsbedingungen als in Kuhmilchmolke. Diese Angaben wurden auf Grund von Tributyrinspaltungen gemacht, die mittels
des Stalagmometers verfolgt wurden. Unter Verwendung der titrimetrischen Messung der Spaltung des Milchfettes selbst bei konstanter h fand
FREUDENBERG bei Duodenalsaft als Fermentträger diese Unterschiede
nicht immer konstant. Dagegen trat dieser Unterschied bei Verwendung
von Pankreasglycerinextrakten wieder sehr scharf hervor. Die Umsetzungen in Kuhmilch waren sehr viel kleiner als die in Frauenmilch.

Die teleologische Bedeutung der Labung wird durch die Bindung des
aktivierten Milchfermentes an die Käsegerinnsel, die ja bekanntermaßen
fast das ganze Milchfett in sich aufnehmen, und ferner durch die fördernde Rolle der Eiweißabbauprodukte bei der tryptischen Verdauung
verständlich. Ferment und Substrat werden zusammengeschlossen und
mit einem zweiten Substrat, dessen Abbau fördernde Wirkungen ausübt,
in enge räumliche Verbindung gebracht. Von Wichtigkeit ist nun weiter,
daß die Galle sowohl Proteolyse wie Lipolyse bei nicht optimaler Reaktion fördert, und daß der Pankreassaft gleichzeitig für Fortführung
der Eiweiß- *und* der Fettspaltung sorgt. Während also im Säuglings-

magen Fett- und Eiweißverdauung in einem antagonistischen Verhältnis
stehen, indem die Fettspaltung bei einer Acidität, ohne welche erhebliche
Eiweißzerlegungen nicht stattfinden können, aufhören müßte, besteht
im Darm eine Synergie. Die Vorgänge im Magen helfen die Bedingungen
dieser Synergie zu verbessern. Hinter der Wirkung der geschilderten
Mechanismen tritt die schwache Lipase des Darmsaftes selbst völlig
zurück.

Die in den Sekreten gebildeten Lipasemengen nehmen mit dem Alter
zu, was wenigstens für die Magenlipase durch Tur und Hahn als sichergestellt gelten kann. Nach Waltner werden bei fettreichen Nahrungen
größere Lipasemengen hervorgebracht.

Was die Alkalimengen betrifft, die bei der Verdauung des Milchfettes
nötig wären, um die Fettsäuren in Seifen überzuführen, so gibt hierüber
die folgende Tabelle mit einem Vergleich der Verhältnisse in Frauenmilch und Kuhmilch Aufschluß.

	Frauenmilch	Kuhmilch
Fettmenge pro Liter g	40	35
Verseifungszahl des Fettes	205	226
Zur Verseifung des Milchfettes sind erforderlich ccm n/10 Alkali	1460	1407
Aus der Pufferungskapazität der Milch stehen höchstens zur Verfügung ccm n/10 Alkali	140	400
Bei völliger Seifenbildung durch Sekretion aufzubringende Alkalimenge in ccm n/10	1320	1007

Zu dieser Berechnung ist zu bemerken, daß der Abzug, der die Milchpufferung zur Deckung des Alkalibedarfes heranzieht, rein hypothetisch
ist. Er hätte nur Berechtigung für den Fall fehlender Absonderung von
Salzsäure. Sobald solche sezerniert wird, nimmt sie selbstverständlich
ihrer Äquivalenz entsprechend die Milchpufferung vorweg in Beschlag.
Die Mengen von $1\frac{1}{3}$ bzw. 1 Liter n/10 Alkali sind also sicher etwas zu
klein angesetzt. Wieviel Duodenalsaft würde solchen Mengen entsprechen? Die Normalität des Duodenalsaftes ist viel kleiner als $\frac{1}{10}$ an dis-
poniblem Alkali. Nach dem im Abschnitt „Sekretion" Angeführten müßten
die Zahlen $1\frac{1}{3}$ bzw. 1 Liter mindestens mit 4 vervielfacht werden. Die
an sich schon nach den früheren Ausführungen sehr bedeutende Aufgabe
der Sekretion würde durch solche Anforderungen ins Ungemessene gesteigert werden. Es ist also undenkbar, daß die Fettsäuren im Dünndarm quantitativ in Seifen überführt werden. Sie gelangen als solche zur
Resorption und nicht als Seifen.

Die Tatsache, daß die aktuelle Acidität des Darmchymus stets entschieden sauer angetroffen wurde, widerspricht ebenfalls der Vorstellung
von einer Überführung des Fettes in Seifenform vor der Resorption.

Auch Overton, L. F. Meyer, W. Freund nehmen Resorption vorwiegend in Form von Fettsäuren an, wofür sie Vorstellungen über Zellpermeabilität geltend zu machen vermögen.

Die Löslichkeit der Fettsäuren in Galle erleichtert ihre Resorption. Neben der Galle spielt hier auch der Eiweißgehalt des Chymus eine Rolle, der es ermöglicht, daß bei saurer Reaktion hochdisperse Emulsionen von Fettsäure ohne Ausflockung derselben beständig bleiben. Der Eiweißgehalt wirkt auf diese Systeme stabilisierend (FREUDENBERG).

In der Frage der Fettresorption ist die Kalkseifenbildung von Wichtigkeit. Die Anwesenheit von Galle schützt nicht völlig vor solcher, obwohl Galle ein deutliches Lösungsvermögen für Kalkseifen besitzt. Werden in Fettsäure-Galle oder Seifen-Gallegemische lösliche Kalksalze in hoher Konzentration zugefügt, so wird Kalkseife ausgefällt. Im Darme handelt es sich bei den Zustandsformen des Kalkes vorwiegend um Gleichgewichte der Kalkphosphate und Kalkseifen. Jene werden in unlöslicher Form im Magen bei der Labung niedergerissen und gehen später bei zunehmender Acidität teilweise wieder in Lösung. In der isoelektrischen Zone des Caseins wird ein Maximum an gelöstem, dialysefähigem Kalk gebildet (Y. ZOTTERMANN). Die Galle übt auch dem Kalkphosphat gegenüber einen lösungsfördernden, also fällungshemmenden Einfluß aus (SCHULZ). Dieser Lösungsschutz der Galle wird um so geringer werden, je mehr die sonstigen Bedingungen eine Fällung der Phosphate und Seifen begünstigen, also namentlich bei zunehmend alkalischer Reaktion sinken. Auch hieraus ist zu sehen, wie wichtig das Vorhandensein leicht saurer Reaktion im Dünndarm ist. Diese wird herabgesetzt durch starke Sekretion, wie sie eiweißreiche Nahrungen und auch das Fett selbst auslösen. Neben der Alkalescenz ist es der Kalkreichtum der Nahrung, der hier eine ungünstige Rolle spielt, indem er ebenfalls die Entstehung unlöslicher Kalkseifen und Kalkphosphate befördert. Je früher die Alkalisierung einsetzt, um so früher erfolgt im Darm die Kalkseifenbildung. Wenn sie bereits in der Resorptionszone des Dünndarmes vor sich geht, so wird es möglich sein, daß die Fettresorption eine wesentliche Verschlechterung erfährt. Wenn die Kalkseifenbildung aber erst im Dickdarm erfolgt, in dem eine wesentliche Fettresorption überhaupt nicht mehr zu erwarten ist, so wird ein Einfluß auf die Fettausnützung nicht mehr stattfinden können. Vielleicht erklären es gerade diese wenig beachteten Unterschiede, die der Bilanzstoffwechsel gar nicht zu erfassen vermag, weshalb das Phänomen des Kalkseifenstuhles so verschiedenartig für die Fett- und Kalkausnützung beurteilt wurde. Die hemmende Einwirkung des Kalkes auf die Fettresorption wird aus einem Versuch von BOSWORTH, BOWDITCH und GIBLIN ersichtlich, die in künstlich kalkfrei gemachter Milch eine besonders gute Fettausnützung fanden. Sofern Kalkseifenbildung die Fettresorption herabsetzt, sind namentlich die hochschmelzenden, gesättigten Fettsäuren betroffen, nicht die Ölsäure (HECHT, KNÖPFELMACHER). Durch Abtrennung der Fettsäuren aus dem Stuhlfett künstlich ernährter Säuglinge und Fraktionierung derselben gelang BOSWORTH-BOWDITCH-GIBLIN der Nachweis, daß das Fettsäuregemisch nur 21% an Ölsäure enthielt.

Nach dem Gesagten ist es verständlich, daß das Fehlen der Galle beim Verdauungsvorgang die Fettverdauung gefährden muß. Entsprechende Beobachtungen sind auch mehrfach erhoben worden. Die Zustände von kongenitalem Fehlen oder kongenitaler Mißbildung der Gallengänge haben Gelegenheit hierzu geboten. Übereinstimmend wird schlechte Ausnützung des Fettes angegeben (KOPLIK-CROHN, NIEMANN, YLPPOE, FREISE, PAUL). Der Grad dieser Herabsetzung wurde verschieden angetroffen. Gegenüber etwa 90% und darüber bei normaler Fettausnützung wurden von Fall zu Fall verschieden 28—63,5% gefunden, also überall mehr oder minder große Verschlechterungen. Im Falle NIEMANNS wird der Kotverlust des Fettes immer größer, er geht von 61 auf 72 und zuletzt auf über 100%. Außer der Ausnützung des Fettes fand sich auch die Fettspaltung geschädigt, jedoch weniger schwer als die Resorption und nicht immer. *Die Galle ist also für die Resorption des Fettes noch wichtiger als für seine Spaltung.* Mitunter scheint aber auch eine ganz grobe Verschlechterung der Spaltung vorzukommen. PAUL findet in seinem Falle nicht weniger als 59 und 68% des Gesamtfettes bei Frauenmilchernährung als Neutralfett.

Die Zahlen für Neutralfett liegen bei Frauenmilchernährung normaler Kinder zwischen 20 und 40% des Gesamtkotfettes, der Rest sind Fettsäuren. Echte Seifen gibt es nur in ganz kleinen Mengen von 1—3% (LINDBERG). Hohe Prozentzahlen von Seifen bei Frauenmilchernährung, wie sie von einigen Autoren in der Literatur niedergelegt sind, beruhen auf der Anwendung falscher Methoden (WACKER und BECK).

Diejenigen Fälle von Gallengangsatresie, bei denen die Spaltung des Fettes keine Störung erleidet, erklären sich nach YLPPOE durch kompensatorische Mehrlieferung von Pankreassekret. Die Frauenmilchlipase allein vermag ohne Galle offensichtlich nicht die Fettspaltung vollständig zu bewältigen. PAUL findet sogar schlechtere Fettspaltung in Frauenmilch als in Kuhmilch, allerdings bei bedeutend höherer Fettzufuhr dort. Auch die niedrige Magenacidität, die der Lipolyse im Magen günstig ist, vermochte nicht ausgleichend zu wirken.

Das Versagen des Pankreas macht noch schwerere Störungen als der Galleausfall, und zwar ist die Fettspaltung schwer beeinträchtigt und ebenso die Resorption (FINICIO, THOENES). Es entsteht der sogenannte „Butterstuhl". ARNDT und WELCKER vermißten diesen in einem Falle schwerer Pankreasdegeneration bei einem Brustkinde von 2 Monaten. Hier waren offenbar Milch- und Magenlipase vikariierend eingetreten.

Über die Resorption des Fettes gibt auch die Untersuchung der Verdauungslipämie Aufschluß. Diese wurde früher mehr qualitativ verfolgt, indem man Auftreten und Verschwinden der Trübung des Serums beobachtete, neuerdings wurde auch eine quantitative Methode benutzt, indem die Fettpartikelchen bei Dunkelfeldbeleuchtung in einem Zählnetz mikroskopisch ausgezählt wurden (SCHRÖDER-HOLT). Die Chylomikronen haben einen Durchmesser von 0,5—1 $\mu\mu$. Sie erscheinen nicht nach reinen Eiweiß- und Kohlenhydratmahlzeiten. Der Zyklus ihres Auftretens und Verschwindens beginnt von 2—4 Stunden nach der Mahlzeit und dauert bis zu 6 Stunden (vgl. Abb. 38). Der Fettgehalt der Nahrung ist für die Zahl der Chylomikronen bestimmend, welche Regel jedoch Ausnahmen erfährt. Da die Angaben betreffs zahlreicher Einzelheiten mit der Dunkelfeldmethode andere sind als mit der einfachen Beobachtung der Lipämie im Serum, so erscheint es zweifelhaft, wieweit Vergleiche überhaupt statthaft sind. Offenbar sind beide Methoden noch nicht nebeneinander geprüft worden. So findet sich bei Verwendung der Dunkelfeldmethode die Angabe, daß Lebertran die Mikronen außer bei Rachitis sehr erhöhe, während die Lipämie nach Lebertran unter

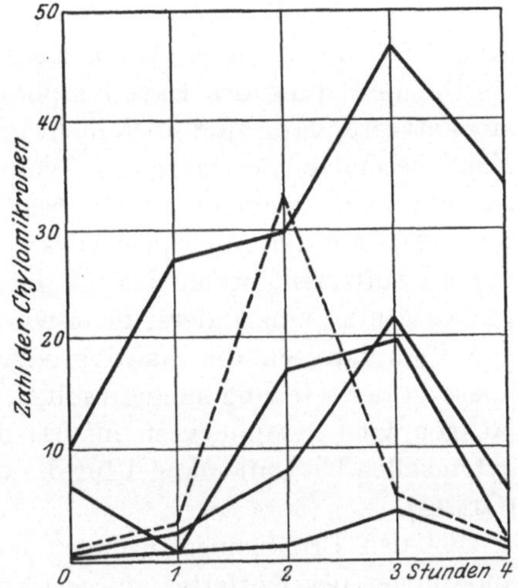

Abb. 38. Verhalten der Chylomikromen nach SCHRÖDER-HOLT bei künstlicher Ernährung. Punktiert: atypische Kurve.

Anwendung der einfachen Beobachtung bei normalen Kindern ausbleiben und nur bei Atrophie auftreten soll (SCHULZ). Oleomargarine, also ein Kunstfett, erhöht nach SCHRÖDER-HOLT die Zahl der Mikronen so gut wie nicht. Weiterhin liegt nach diesen Autoren ein Unterschied vor zwischen dem Erscheinen der Chylomikronen bei natürlicher und bei künstlicher Ernährung. Dort wird das Maximum der Zahl der Teilchen meist nach 2 Stunden erreicht, rascher als bei jeder anderen Fütterungsart, die Zahl kehrt schneller zur Norm zurück. Bei Kuhmilchverdünnungen, die in 43 Versuchen geprüft wurden, verteilten sich die Maxima wie folgt: nach 2 Stunden 15 Versuche, nach 3 Stunden 15 Versuche, nach 4 Stunden 10, nach 5 Stunden 1 Versuch. Bezüglich der „Fettresorption" aus arteigener und artfremder Milch scheinen also ähnliche Unterschiede obzuwalten, wie sie für die „Zuckerresorption" beobachtet wurden. Schlüsse auf die Resorptionsgeschwindigkeit aus diesen Beobachtungen sind aber unerlaubt, denn es muß auch hier mit dem Interferieren von Vorgängen gerechnet werden, die nicht die Resorption betreffen und doch die Verhältnisse im Blut einschneidend verändern können. Ein solcher Vorgang ist unter anderem der Übertritt von Fett in den Pfortaderkreislauf statt in den normalen Lymphweg. Dieser Übertritt findet in geringerem Maße stets statt (MUNK), bei Lebertran aber in hohem Grade. JOVANNOVICS und PICK fanden demgemäß nach Lebertranfütterung erhöhte Jodzahl im Leberfett außer bei Tieren mit *Eck*fistel. Die Lebertranfettsäuren gelangen also auf dem Wege des Pfortaderkreislaufes in die Leber. Es ist denkbar, daß die Umstimmigkeiten gerade betreffs des Lebertrans, die oben erwähnt wurden, eben darauf beruhen, daß ein bald größerer, bald kleinerer Anteil diesen Weg geht.

Die Beziehung des Darmlymphapparates, der Plaques und Follikel zur Fettverdauung sind noch nicht geklärt. Die bekannte Tatsache, daß Mast, besonders Fettmast das Lymphsystem zur Hypertrophie zwingt, ist auch in neuerer Zeit wieder bestätigt worden (ROTHWELL-LEFHOLZ, SETTLES). Mit der Hyperplasie des Lymphapparates kann auch Lymphocytose auftreten, wenn bei jungen Tieren Fettmast getrieben wird (YOKOMOBI). Von anderer Seite wird darauf hingewiesen, daß Extrakte von Lymphdrüsen die inaktive oder durch Galle aktivierte Pankreaslipase in der Wirkung steigern sollen, und daß in den Plaques stets große Mengen von Lymphocyten ins Darmrohr übertreten. Diese Lymphocyten sollen bei Gallemangel für die Galle vikariierend eintreten können (OJAMA).

Bei den Ernährungsstörungen hat man schon lange aus den Veränderungen des Kotfettes auf gestörte Verhältnisse bei der Fettverdauung geschlossen. Diese Beweisführung ist dann auch durch Fermentuntersuchungen gestützt worden, die gerade auf diesem Gebiete frühzeitig zu positiven Ergebnissen gelangten.

Bei lebhaften Diarrhöen wurde verschlechterte Fettresorption gefunden, ganz besonders bei Atrophikern mit Diarrhöe und beim toxischen Brechdurchfall (L. F. MEYER, JUNDELL). Die Fettausnützung bei Durchfällen sinkt bis zu 58,4% gegen 91,3% der Norm, wie HOLT-COURTNEY-FALES angeben. Es wurden aber noch wesentlich niedrigere Zahlen gefunden. Die schlechteste Ausnützung, die zur Beobachtung gelangte, ist wohl die bei einem Toxikosefall von JUNDELL, bei dem die Ausnützung nur 12% betrug. Für die Zusammenhänge zwischen Stuhlbeschaffenheit und Kotfett geben die genannten amerikanischen Autoren für künstlich genährte Säuglinge bei nicht fettreicher Ernährung folgende Zahlen an (s. S. 141 oben).

Wie ersichtlich, ist neben der Ausnützung sehr deutlich auch die Fettspaltung verschlechtert, und zwar um so mehr, je schwerer die Störung der Darmvorgänge ist. *Spaltung und Resorption sind voneinander ab-*

Zustand der Stühle	Zahl der Beobachtungen	Fettzufuhr g p. Tag	% des Trockengewichts	Seife und Fettsäuren in % des Gesamtfettes	Neutralfett in % des Gesamtfettes
Verstopft	19	22,9	36,0	91,4	8,6
Normal.	31	24,0	36,2	89,3	10,7
Etwas weicher als normal	16	21,5	31,9	84,3	15,7
Nicht homogen	16	16,1	32,7	63,9	36,1
Zerfahren.	12	23,3	30,2	47,2	52,8
Diarrhoisch	26	19,5	33,4	32,8	67,2
Schwere Durchfälle . .	8	19,4	40,7	46.9	53,1

hängige Vorgänge, Störung des einen beeinträchtigt auch den anderen
(W. FREUND). Man hat diese Veränderungen teilweise mit der beschleunigten Peristaltik erklärt, die der Resorption keine Zeit lasse und die fermentative Spaltung vorzeitig unterbreche, indem sie ihrem Bereiche das Fett entführt und in den Dickdarm hinabreißt. Der zweite Gesichtspunkt, der hier berücksichtigt werden muß, ist verschlechterte Fermentbildung und Fermentwirkung. Auf solche Vorgänge lassen die Untersuchungen von MASSLOW schließen, dessen Angaben von WALTNER bestätigt werden.

	Gesunde Säuglinge	Dyspepsie	Hypothrepsie		Athrepsie
			1. Grades	2. Grades	
Magenlipase . .	2,7 (1,7—7,2)	1,55 (0,25—3,5)	2,6 (1,3—5)	1,3 (0,3—2,9)	0,75 (0,3—1,5)
Pankreaslipase	28	26	15,8	7,2—15	< 7,2

Besonders bedeutungsvoll sind diejenigen Befunde, bei welchen Fehlen der Lipasewirkung im Stuhlextrakt von intoxizierten Säuglingen (HAHN und LUST) sowie im Pankreasinfus von Toxikoseleichen (LUST), im Duodenalsaft solcher Fälle (A. HESS, GREINER, eigene Beobachtungen) und endlich im Magensaft (WALTNER, MASSLOW) nachgewiesen wurde. Bei der Untersuchung des Pankreas von zwei Toxikosefällen fand ich zwar nicht völliges Fehlen der Lipase, wohl aber eine sehr erhebliche Herabsetzung der Wirkung auf $^1/_7$—$^1/_{16}$ des Wertes, der im Pankreasextrakt von zwei Kontrollfällen gewonnen war, wobei die Bereitung des Extraktes und der Ansatz in völlig paralleler Weise erfolgte. Diese Befunde zeigen, daß der toxische Brechdurchfall schwere Störungen der Fermentbildung oder der Fermentwirkung herbeiführt. Welche Annahme zutrifft und welches der hemmende Stoff ist, wenn die zweite These die richtige sein sollte, entzieht sich unserem Wissen. Weder für noch gegen die Annahme einer Fermentvergiftung kann man das wiederholt beobachtete „Fehlen" auch der Serumesterase (BEUMER, FONTAINE, FANCONI) bei Intoxikation anführen, denn es ist sowohl möglich, daß an den verschiedensten Stellen des Organismus die analogen Fermente gleichzeitig gehemmt werden, wie andererseits, daß überall ihre Produktion eingestellt wird. Daß der Befund des Fehlens der Lipase im Serum bei Intoxikation nicht konstant ist, wie BEUMER angibt, hängt vielleicht damit zusammen, daß infolge der Leberschädigung bei Intoxikation Leberlipase ins Blut übertritt, wo sie mit der gleichen Methode, ohne unterschieden werden zu können, nachgewiesen wird. BLOCK ist es mittels der von RONA inaugurierten Methode der Giftanalyse der Lipasen gelungen, den Nachweis des Übertrittes von Leberlipase ins Blut bei einem Falle von alimentärer Intoxikation zu erbringen.

Aus der Hemmung der Lipase ergeben sich nun weitere Folgen. Gestörte Spaltung hat gestörte Resorption im Gefolge, weil nur gespaltenes Fett resorbiert wird. Gestörte Resorption hemmt dann wieder die Spaltung, weil die Seifen von einer gewissen Grenze an die Lipolyse stillegen. Es besteht also eine wechselseitige Abhängigkeit, ein Kreisprozeß, bei dem die so beliebte Frage des Mediziners, „welches der primäre Vorgang ist", nur eine Verkennung des Problemes bedeutet. Gegenüber der weiteren Frage, welche Rolle die beschleunigte Peristaltik bei diesen Vorgängen spielt, muß zugegeben werden, daß die Abhängigkeit eher eine einseitige als eine wechselseitige genannt werden muß. Es ist selbstverständlich, daß stürmisch erregte Peristaltik keine normale Resorption erlaubt. Andererseits kann man kaum die Tatsache, daß Seifen und Fettsäuren zu den physiologischen Erregern der Peristaltik gehören, so auswerten, daß man ihnen einen entscheidenden Einfluß auf die pathologische Steigerung der Darmbewegungen zuerkennt. Jedenfalls dürften sie dann nicht anders als etwa die Peptone, Aminosäuren, der Milchzucker, die ja sämtlich eine ähnliche Bedeutung haben, eingeschätzt werden, und es wäre die Voraussetzung zu machen, daß eine stark erniedrigte Reizschwelle der motorischen Erregbarkeit bei Dyspepsie bestünde. Hierfür spricht einiges, wie früher ausgeführt wurde, jedoch ist es unmöglich zu sagen, worin diese Umstimmung des Darmnervensystems besteht.

Literatur.

Zusammenfassende Darstellungen:

BRIGL: Tierfermente. In: Hoppe-Seyler-Thierfelder, Physiologische und pathologisch-chemische Analyse, 9. Aufl. Berlin: Julius Springer 1924.

COHNHEIM: Verdauung und Aufsaugung. Nagels Handbuch der Physiologie 2. Braunschweig: Vieweg 1907.

EULER: Chemie der Enzyme, 2. Teil. München: J. F. Bergmann 1926.

JACOBY: Über Fermente. Jber. Physiol. 3 (1925).

WILLSTÄTTER: Untersuchungen über Enzyme. Berlin: Julius Springer 1928.

Einzeldarstellungen:

BOTHWORTH-BOWDITSCH-GIBLIN: Studies of infant feeding. X. J. diseas. Childr. 15 (1918). — BROWN-COURTNEY: A clinical study of butter soup feeding in infants. Ebenda **24** (1922). — BEHRENDT: Über das Zustandekommen der aktuellen Magenazidität beim natürlich ernährten Säugling. Jb. Kinderheilk. **106** (1924).

FRANK: Vergleichende Untersuchungen über die Ausnützung von Vollmilch und kaseinfettangereicherter Kuhmilch. Mschr. Kinderheilk. **12** (1914). — FREISE: Angeborener Gallengangverschluß. Ebenda **18** (1920). — FRONTALI: Einfluß verschiedener Korrelationen der Nahrungsbestandteile auf die Fettausnützung beim Säugling. Jb. Kinderheilk. **97** (1922).

GREINER: Untersuchungen von fettspaltenden Fermenten im Duodenalsaft der Säuglinge. Ebenda **103** (1923). — GYOTOKU: Studien über die Lipase. Biochem. Z. **193** (1927).

HOLT-SCHROEDER: The Chylomicron (free fat) content of the blood in infants. J. diseas. Childr. **31** (1926). — HAHN: Gastric digestion in infants. J. diseas Childr. **7** (1915). — HAHN und LUST: Über die Ausscheidung von eiweiß-, stärke- und fettspaltenden Fermenten beim Säugling. Mschr. Kinderheilk. **11** (1913). — HOLT-COURTNEY-FALES: A study of the fat metabolism of infants and young children. J. diseas. Childr. **17** (1919).

LANDSBERGER: Zur Wirkung der Magenlipase in arteigenen und artfremden Molken. Z. Kinderheilk. **39** (1925). — LUST: Über den Nachweis der Verdauungsfermente in den Organen des Magendarmkanals von Säuglingen. Mschr. Kinderheilk. **11** (1913).

MALMBERG: Über den Stoffwechsel bei Säuglingen. Acta paediatr. (Stockh.) **2** (1922/23). — MASSLOW: Einige Daten aus der Pathogenese der Ernährungs- und Verdauungsstörungen im frühen Kindesalter. Z. Kinderheilk. **43** (1927). —

PAUL: Stoffwechseluntersuchungen bei einem Falle von kongenitalem Gallengangsverschluß. Z. Kinderheilk. **34** (1922).

OYAMA: Biologische Wirkung der Lymphocyten. Ni. Byor. Gak. K., Tokyo **13** (1923) (japan. und deutsch).

RONA-KLEINMANN: Substratdispersität und Fermentwirkung. Biochem. Z. **174** (1926). — ROTHWELL-LEFHOLZ: The effect of diets varying in caloric value and in relative amounts of fat, sugar and protein upon the growth of Lymphoid tissue in kittens. Amer. J. Anat. **32** (1923).

SETTLES: The effect of high fat diet upon the growth of the Lymphoid tissue. Anat. Rec. **20** (1920). — SATAKE: Über die Lymphocyten in der Schleimhaut des Darmrohres. Ni. Byor. Gak. K., Tokyo **13** (1923) (japan. und deutsch). — SCHLOSSMANN, ERNA: Zur Kenntnis des lipolytischen Milchferments. Z. Kinderheilk. **33** (1922).

WALTNER: Über die Fermente des Säuglingsmagens. Mschr. Kinderheilk. **32** (1926).

YOKOMOBI: Beitrag zur Kenntnis der Beziehung zwischen Lymphocyten und Fettstoffwechsel. Ni. Byor. Gak. K. Tokyo **13** (1923).

VII. Anpassung und Synergie der Verdauung.

Die chemische Verdauung und die Resorption ihrer Produkte sind die eigentlichen Leistungen des Verdauungsvorganges. Die Sekretion und die Motorik des Verdauungskanals stellen nur Hilfsmechanismen zu diesem Hauptzwecke dar. Die chemischen Agentien der Verdauung sind die Fermente, deren Untersuchung also den Ausgangspunkt jeder Prüfung pathologischer Verdauungsverhältnisse zu bilden hat. Die Ablehnung der Bedeutung der Fermentleistungen in der Pathogenese des Brechdurchfalles war ein Irrweg in der Kinderheilkunde, der seinen Grund in unzureichenden Methoden hatte.

Dem Schöpfer der modernen Chymologie, PAWLOW, verdankt man die Erkenntnis der Anpassungsfähigkeit der Sekretion und damit der Fermentleistungen an die Aufgaben der Verdauung. Wieweit die Grenzen solcher Anpassungsfähigkeit gehen, ist aber umstritten. Während hauptsächlich die PAWLOWsche Schule weiter an dem Standpunkt festhält, nach dem die Verdauungsdrüsen zweckentsprechend reagieren, widersprechen andere (LONDON, POPIELSKI) dieser Auffassung. Den zielgemäßen Reaktionen könnten andere entgegengestellt werden, die nicht zweckdienlich seien, so daß eine Verallgemeinerung, die jene Drüsen wie vernunftbegabte Wesen reagieren läßt, unstatthaft sei.

Da diese Streitfragen sich auf Sekretionsverhältnisse beim erwachsenen Hunde beziehen, interessieren sie hier nicht unmittelbar. Die Gleichförmigkeit der Ernährung beim Säugling stellt zudem nicht annähernd die Ansprüche in dieser Hinsicht, wie sie später bei gemischter Kost an die Verdauung gerichtet werden. Die auf die oberen Abschnitte des Verdauungstraktes beschränkte psychische Erregung der Saftabsonderung spielt beim Säugling, wie erwähnt wurde, noch keine wesentliche Rolle, ein Zustand, der der geringen funktionellen Entwicklung der höheren Gehirnzentren entspricht. Die Denk- und die Nährseele des ARISTOTELES beeinflussen sich noch nicht. Wenn wir an den Wegfall der Hemmung der vegetativen Funktionen durch die höheren psychischen Funktionen denken, wie sie im späteren Alter im Schlaf stattfindet, so finden wir vielleicht eine Erklärung für die besondere Disposition dieser frühesten Altersstufe zur Entwicklung der schweren vegetativ-motorischen Neurose des Pylorospasmus. Selbstverständlich muß aber mit weiteren pathogenetischen Faktoren gerechnet werden.

Die Erregung der Sekretion läuft zum mindesten in den ersten Lebensmonaten wesentlich auf chemische und hormonale Reizung hinaus, wobei es dahingestellt bleiben kann, wo diese angreift. Selbstverständlich besagt diese Auffassung nicht, daß nicht auch nervöse Faktoren auf die Sekretionen Einfluß gewinnen können, was ja jeder klinischen Erfahrung widersprechen würde. Nur vollzieht sich der Ablauf solcher Erregungen wahrscheinlich weniger unter Vermittlung psychischer Faktoren, als endogen bedingter vegetativer Vorgänge. Gerade hier ist ja auch viel leichter eine Beherrschung durch hormonale Reize vorstellbar.

Eine weitere Eigentümlichkeit der Verdauung beim Säugling ist die Notwendigkeit der allmählichen Entwicklung der Fermenterzeugung. Hier ist der Fehler begangen worden, daß aus dem Vorhandensein der meisten Fermente beim Fetus und Neugeborenen gefolgert wurde, diese müßten unter allen Umständen in genügender Menge vorhanden sein.

Wieder war es hier der Schluß aus dem qualitativen Nachweis auf das quantitative Verhalten, der zum Irrtum führte.

Wir haben so oft in den vorhergehenden Ausführungen auf die Altersentwicklung des gesamten Fermentapparates hingewiesen und Einzelbeispiele angeführt, daß sich Wiederholungen erübrigen. *Wir fassen diese Entwicklung der Fermenterzeugung als einen wesentlichen Bestandteil der Altersdisposition in der Verdauungsleistung auf.*

Gleichzeitig wird hiermit der bisher unbestimmte Begriff der Nahrungstoleranz exakter ausgedrückt. *Toleranz besteht, sofern genügende Fermentmengen mit genügender Geschwindigkeit bei Bedarf gebildet werden können.* Die Ursachen des Versagens dieser Aufgabe können mannigfache sein. Es können Überfütterung, Erschöpfung durch Inanition, Fehlernährung oder auch ein akuter, die ausreichende Sekretion hindernder Wassermangel und anderes vorliegen. Während es sich hier im wesentlichen um quantitative Verhältnisse der Fermenterzeugung handelt, gibt es auch qualitative Verhältnisse in Gestalt weiterer Bedingungen, die die Fermentleistung beeinflussen.

Der Fermentapparat ist von seiten des Säuglings in Anpassung an die physiologische Nahrung, die Muttermilch, aufgebaut, und somit stellt die künstliche Ernährung an sich eine Bedrohung seiner Leistungsfähigkeit dar. Die Beispiele für die das Fett und den Milchzucker spaltenden Fermente sind gegeben worden, während ein solcher Nachweis für das Eiweiß noch aussteht.

Daß der Vorgang solchen Angepaßtseins an das natürliche Wirkungsmedium kein ungewöhnliches Vorkommnis darstellt, zeigt die große Verbreitung solcher Anpassungen in der Natur.

So sind z. B. die Fermente der Kaltblütter in ihren Leistungen an Temperaturverhältnisse gebunden, die ganz andere sind als die Optimaltemperaturen der Warmblüterfermente. Einer Untersuchungsreihe von HOSAKA ist das folgende Beispiel entnommen:

Temperatur	Serumamylase von		Temperatur	Pankreasamylase von	
	Kröte	Kaninchen		Kröte	Kaninchen
4⁰	16	4	6⁰	640	160
13⁰	32	4	16⁰	640	160
37⁰	16	8	37⁰	640	640
55⁰	8	16	55⁰	160	160
70⁰	4	4	70⁰	80	80

Zwischen 4⁰ und 37⁰, bei welchen Temperaturen die Fermente der Kröte vorzüglich wirken, ist die Leistung der Amylasen von Kaninchen und Meerschweinchen sehr schwach. Ganz analoge Verhältnisse gelten für Invertase, Pepsin und Trypsin. Der Unterschied liegt weniger in der Optimaltemperatur als in den Reaktionsgeschwindigkeiten und den Temperaturkoeffizienten. Ferner werden nach dem gleichen Autor Kaltblüterfermente bei 38⁰ wesentlich schneller geschädigt als Warmblüterenzyme. Letztere werden außerdem bei Zimmertemperatur langsamer spontan aktiviert, also aus dem Stadium des Zymogens in das Enzym überführt. Es liegt hier also eine Temperaturanpassung vor, denn die Fermente als solche sind beim Kalt- und Warmblüter identisch. Die Unterschiede können selbstverständlich auch nicht auf verschiedenen Fermentmengen beruhen.

Ein weiteres Beispiel von Fermentanpassung in der Natur ist das Verhalten der Amylasen zum Chlorion. Im allgemeinen sind sehr geringe Chloridmengen, wie sie im Speichel vorliegen, optimal. Bei den Seetieren mit sehr hohem Chloridgehalt der Körpersäfte besteht auch ein sehr hohes Chloridoptimum der Amylase. Bei den Selachiern, deren Blutisotonie von Harnstoff wesentlich mitbestimmt wird, wirkt Zusatz von Harnstoff nach STARKENSTEIN fördernd auf die Leistung der Amylase des Blutes.

Auf Grund seiner Messungen an Säugern nimmt HOSAKA an, daß es auch Fermentanpassungen an physiologische p_H-Bereiche gäbe. Wo die Magenacidität nicht die hohen Beträge wie etwa beim Hunde erreiche, da liege das Pepsinoptimum tiefer. Es ist das eine konsequente Fortführung des Gedankens von MICHAELIS, der erstmalig darauf hinwies, daß die Fermente, die ihrem natürlichen Medium entsprechende optimale h besitzen. Das Trypsinoptimum entspricht der h des Pankreassaftes, das der Amylase der des Speichels, das des Pepsins der des Magensaftes. Hier ist an das eigentümliche Verhalten der Eiweißverdauung im Magen zu erinnern, dessen h beim jüngeren Säugling gewöhnlich nicht die Höhe erreicht, die nach den Befunden von SÖRENSEN, MICHAELIS, NORTHROP und anderen Voraussetzung der Pepsinwirkung ist. Es ist gezeigt worden, daß gleichwohl beim Säugling eine nennenswerte Peptonbildung zustande kommt. Durch Verbreiterung der Pepsinwirkung gegen den Bereich der isoelektrischen Zone der Milcheiweißkörper hin wird dies ermöglicht. Die eigentümliche Nahrung des Säuglings gestattet ihm, trotz geringer Salzsäuresekretion, peptisch zu verdauen.

Die Frage der qualitativen Anpassung der Verdauungsfermente beim Säugling prüften SOMLO und SZIRMAY, indem sie Magensäfte von Säuglingen mit Kuhcasein, Frauencasein, Fleisch- und Eiereiweiß prüften. Der Magensaft junger Säuglinge spaltete in allerdings sehr langen Versuchszeiten die Caseine gut, Fleisch- und Eiereiweiß so gut wie nicht. Bei älteren Säuglingen war schwache Verdauung von Fleisch und Eiereiweiß nachzuweisen, aber viel schwächer als durch Magensaft von Erwachsenen. Sobald der Säuglingsmagensaft durch Zusatz von Salzsäure die geeignete h erhielt, verdaute er ebenso gut wie Magensaft vom Erwachsenen. Umgekehrt sank die Wirkung dieses auf den des Säuglingsmagensaftes herab, wenn er bis p_H 3,5—5,5 mit Alkali versetzt wurde. Die auch von diesen Autoren gefundene Sonderstellung der Milch bei der Magenverdauung beruht auf der oben angeführten Eigentümlichkeit der Milchverdauung. Eine Anpassung an die fremden Eiweißkörper existiert nur insofern, als diese die Produktion einer reichlicheren Menge von Salzsäure veranlassen, nicht aber auf Grund der Ausbildung besonderer Fermente. Nach K. HECHT kann es durch Fütterung mit Eierklar gelingen, auch beim jungen Säugling die h des Magensaftes so zu steigern, daß er Verdauungskraft für Eiereiweiß gewinnt.

Eine ganz eigenartige Anpassungserscheinung stellt auch die Tatsache dar, daß die Frauenmilch eine hochwirksame Lipase enthält. Im allgemeinen spielt der Fermentgehalt der Nahrungsmittel gar keine Rolle bei der menschlichen Ernährung. Daß die Verdauung des Fettes, des am schwersten angreifbaren Nahrungsstoffes, in dieser Weise gesichert ist, ist als bedeutungsvolle Erscheinung von Anpassung — allerdings im passiven Sinne des Wortes — aufzufassen.

Aktive Anpassung kann bestehen in Mehrproduktion von Fermenten bei bestimmten Anforderungen oder in der von Aktivatoren. HOSAKA fand außerdem eine Anpassung von Organlipasen an Fermentgifte, die ihre hemmende Wirkung in vitro verloren, wenn die Tiere selbst in vivo mit dem betreffenden Fermentgift lange Zeit vorbehandelt waren.

Angaben über erhöhte Fermentbildung bei zunehmender Beanspruchung liegen beim Säugling nur in beschränkter Zahl vor; namentlich bezüglich der Kohlenhydrat spaltenden Fermente gibt es hier aber doch einige Daten. Wir verweisen hierzu auf die früheren Ausführungen über die Lactase. Am Erwachsenen stellte KOOPMANN Untersuchungen über den Einfluß reiner Kohlenhydrat- und reiner Eiweißdiät auf die Menge der Speichelamylase an. Wenn auch hierbei Veränderungen der Beschaffenheit des Speichels im chemischen Sinne und ferner solche bei der Inaktivierung der Amylase auftraten, so war doch von Anpassung nichts zu bemerken. Der Speichel der Eiweißperiode diastasierte genau so gut wie der der Kohlenhydratzeiten. Für den Säugling vermißt auch NICORY im Gegensatz zu einer Angabe von FINZI den Zusammenhang zwischen Amylasegehalt des Speichels und Zufuhr von Kohlenhydrat. Wie vorsichtig man auf diesem Gebiete mit Verallgemeinerungen sein muß, zeigt die Tatsache, daß man im Gegensatz zu dem hier Mitgeteilten bei der Ratte weitgehende Anpassungen beobachtet hat. Brotratten wiesen nach HIRATA den 3—500fachen Amylasegehalt des Pankreas auf wie Speckratten.

Bei der Lactase ist ebenfalls in ausgesprochenem Maße mit einer Fermentanpassung zu rechnen. Den früher gebrachten Beispielen über Anpassung der Lactasebildung an den Bedarf sei eine wenig beachtete Erscheinung über das Verhalten der Toleranz für Milchzucker im Säuglingsalter und beim älteren Kinde hinzugefügt. Die Toleranzgrenze beim Säugling liegt mit 3—4 pro Kilogramm Körpergewicht doppelt so hoch wie die Assimilationsgrenze des älteren Kindes. Für Saccharose dagegen, die auch im späteren Alter ein ständiger Bestandteil der Nahrung ist, sinkt die Assimilationsgrenze sehr viel weniger ab (ASCHENHEIM). Ganz klare Verhältnisse, die jenseits aller Einwendungen liegen, werden hier erst dann herrschen, wenn quantitative Messungen der Fermentausscheidung vorliegen, für die es bisher noch an methodischen Grundlagen fehlt.

Der Säuglingsmagen sezerniert, wie ausgeführt wurde, bei künstlicher Ernährung stärker, und das gleiche gilt für die in das Duodenum erfolgenden Sekretionen. Als Reizbildner dient hierbei in erster Linie das Eiweiß. Man hat diese Verstärkung der Absonderung namentlich in Hinblick auf die Salzsäureproduktion betrachtet, jedoch kann sie ebensogut als Vermehrung der Fermentbildung gedeutet werden, die denn auch WALTNER für das Labferment bei künstlicher Ernährung erhöht fand. Der stärkeren Sekretion im Darm entsprechend wurden von BUDDE größere Tryptasemengen in den Stühlen künstlich ernährter Säuglinge gefunden. Tatsächlich produzierten diese mehr proteolytisches Ferment. Da eine schwerere Verdaulichkeit des Kuhmilcheiweißes nicht erwiesen werden konnte, so sind es mit größter Wahrscheinlichkeit die quantitativen Differenzen im Eiweißgehalt, die hier in letzter Linie zur Erklärung des Unterschiedes herangezogen werden müssen.

Ob man diese Mehrlieferung als Anpassungserscheinung bezeichnen will oder nicht, ist Sache des Standpunktes. Nimmt man an, daß die Sekretion dem Sekretionsreiz rein passiv folge, so wird man solchen Ausdruck vermeiden, nicht aber, wenn man die aktive Zelleistung hierbei berücksichtigt. Es ist zu bedenken, daß selbst bei einem zwangsläufigen, passiven Ausschütten des Fermentes doch stets eine Nachbildung für das Verlorengegangene stattzufinden hat, die bei erhöhter Sekretion verstärkt werden muß.

Über die Adaption der fettspaltenden Fermente ist außer der Angabe WALTNERS über Zunahme der Magenlipase bei fettreichen Gemischen nichts bekannt. Beim Fistelhund ist Fett als ein starker Erreger der Darmsekretion bekannt. Es ist wahrscheinlich, daß auch beim menschlichen Säugling das Fett ähnliche Wirkungen im Darm entfaltet, womit ein ähnliches Verhalten gegeben wäre, wie es betreffs der Eiweißspaltung bei künstlicher Ernährung vorliegt.

Neben den Anpassungen der Bildung und Sekretion der Fermente gegenüber der Nahrung gibt es Adaptionen der Absonderungen der verschiedenen Teile des Darmkanales aneinander. Speichel ist ein Erreger des Magensaftflusses. Und wenn früher mitgeteilt wurde, daß beim jungen Säugling die Speichelsekretion geringer sei, so weist dies darauf hin, daß auch einer der Erreger der Magensekretion bei ihm entfällt. Daß diese tatsächlich beim jungen Säugling besonders schwach ist, kann freilich auch noch auf anderem Wege erklärlich gemacht werden, ist eher ein paralleler als ein abhängiger Vorgang.

Für die Galle dienen Säure und Pepton und andererseits Fettsäuren und Seifen, also Produkte der Magenverdauung, als Sekretionserreger. Wo die Eiweißverdauung bei kräftiger Säurebildung im Mager prävaliert, ist ebenso für einen Erreger der Gallesekretion gesorgt, wie dort, wo bei schwacher Acidität Lipolyse stattfindet. Säuren, welche die Sekretinbildung ermöglichen, andererseits Galle und verschiedene Verdauungsprodukte erregen die Sekretion des Pankreas. Der Pankreassaft wiederum und in zweiter Linie die Gallensäuren sind die wichtigsten Reize für die Darmsekretion. Somit lösen sich die Sekretionen und mit ihnen die durch sie ermöglichten chemischen Spaltungen vom höheren zum tieferen Darmteil genau so in abgestimmter Folge aus, wie dies für die Motorik geschieht. Es ist ein Ineinandergreifen, wie bei den Teilen einer komplizierten Maschine.

Außer dieser Synergie, die im Übertragen der Tätigkeit vom einen zum anderen Abschnitte besteht, gibt es diejenige einer Aneinanderkoppelung chemischer Prozesse im Sinne der Unterstützung des einen durch den anderen. Die Produkte der Eiweißverdauung fördern, wie erwähnt wurde, die Amylase. Besonders wichtig für die Verdauung der Milch sind die früher besprochenen Beziehungen zwischen Eiweiß- und Fettabbau.

Ein Hinweissymptom für die Gemeinsamkeit ihrer Schicksale ist die Labung, die sie in enge räumliche Verbindung bringt, so daß das Fett in den Käsegerinnseln eingeschlossen wird. Bei Frauenmilch wird gleichzeitig das aktivierte Milchferment der Lipase hier fixiert. Wenn die Käseflocken nun der Darmverdauung unterliegen, so fördern die Produkte des Eiweißabbaues, namentlich die tiefen Spaltstücke, die Lipolyse sehr wirksam. Die Fettverdauung wird durch die des Eiweißes beschleunigt. Beide Vorgänge erfahren ferner durch Galle eine Förderung, die bei der Proteolyse allerdings nur den höheren Abbau, nicht die Tiefenspaltungen betrifft. Die umgekehrte Beziehung einer Förderung der Proteolyse durch Fettsäuren und Seifen hat sich nicht nachweisen lassen.

Bei der Lactase, von der ich allerdings nie wirklich eiweißarme Präparate in Händen hatte, wurde eine Einwirkung von Produkten des Eiweißabbaues, besonders Dipeptiden und Aminosäuren in förderndem Sinne ebenso vermißt wie bei der Saccharase. Ebensowenig konnten Beziehungen zwischen den Abbauprodukten der Stärke- und der Fettspaltung nachgewiesen werden. Ob in der von UTTER gefundenen Erhöhung der Assimilationsgrenze für Rohrzucker durch Eiweiß ein Förderungsmechanismus der Invertase verborgen ist, muß dahingestellt bleiben.

Endlich sei auf die Arbeitsteilung zwischen der Bauchspeicheldrüse

und den Zellen der Darmschleimhaut selbst hingewiesen. Wir können
diesbezüglich folgende Gruppen von Fermentwirkungen einteilen, wobei
wir die Verhältnisse beim menschlichen Säugling zugrunde legen, die
sich nicht vollkommen mit denen beim Hunde decken:

<table>
<tr><td align="center">1.
Nur im Pankreassekret vorhanden,
aber von der Mitwirkung des
Darmes abhängig (Enterokinase)
Tryptase</td><td align="center">2.
Außer dem Vorkommen im Pankreas-
sekret, schwache Darmbeteiligung
Lipase, Amylase, Maltase</td></tr>
<tr><td align="center">3.
Starke Darmbeteiligung,
außerdem Pankreassekretion
' Peptidasen</td><td align="center">4.
Ausschließliche Leistung der
Darmzellen
Lactase, Invertase (Kathepsin?)</td></tr>
</table>

Die Duodenalsekrete wirken vorzugsweise auf kolloide Komplexe
(Eiweiß, Stärke, Fett) ein. Ausfall der Wirkung an dieser Stelle führt
zur schlechten Ausnützung, da keine größeren Mengen der kolloiden
Stoffe resorbiert werden können. Die Polypeptide werden vom Pankreas
und den Darmzellen, Milch- und Rohrzucker ausschließlich von den
Darmzellen gespalten. Da sie krystallinische, resorptionsfähige Stoffe
sind, so wird ein Versagen auch zur Ausscheidung im Harne führen
können. Bei den Peptiden besteht die doppelte Sicherung, daß sie sowohl
durch den Pankreassaft wie durch die Darmzellen wie die betreffenden
Fermente der Gewebe selbst aufgespalten werden können. Der Eiweißabbau ist also in ganz besonderer Weise gesichert. Die Tryptase bewirkt
die Desaggregierung, die Peptidasen die tiefere Spaltung. Während bei
den Zuckerspaltungen die zugehörigen Fermente schon im Ileum an
Menge abnehmen und im Dickdarm nur in geringem Umfange oder gar
nicht mehr nachweisbar sind, weist die Peptidase noch im Kolon $^2/_3$
der Menge wie im Höchstbereich ihres Vorkommens, dem Jejunum, auf.
Es besteht also für den Eiweißabbau eine kontinuierliche Weiterarbeit
jeden Darmabschnittes an dem Punkte, an welchem der höhere Darmteil
die Arbeit abgegeben hat. Der Stärkeabbau und die Fettspaltung verlaufen mit Unterbrechungen. Bei der letzteren wiederholt sich zudem
der chemisch gleiche Prozeß immer wieder, es gibt keine Stufengliederung
wie beim Eiweißabbau. Sobald die Arbeit der Verdauung dieser Stoffe
an neuem Orte — etwa nach der Unterbrechung im Magen — wieder
aufgenommen wird, wird auch neues Ferment geliefert, obwohl das alte
Ferment unter Umständen nicht zerstört ist. Vermutlich ist es der zunehmende Gehalt an hemmenden Stoffen, mit deren Vermehrung die
Resorption nicht Schritt zu halten vermag, der diese Nachlieferung von
Ferment notwendig macht. Die Zahl der Fermente mit verschiedenem
Produktionsorte beträgt für die Fettspaltung 4, nämlich Milch-, Magen-,
Pankreas-, Darmlipase; Aktivatoren sind Lipokinase und Galle, Auxo-
stoffe die Eiweißabbauprodukte. Bei der Eiweißverdauung wirken Lab-

chymosin, beim älteren Säugling dazu Pepsin, ferner Tryptase des Pankreas, Peptidasen von Pankreas und Darm, während den Doppelzuckern nur ein Ferment entgegengestellt wird. Erhöhte Sicherungen verringern die Möglichkeit der Gefährdung des betreffenden Prozesses, während einfachere Leistungen auch ohne weitgehende Sicherungen dem Organismus zugemutet werden. Je mehr die Abhängigkeit der Leistung eines Darmabschnittes von der Tätigkeit anderer Darmteile hervortritt, um so deutlicher wird es, daß die Verdauungsarbeit ein kompliziertes Spiel ist, dessen Gelingen harmonische Zusammenarbeit, Synergie, erfordert. Zweckmäßiger als das rein mechanisch anmutende Wort von ESCHERICH „Chymusstagnation" als Symptom gestörter Verdauung ist es, von Aufhebung dieser Synergie der Verdauung zu sprechen. Da sie die motorischen, sekretorischen, chemischen, resorptiven Komponenten der Verdauung mit umfaßt, ist ihre Störung, die *Dysergie*, das wesentliche Moment bei der Dyspepsie.

Ein Beispiel für die tatsächliche Existenz von den ganzen Ablauf der Verdauung ordnenden Einflüssen geben die durch BOLDYREFF bekannt gewordenen Mechanismen, die dieser wie folgt schildert:

„Im hungrigen Zustande findet bei gesunden Tieren (Hunden) meistenteils eine regelmäßige und gleichmäßige periodische, sowohl motorische, als auch sekretorische Arbeit des Verdauungskanales statt. Sie setzt sich zusammen: 1. aus gleichzeitigen, starken, energischen und eigenartigen Kontraktionen des Magens, des Dünndarmes und der Gallenblase, wobei sich Galle in den Darm ergießt und 2. aus der die erwähnten Bewegungen begleitenden Absonderungen der Pankreas- und Darmsäfte, welche reich an Fermenten sind. Die Speichel- und die Magendrüsen jedoch nehmen keinen Anteil an der zu beschreibenden periodischen Arbeit. Die Arbeitsperioden aller dieser Organe wechseln in bestimmten Zeiträumen mit Perioden allgemeiner Ruhe ab.

Diese Tätigkeit geht ebenso wie die Herzschläge und die Arbeit der Atmungsmuskulatur automatisch vor sich und wird vom Appetit nicht nur nicht hervorgerufen, sondern im Gegenteil, sie hört immer sogleich auf, wenn sich das Eintreten des Appetites physiologisch bemerkbar macht. Ebenso verschwindet sie während der Verdauung."

Daß ähnliche Verhältnisse auch beim Menschen vorkommen, bei dem man Hungerkontraktionen ebenso wie Hungersekretionen kennt, ist sehr wahrscheinlich. Hierauf kommt es uns weniger an als auf die Tatsache, daß hier eine gemeinsame, automatisch regulierte Zusammenarbeit motorischer und sekretorischer Funktionen nachgewiesen ist, deren Zweck und Aufgabe im übrigen unbekannt ist. Eine Beziehung zu pathologischen Vorgängen ist dadurch wahrscheinlich, daß eine Verstärkung dieser periodischen Tätigkeit zu Nausea, Aufstoßen und Erbrechen führen kann. Voraussetzung hierfür sind Hungerzustand und bei darniederliegendem

Appetit fehlende Sekretionstätigkeit des Magens, der nur anaziden Inhalt oder zurückgeflossene Duodenalsekrete enthält. Solche Verhältnisse aber können sehr wohl vorkommen bei Infektionen, Ernährungsstörungen, Hunger und Nahrungsverweigerung aus den verschiedensten Gründen. Ich habe den Eindruck, daß dann, wenn man Galle im Säuglingsmagen vorfindet, derartige abnorme Bedingungen obwalten.

Die automatische, synergische Gesamtregulierung von Motorik und Sekretion macht das gemeinsame Ansprechen von nicht unmittelbar zusammengehörigen Einrichtungen besser verständlich, als dies bis jetzt der Fall war. Bisher dachte man bei der Genese der Dyspepsie stets an lokal wirksame Momente, die den Darm reizen und zu gesteigerter Peristaltik veranlassen sollten. Hierbei bleibt es vollkommen dunkel, inwiefern es bei Dyspepsie auch zur Hypersekretion kommt, denn die wichtigsten Sekretbildner, Leber und Pankreas, kommen mit dem angenommenen Reizstoffe gar nicht in Kontakt. Und wenn früher erwähnt wurde, daß man bei Dyspepsie an beliebigen Darmstellen gesteigerte peristaltische Ansprechbarkeit fand, sowie spontane Sekretion aus leeren isolierten Darmschlingen, die sonst niemals beobachtet wird, so zeigt dies, daß eine allgemeine Umstimmung über lokal wirkende Momente hinaus angenommen werden muß. Diese Umstimmung betrifft das gesamte abdominelle vegetative System. Wenn weiter bei schweren Toxikosen das vegetative System auch außerhalb des Darmbereiches abnorm reagiert (HEIM), so ist hierfür die beste Erklärung die, daß ein immer stärker werdender Reiz über den bisherigen Wirkungsbereich hinaus seine Wirksamkeit ausstrahlt.

Literatur.

BABAK: Über die morphogenetische Reaktion des Darmkanals der Froschlarven auf Muskelproteine verschiedener Tierklassen. Zbl. med. Wiss. **1877**. — BOLDYREFF: Einige neue Seiten der Tätigkeit des Pankreas. Erg. Physiol. **11** (1911).

FREUDENBERG: Der Verdauungsvorgang bei natürlicher und künstlicher Ernährung des Säuglings (Würzburger Abhandlung). Leipzig: Kabitzsch 1923. — Die Überlegenheit der artspezifischen Milch in der Säuglingsernährung. Sitzgsber. Ges. z. Beförderg d. ges. Naturwiss. Marburg 1924.

HECHT, K.: Über die adaptive Entwicklung von Verdauungsfermenten. Pflügers Arch. **202** (1924). — HOSAKA: Über die Anpassungs- respektive Gewöhnungserscheinungen der Fermente und die ihre Wirkung beeinflussenden Agentien: Temperatur, Chlornatrium, h, Pharmaka, insbesondere Chinin. Mitt. med. Fak. Tokyo **26** (1921).

SOMLO-SZIRMAY: Versuche über die adaptive Entwicklung von Verdauungsfermenten. Pflügers Arch. **202** (1924).

WEINLAND: Beiträge zur Frage über das Verhalten des Milchzuckers im Körper, besonders im Darm. Habilitationsschrift. München: Oldenbourg 1899. — Über die Lactase des Pankreas. Z. Biol. **38** (1899); **40** (1900). — WINTERSTEIN: Handbuch der vergleichenden Physiologie. 2. Bd. Abschnitt: BIEDERMANN, Die Aufnahme, Verarbeitung und Assimilation der Nahrung. Jena: Gustav Fischer 1911.

VIII. Die Rolle der Darmbakterien bei der Verdauung.

Das Ziel einer Darstellung der Verdauungsfunktionen beim Säugling ist nicht damit zu vereinbaren, daß hier eine eingehende Beschreibung der Bakterientypen, die im Darme angetroffen werden können, nach ihren morphologischen und kulturellen Eigenschaften erfolgt. Ihre biologischen Eigenschaften finden nur insofern Berücksichtigung, als sie in Beziehung zur Verdauung treten. Nur in der Untersuchung solcher Beziehungen liegt unsere Aufgabe.

Der Darmkanal des Neugeborenen ist zunächst steril. Von der Mundhöhle und vom After her erfolgt seine Infektion, zu der wahrscheinlich schon der Geburtsvorgang Veranlassung gibt. Die zweite oder dritte Entleerung von Meconium ist bakterienhaltig. Die Bakterienflora des Meconiums ist nicht identisch mit der des Milchkotes, besonders nicht in Hinsicht der quantitativen Verteilung der verschiedenen Arten. Auch die Gesamtmenge der Bakterien ist im Meconium geringer als im Milchstuhl. Bei diesem wieder sind in gewisser Abhängigkeit von der Ernährungsform weitgehende Unterschiede zu konstatieren. Zeissler und Käckell geben folgende Zusammenstellung der aus Frauenmilch- bzw. Kuhmilchstühlen kultivierbaren Arten.

Bruststühle. Bacillus bifidus. Bacillus acidophilus. Coli commune. Coli haemolyticus Staphylokokken. Fränkelscher Gasbacillus. Sarzine. Bacillus proteus. Lactis aerogenes.

Kuhmilchstühle. Coli commune. Fränkelscher Gasbacillus. Bacillus bifididus. Bacillus mesentericus. Bacillus putrificus Bienstock. Streptokokken. Putrificus verrucosus. Bacillus amylobacter. Bacillus vulgatus Flügge. Putrificus tenuis.

Bakterioskopisch auffällig ist das starke Überwiegen der grampositiven Stäbchenflora (Bifidus) im Brustmilchstuhl gegenüber dem Polymorphismus des Bildes des Kuhmilchstuhles, in dem namentlich Colibazillen sehr reichlich vorkommen. Der bakteriologische Befund im Stuhl läßt nun keineswegs einen Schluß auf die bakterielle Besiedelung der verschiedenen Darmabschnitte zu mit Ausnahme der untersten (Moro). Diese Besiedelung ist durchaus ungleichartig. Selbstverständlich lassen sich aus der Mundhöhle des Säuglings, die mit der Außenwelt in naher Verbindung steht, Keime kultivieren. Auch ist es bei den gemeinsamen Quellen der Herkunft nicht erstaunlich, daß einige im Darm nachgewiesene Arten auch hier vorkommen können. Besonderes klinisches Interesse hat das Vorkommen des Soorpilzes an diesem Standort, der beim Eintreten geeigneter Bedingungen hier zur Ansiedelung und Ausbreitung gelangt. Der Behauptung einer Beziehung der Ansiedelung des Soorpilzes zur Reaktion des Mundspeichels kann ich auf Grund eigener Beobachtungen nicht beistimmen. Die Eignung saurer Nährböden für die Kultur des Pilzes läßt keineswegs einen solchen Schluß zu. Mehr

Berechtigung dürfte die Annahme haben, daß es herabgesetzte Speichelsekretion ist, die hier eine wesentliche Rolle spielt. Gerade in den ersten Lebensmonaten kommt der Soorpilz besonders oft zur Ansiedelung auf der Mundschleimhaut und gerade in diesem Alter ist die Speichelsekretion sehr gering. Daß hiermit alles erklärt sei, soll keineswegs behauptet werden. Es ist nur eine im allgemeinen begünstigende Bedingung namhaft gemacht.

Auch im Magen des Säuglings lassen sich Keime, besonders verschiedenartige Kokken, Bakterien der acidophilen Gruppe, Coli und Hefen in nicht unbedeutender Menge nachweisen, ohne daß jedoch konstante Verhältnisse vorliegen. Welchen Einfluß die Aciditätsverhältnisse auf die im Magen befindlichen Keime ausüben, ist Gegenstand vielfacher Untersuchungen gewesen. Die h besitzt baktericide Wirkungen, die verschiedenen Bakterien gegenüber natürlich sehr verschieden sind. SCHEER bzw. HESS und SCHEER machen hierüber folgende Angaben:

Coli wird abgetötet durch p_H 3,15 in 3 Stunden

,, ,, ,, ,, ,, 3,68 ,, 6 ,,

,, ,, ,, ,, ,, 3,87 ,, 9 ,,

,, ,, ,, ,, ,, 4,22 ,, 12 ,,

,, ,, , ,, ,, 4,58 ,, 24 ,,

,, ,, ,, ,, ,, 9,32 überhaupt nicht

,, ,, ,, ,, ,, 9,43 in 12 Stunden

,, ,, ,, ,, ,, 9,65 ,, 3 ,,

Dysenteriebazillen werden abgetötet durch p_H 5,3—5,4 in 24 Stunden

,, ,, ,, ,, ,, 4,3—4,6 ,, 3 ,,

Enterokokken ,, ,, ,, ,, 2,36 ,, 24 ,,

Hieraus ist ersichtlich, daß auch im Magen des Säuglings unter geeigneten Bedingungen eine Sterilisierung namentlich gegenüber den besonders wichtigen Colibazillen möglich ist, *unter gar keinen Umständen aber durch die ,,Alkalescenz" des Darmsaftes*, die auch nicht angenähert genügende Grade erreicht. Schwierig wird es sein, einen Wert anzugeben, bei dem man mit Sicherheit auf Sterilität rechnen darf. Gegenüber SCHEER behaupten PLONSKER-ROSENBAUM, auch bei kleineren Werten als pH 3,7 lebende Colibazillen im Magen gefunden zu haben. Solche Befunde sind selbstverständlich möglich, da die Abtötung einen Zeitfaktor besitzt, den man durch die Aushebung nicht ermitteln kann. Der Umstand, daß die h des Magens keine Konstanz zeigt, sondern mit fortschreitender Verdauung zunimmt, um zuletzt wieder zu sinken, läßt den Befund einer bestimmten für das Abtötungsvermögens nur von recht beschränktem Werte erscheinen. Es wird bei der Aushebung nur ein Punkt aus einem Kurvenverlauf herausgegriffen, während die zur Abtötung nötige h während ihrer Wirkung Konstanz erfordert. Gegen die Zuverlässigkeit der Bakterizidie der Magensalzsäure beim Säugling ist also ein gewisses Mißtrauen berechtigt. Immerhin ist es bemerkenswert, daß der Magen bei Werten, die kleiner als 3,7 waren, bei den Untersuchungen SCHEERS meistens steril bzw. frei von Coli gefunden wurde.

Das Vorkommen von Colibazillen im Säuglingsmagen hat sehr verschiedene Bewertungen erfahren. Von manchen Seiten als Stigma einer latenten Störung oder als Residuum einer solchen betrachtet (PLONSKER-ROSENBAUM), wurde es auch als ganz banales Vorkommnis, dem keinerlei diagnostische oder prognostische Bedeutung zukomme, angesprochen (DEMUTH). Dieser Autor fand bei 362 Untersuchungen in 27% 2 Stunden nach der Mahlzeit Colibazillen im Magen *gesunder* Säuglinge. Wurden die Fälle mit einem $p_H \lesseqgtr 4{,}5$ ausgeschlossen, so ergaben sich für den Rest 69% positive Befunde. Die Zahl für dyspeptische Säuglinge unter Ausschluß der Aciditäten $p_H \leqq 4{,}5$ aber betrug 65%, bei kranken Säuglingen 57%. Hiernach ist der Nachweis von Colibazillen im Magen ohne jede Bedeutung. Auch die Befunde von GRÄVINGHOFF sprechen in ähnlichem Sinne. Daß das Aufnehmen von Colibazillen mit der Nahrung als Ursache von Verdauungsstörungen nur ausnahmsweise in Betracht kommt, scheint hierdurch sichergestellt zu sein. BESSAU-BOSSERT und SCHEER rechnen damit, daß Colibazillen auch vom Duodenum her durch den Canalis pylori in den Magen eindringen können. Da der Colinachweis im Duodenum pathologische Verhältnisse oder doch wenigstens abnorme Zustände anzeigt, so liegt die Konsequenz nahe, den Befund von Colibazillen im Magen hoch zu bewerten. Das ausgedehnte Kontrollmaterial von gesunden Säuglingen, das erst DEMUTH heranzog, nötigt zu einer Einschränkung dieser Auffassung.

Wie liegen die Verhältnisse im Dünndarm? Im oberen Dünndarm haben wir mit stark schwankenden Aciditätsverhältnissen zu rechnen, je nachdem der vom Magen übertretende Chymus bereits durch Sekrete des Darmes und der großen Anhangsdrüsen verdünnt ist. Außerhalb der obersten Zonen, in denen diese Schwankungen am ausgeprägtesten sind, hat man mit Aciditäten von p_H 5—7 zu rechnen. Hiermit kommen wir in Aciditätsbereiche, innerhalb deren mit Abtötungen durch die h nicht mehr zu rechnen ist, obwohl der längere Darmaufenthalt gegenüber der kurzen Magenverweildauer günstigere zeitliche Bedingungen bieten würde. Bei der bakteriologischen Untersuchung von Duodenalsäften verschiedener h wurden denn auch von DAVISON keine Beziehungen zwischen p_H und Keimgehalt gefunden. Der gleiche Gesichtspunkt gilt für die erhoffte desinfizierende Wirkung saurer Nahrungen im Darm. Die zu diesem Zwecke viel zu geringen Aciditäten werden zudem nicht genügend lange aufrecht erhalten, um keimabtötend wirken zu können. Da wie beim Erwachsenen (ROLLY und LIEBERMEISTER) so auch beim Säugling (ESCHERICH, MORO, TISSIER) eine ausgesprochene Bakterien-

armut im oberen Dünndarme unter normalen Verhältnissen obwaltet,
so müssen es andere Mechanismen als die Aciditätsverhältnisse sein, die
hier in Wirkung treten. Wenn von Bakterienarmut gesprochen wurde,
so besagt dies, daß eine freilich spärliche Menge kultivierbarer Keime in
vivo im Duodenum nachweisbar ist. Mit der Anwesenheit von Enterokokken, weniger oft von Hefen, Sarzinen, einzelnen Stäbchen ist auch
beim gesunden Säugling zu rechnen, nicht aber mit derjenigen von Colibazillen, die für Dyspepsie und deren Grenzzustände eigentümlich sind
(BESSAU-BOSSERT, SCHEER).

Bisher wurde im wesentlichen die Meinung vertreten, daß die Bakterienarmut durch den harmonischen Mechanismus der Motorik, Fer-
mentarbeit und Resorption bewirkt werde, welche es nirgends im oberen
Dünndarm zulasse, daß stagnierender Chymus als Nährboden der Vegetation von Bakterien liegenbleibe (ESCHERICH, MORO, BESSAU). Gewiß
ist dieser Gesichtspunkt sehr wesentlich, denn wir haben einerseits das
Beispiel der enormen Bakterienwucherung im Dickdarm, wo eine gewisse
Stagnation physiologisch ist, andererseits sehen wir tatsächlich bei der
Dyspepsie gleichzeitig das Aufhören der Keimarmut des Dünndarmes
und die Störung jener Harmonie der Verdauungsarbeit, von der oben
gesprochen wurde. Neuerdings sind aber noch andere Kräfte des Organismus erkannt worden, die jene Keimarmut zu bewahren helfen. Es
handelt sich nicht um eine Wiedererweckung der längst erledigten Hypothese einer desinfizierenden Wirkung der Galle oder der eiweißverdauenden Fermente, sondern es werden spezifische, von der Darmwand derjenigen Teile, die keimarm bleiben, produzierte Stoffe, welche eine desinfizierende Wirkung gegenüber den Bakterien ausüben, beschrieben
(KOHLBRUGGE, GANTER und VAN DER REIS, BOGENDÖRFER, LÖWEN-
BERG). Während BOGENDÖRFER nur von entwicklungshemmenden Eigenschaften des normalen Duodenalsaftes spricht, stellen GANTER-VAN DER
REIS und LÖWENBERG in der überwiegenden Zahl der Fälle starke bakterizide Kräfte fest. LÖWENBERG schlägt den Namen „Bakteriozidine“
vor. Es ist nach ihm wesentlich, daß diese Stoffe nicht im Darmepithel
ruhen, sondern in die Sekrete übertreten. Die Sekrete vollbringen die
Bakterizidie auch im Reagenzglas. Bei 4—8facher Verdünnung des normalen Duodenalsaftes mit Kochsalzlösung verschwindet teilweise die
Bakterizidie, ebenso erfolgt Abschwächung bei Erwärmen auf 70°, jedoch
lange nicht in dem Maße wie bei den bakteriziden Serumstoffen. Es gibt
außerordentliche Verschiedenheiten in der Wirkung der einzelnen Säfte.
Neben solchen, die noch in hohen Verdünnungen keimtötend wirken,
gibt es andere, die schon bei schwächeren Graden Verminderung aufweisen, und endlich solche von klinisch gesunden Menschen, die jedes
entsprechende Vermögen vermissen lassen. Die Bakterien binden die
Bakteriozidine nicht. Die Wirkung geht bei Aufbewahrung der Säfte in

der Wärme verloren. Eiereiweiß, Casein, Serum, Bouillon, weniger Gelatine, dagegen Eiweißabbauprodukte wie Peptone, in geringem Maße auch Aminosäuren, hemmen die Bakterizidie des Duodenalsaftes. Indifferent sind Dextrine und Cholesterin. Die Stoffe sind keine Seifen und keine Lipoide, sie können durch 7—10%ige Ultrafilter aus Eisessigkollodium nach BECHHOLD filtriert, auch langsam dialysiert werden, sind aber nicht mineralischer Natur. Der Bicarbonatgehalt des Duodenalsaftes ist ganz unbeteiligt. Vermutlich sind es Kolloide von niedriger Teilchengröße oder aber hochmolekulare organische Krystalloide. Um Bakteriophagenwirkung handelt es sich, wie schon aus der Filtrierbarkeit hervorgeht, nicht. Es fehlten auch die Übertragbarkeit des bakteriziden Prinzips von Röhrchen zu Röhrchen und die wirkliche Auflösung der Bakterien, wie sie der Bakteriophage herbeiführt. Von großer Bedeutung ist der Nachweis, den BOGENDÖRFER durch die Methode des langen Schlauches, GANTER-VAN DER REIS mittels ihrer Darmpatronen erbrachten, daß nicht alle Teile des Darmes die gleiche antibakterielle Wirkung ausüben. Im Duodenum mäßig, steigt diese an bis zur Mitte des Dünndarmes, um dann wieder abzunehmen. Der Dickdarm besitzt jene Stoffe überhaupt nicht. Wird nicht natürlicher Darmsaft verwendet, sondern ein künstlicher Darmsaftfluß durch Podophyllin oder Colocynthin erzeugt, so erweist sich dieser abnorme Saft als minderwertig. Ebenso fehlen nach BOGENDÖRFER die hemmenden Stoffe (BOGENDÖRFER fand nur Hemmungen, nicht Abtötungen, weil er mit eiweißhaltiger Bouillon arbeitete) beim Auftreten von Darmparasiten, Kachexie und Peritonitis.

Es ist sehr bedauerlich, daß beim Säugling noch keine Untersuchungen über diese Stoffe angestellt worden sind. Wir wissen nicht, ob und unter welchen Bedingungen er sie besitzt, in welchem Alter sie auftreten, wie Ernährungsstörungen und Erkrankungen wirken, welche Bakterienarten beeinflußt werden können usw.

Würde sich auch für das Säuglingsalter die Bakterizidie des Darmsaftes erweisen lassen, so wäre ein großer Schritt nach vorwärts getan. Nicht nur würde die Tatsache der Keimarmut des Dünndarmes besser als bisher erklärt, auch für die Pathogenese der akuten Störungen wäre vieles gewonnen. Insbesondere ist auf den Einfluß eines verlangsamten Eiweißabbaues hinzuweisen, nachdem die hemmende Wirkung der Eiweißsubstanzen und ihrer Abbauprodukte auf die Bakterizidie des Dünndarmes erkannt ist.

Die Veränderungen des bakteriologischen Befundes im Darme bei den Toxikosen wurden von MORO an der Leiche, von BESSAU-BOSSERT mittels der Duodenalsondierung in vivo verfolgt. Es handelt sich hier quantitativ um eine wesentliche Vermehrung der Bakterienzahl, qualitativ um das beherrschende Hervortreten einer ganz bestimmten Form, nämlich des Colibacillus. Die Bazillen wuchern im Chymus, ohne in das Gewebe der Schleimhaut einzudringen. Für diesen Zustand wurden die Bezeichnungen „endogene Infektion" und „endogene Invasion" vorgeschlagen. Es ergibt sich eine Reihe von Fragen:

1. Wie kommt es zur Vermehrung der Colibazillen im Dünndarm?
2. Welche Folgen hat die Anwesenheit der Colibazillen im Dünndarm?
3. Wie verhalten sie sich bei den Heilungsvorgängen?

Wie schon erwähnt wurde, sind wir nicht genügend über die Ursachen der unter normalen Verhältnissen bestehenden Keimarmut des Dünndarmes des Säuglings unterrichtet. Deshalb ist es notwendig, sich auf das Gebiet von Mutmaßungen zu begeben, wenn wir an unsere erste Frage herangehen. Es sei betont, daß noch kein Autor bisher — außer der Konstatierung des Tatbestandes — etwas anderes als Annahmen und Erwägungen vorzubringen vermocht hat. Tierversuche haben gerade hier einen sehr beschränkten Wert.

Bei jungen Hunden und jungen Kaninchen gelang es HAHN, KLOCMAN und MORO den Zustand der endogenen Infektion herbeizuführen, indem sie Abführmittel (Podophyllin) oder sehr große Zuckermengen verfütterten. Erfolgreich war auch das Verbringen der Tiere in einen geheizten Kasten, wodurch Überhitzung bewirkt wurde. ARNOLD erzeugte Fieber durch verschiedene bakterielle Vaccinen und sah 2 Stunden nach Einsetzen des Fiebers Colibazillen und Lactis aerogenes im Duodenum auftreten. Die Reaktion wurde hier durch Sistieren der Magensekretion für dauernd ungewöhnlich alkalisch (bis p_H 7,4). Einbringen einer alkalischen Phosphatlösung ins Duodenum hatte die gleichen Folgen. Nach 2—3 Stunden war dann eine Colivegetation aufgetreten. BERNHEIM-KARRER erzielte bei Meerschweinchen durch Kuhmilch eine Colivegetation, die am 5.—8. Tage vom Magen bis zum Kolon reichte. Durchfälle traten nicht immer auf, in zwei Fällen kam es zu Darmgeschwüren. Auch bei Pneumonie wurde die Coliascension gesehen, höchstens in unvollkommener Weise aber bei Phosphorvergiftung, nicht nach Dysenterietoxin, wohl aber wenigstens kulturell nachweisbar durch Diphtherietoxin. Junge Meerschweinchen bekamen hierbei keine Durchfälle, wohl aber junge Kaninchen. BERNHEIM-KARRER betrachtet die Colibesiedelung des Dünndarmes als *Symptom* einer Darmschädigung. Eine wesentliche pathogenetische Bedeutung will er ihr nicht zuerkennen.

Es ist hierzu zu bemerken, daß die Versuche am erwachsenen Hund, weil die physiologischen Verhältnisse beim menschlichen Säugling ganz unvergleichbare sind, keine Übertragung erlauben. Beim erwachsenen Hunde spielt die Magensalzsäure eine ganz andere Rolle als beim Säugling, und so ist auch naturgemäß ihre Bedeutung für die Darmfunktionen und unter diesen für die Keimvermehrung im Darm eine besondere. Daß die Aufhebung der Magensekretion des Hundes, die unter ähnlichen Bedingungen auch SALLE, L. F. MEYER, GRÜNFELDER, MEDIWIKOW sahen,

Colibesiedelung herbeiführt, findet keine Parallele beim menschlichen Säugling, der entsprechende Aciditäten vermissen läßt. Die Versuche an jungen Nagern betreffen Tiere, deren Ernährung und Stoffwechsel wie anatomischer Bau des Darmes weitgehend von den Verhältnissen beim Menschen abweichen, und deren Verdauungsfunktionen so wenig bekannt sind, daß wir auch nicht sagen können, welcher Mechanismus bei ihnen gestört sein muß, damit es zur Colibesiedelung kommen kann. Nur eine ganz allgemeine Ableitung dürfen wir aus den Tierversuchen wohl machen, nämlich daß erhebliche Schädigungen des Magen-Darmkanales das Eintreten der Colivegetation im Dünndarme befördern.

Auch beim menschlichen Säugling hat man das Vorhergehen irgendwelcher Schädigungen oder Beeinträchtigungen der Leistungen der Verdauungsorgane angenommen. Bei HEUBNER finden wir den Begriff der „Chymusstagnation" entwickelt. Diese kommt nach ihm vornehmlich durch Überfütterung mit wenig verdünnter Milch zustande und betrifft in erster Linie den Magen. Die in den hier liegenbleibenden Residuen bakteriell entstehenden, niedrigen Fettsäuren sollen beim Übertritt in den Dünndarm gesteigerte Peristaltik und Kolikschmerzen auslösen, also den Durchfall bewirken. Zur Frage der Beteiligung der Fettsäuren am Durchfall sei auf die entsprechenden Ausführungen im Abschnitt über Motorik verwiesen. Ihre Bedeutung kann nicht mehr anerkannt werden. Außerdem weiß man jetzt, daß die niedrigen Fettsäuren im Magen nicht bakteriell, sondern fermentativ entstehen, und daß dieser Vorgang nicht pathologisch ist (BAHRDT). Ohne die Annahme irgendwelcher bedrohlicher Zersetzungsvorgänge oder wirksamer bakterieller Stoffwechselprodukte wird der Begriff der Magenstagnation leer. Die gewöhnliche Milchsäuregärung scheidet dabei aus (RIETSCHEL). In der verlangsamten Abgabe des Inhaltes in den Dünndarm als solcher kann man schwer eine Gefährdung der Darmfunktionen sehen. Wir füttern ja auch in einzelnen Fällen Frühgeburten und Debile mit einstündigen Intervallen Tag und Nacht durch, ohne daß hierdurch Schaden entsteht, wenn die Einzelmahlzeit nicht zu groß ist. Nimmt man das Moment der Überfütterung hinzu, so wird hierdurch freilich eine besondere Belastung herbeigeführt, die aber auch ohne Magenstagnation den Darm erreichen muß. Weiter gibt es Fälle von mittelschwerer Pylorusstenose, bei denen sich der Übertritt des Mageninhaltes in den Darm über viele Stunden (6—10) hinzieht. Hier entsteht auch keine Leere des Dünndarmes. Das hat aber durchaus nicht zur Folge, daß solche Kinder dyspeptisch werden müssen. Endlich ist die verzögerte Entleerung des Magens wohl eine häufige, aber doch nicht eine obligate Erscheinung beginnender Dyspepsien (vgl. Abschnitt über Motorik). Bedeutungsvoller wird die Kombination von verzögerter Entleerung mit herabgesetzter Sekretion sein, die sich dann in Aciditätserniedrigung und gänzlichem Wegfall der bakterienhemmenden

Säurewirkung während längerer Zeiten äußert. Mehr als ein Hilfsmoment kann man auch hierin nicht sehen. Kennt man doch solches Versagen der Magenleistung in der Rekonvalescenz von Infekten und Ernährungsstörungen, ohne daß hiermit ohne weiteres Durchfälle und andere Symptome akuter Störungen verbunden wären.

Neben den prädisponierenden Funktionsschäden des Magens sind als vollkommen gleichwertig die des Darmes selbst zu betrachten. Auch hier gefährdet schlechte Sekretion den Fortgang der Verdauung. Verlangsamte Verdauung bewirkt verlangsamte Resorption. Nochmals sei auf den Nachweis verminderter Fermentbildung bei verschiedenartigen Schädigungen hingewiesen, ganz besonders auf die erhöhten sekretorischen und die vielfach erschwerten fermentchemischen Anforderungen, welche die künstliche Ernährung mit sich bringt, die ja hierdurch ein prädisponierendes Moment an sich bedeutet. In solcher Überlastung der gesamten Verdauungsfunktionen, die dann beim Hinzutreten weiterer Noxen wie Hitze oder Infekt leichter versagen, sind die Umstände zu sehen, die zur „Chymusstagnation", der Dysergie der Verdauung führen mögen. Als Nährstoffe der Colibazillen im Darme scheiden das Fett und seine Abkömmlinge wahrscheinlich aus (SCHIFF und KOCHMANN). So sind die Zuckerarten und sonstigen Kohlenhydrate sowie die Abbauprodukte des Eiweißes besonders zu beachten. Der Milchzucker wird in den üblichen Milchmischungen nur in rund $1/3$ der Menge wie in Frauenmilch angeboten, die übrigen als Zusätze üblichen Kohlenhydrate verdienen also mindestens die gleiche Würdigung. Welche Veränderungen vermögen die Colibazillen an diesen Substanzen selbst zu bewirken und wie beeinflussen sie ihre Verdauung?

Hiermit kommen wir zur Frage nach den Folgen der Colibesiedelung des Dünndarmes. Ihre Beantwortung ist nur möglich, wenn wir auf die biochemischen Leistungen der Colibazillen kurz eingehen.

Die Colibazillen können sich aerob und anaerob vermehren. Anaerob wird Glykose in zwei Moleküle fixer Säure gespalten. Die Reaktionsgeschwindigkeit der Spaltung ist der Menge der anwesenden Bakterien proportional und bei niedrigen Zuckerkonzentrationen von 0,25—6 pro Mille von diesen unabhängig. Die Reaktion ist zwischen p_H 5,5 und 8,0, also in den Stufen, die im Darmchymus zu erwarten sind, optimal. Unter aeroben Bedingungen wird Sauerstoff verbraucht und neben fixer Säure auch freie Kohlensäure gebildet. Auch die Atmung ist zwischen p_H 4,63 und 7,37 von der h unabhängig. Während der Sauerstoffverbrauch der Bakterienmenge proportional und in gewissen Grenzen von der Zucker konzentration unabhängig ist, lassen sich bezüglich der Säurebildung solche Gesetzmäßigkeiten nicht finden. Bei p_H 4,03 sistiert die Atmung. Anaerob entstandene Milchsäure wird unter aeroben Bedingungen veratmet, wobei es zweifelhaft bleibt, ob hierbei eine Resynthese erfolgt (RONA-NIKOLAI).

Die Gärung wie die Atmung steht in Abhängigkeit von der Art des Zuckers. Die genannten Autoren geben hierfür folgende Unterlagen, die sich auf 10^{10} Bakterien pro Kubikzentimeter und eine Stunde beziehen. Das Maß der anaeroben Gärung ist die der gebildeten fixen Säure entsprechende aus Bicarbonat freigemachte Kohlensäure. Versuchsanordnung nach WARBURG:

Daß die Vergärung der verschiedenen Zucker verschieden verläuft, geht auch aus den Untersuchungen von SCHEER hervor, der feststellte, daß hierbei merklich verschiedene Endaciditäten

	Gärung Q_{NCO_2}	Atmung Q_{O_2}
3 pro Mille Glykose . . 272		176
3 „ „ Lävulose . . 260		156
3 „ „ Maltose . . 106		140
3 „ „ Saccharose . 0		0
3 „ „ Arabinose . 0		
3 „ „ Galaktose . . 0		

entstehen, die für jede Zuckerart charakteristisch sind. Für Milchzucker beträgt diese Endacidität p_H 4,7, für Traubenzucker 4,5. Die Endaciditäten liegen sehr nahe denjenigen Aciditäten, bei welchen eine Abtötung erfolgt, so daß eine gärende Kultur, deren h nicht künstlich reguliert wird, nach einiger Zeit bei einer typischen h absterben muß (MICHAELIS-MARCORA). Die größte Wachstumsgeschwindigkeit liegt zwischen p_H 6 und 7 (SHOHL-JANNEY), während merkliche Wachstumshemmungen erst bei Annäherung an p_H 5 und bei p_H 9,2—9,6 bzw. 9,8 auffällig werden (SHOHL-JANNEY, SCHIFF und KOCHMANN). Also gehen Wachstum und Gärung bis nahe an die Vernichtungsgrenze, die sie beide abbricht, heran. *Von autoregulativen, die Innehaltung der Optimalzone schützenden Vorgängen ist nichts zu erkennen* (SCHEER). Wird ein wachstumshemmendes Gift dem Kulturmedium zugefügt, so wird die Endacidität geringer, es geben sich also auch hier die Koppelung von Gärung und Wachstum zu erkennen. Die Veratmung der Glykose wird durch Gegenwart von Aminosäuren stark gefördert (RONA-NIKOLAI). Dieser Zusammenhang beruht nicht auf Puffereigenschaften der Aminosäuren. Wenn zuckerfreie Nährböden für Colibazillen verwendet werden, erfolgt eine ausgesprochene Alkalisierung derselben. Die Reaktion schreitet vom ungefähren Neutralpunkt bis p_H 9,1 fort, wenn man bis zu 14 Tagen wartet (SIERAKOWSKI). Auch bei Säurestufen bis etwa p_H 6 erfolgt diese Alkalisierung, nicht aber bei stärker sauren Nährböden von etwa p_H 5. Verhindert man das Entweichen der bei der Atmung gebildeten Kohlensäure aus dem Nährboden, so wird die Alkalisierung eingeschränkt oder sogar unterdrückt. SCHIFF und CASPARI haben die diesen Beobachtungen zugrunde liegenden Vorgänge weitgehend aufgeklärt. Es entstehen alkalische Stoffwechselprodukte des Colibacillus wie Ammoniak, Alkylamine und Indol. Hierbei ist es von Wichtigkeit, welches Ausgangsmaterial den Bakterien zur Verfügung steht, und welche Reaktion herrscht. Nur tryptisch, also tief abgebautes Eiweiß erlaubt reichliche Bildung flüchtiger Basen, das peptisch verdaute Material ist weniger günstig. Das peptische Gemisch wird nach 9 Tagen sauer, indem mehr flüchtige Säuren als Basen entstehen. Indol wird nur im Milieu der tryptischen Verdauung produziert, und zwar auch, wenn die Reaktion sauer ist. Im allgemeinen sind die peptischen Produkte weit weniger angriffsfähig für die Colibazillen, das Eiweiß selbst gar nicht, wie schon PFAUNDLER gefunden hatte. Es sind zwei Veränderungen, die sie an den Aminosäuren bewirken können:

1. Aminbildung durch Decarboxylierung,
2. Bildung flüchtiger Fettsäuren durch Desaminierung.

Bei saurer Reaktion, also auch immer, wenn gleichzeitig Zucker vergoren wird, steht die Aminbildung im Vordergrund, bei alkalischer die Säurebildung. Wichtig hieran ist einmal der Umstand, *daß niedrige Fettsäuren auch aus dem Eiweißabbau entstehen, was man bisher nicht genügend berücksichtigt hat, andererseits die Verkoppelung von saurer Gärung und Aminbildung.* Sie entspricht der alten Erfahrung, daß es gewisse bakterielle Gifte gibt, die nur in zuckerhaltigen Nährböden gebildet werden können, wie z. B. das durch den Perfringens, den WELCH-FRÄNKELschen Bacillus erzeugte (PASSINI, SASAKI). Im besonderen hat sich gezeigt, daß die biologisch hochwirksamen Amine wie Histamin und Tyramin, die der Colibacillus aus Histidin und Tyrosin zu bilden vermag, vorwiegend bei saurer Reaktion entstehen (ROSKE, SCHIFF und KOCHMANN). Auch SASAKI und OTSUHA fanden bei Gegenwart von Milchzucker, d. h. saurer Reaktion, Entstehung von Aminen aus Aminosäuren, dagegen Bildung von α-Oxysäuren dann, wenn alkalisch gepuffert wurde. Als Bakterien verwendeten sie Proteus und Subtilis. Es sei hierbei bemerkt, daß sich andere Erreger in dieser Hinsicht anders verhalten und Histamin gerade bei alkalischer Reaktion erzeugen (MELLANBY-TWORT). Da es sehr viele Bakterienarten gibt, die Histamin aus Histidin abspalten, wird man nicht völlig gleichartige Verhältnisse in vivo erwarten dürfen. Was die Histaminbildung durch Coli betrifft, so ist aber zu betonen, daß sie keineswegs durch saure Gärung aufgehoben, sondern im Gegenteil gefördert wird. *Der schematische Begriff der antagonistischen Wirkung von Gärung und Fäulnis erweist sich hier als zu eng und als veraltet.*

Gegenüber den bedeutsamen chemischen Umwandlungen, die die Colibazillen an den Abbaustufen des Eiweißes bewirken können, sind ihre Beziehungen zum Eiweiß selbst rein solche physiko-chemischer Art, indem Eiweiß als Puffersubstanz fungiert (FREUDENBERG-HELLER, SCHEER-MÜLLER). Speziell für die Coligärung in vitro wurde diese Beziehung durch RÜHLE nachgewiesen. Durch diese Pufferwirkung ist erhöhte Gärungstätigkeit möglich, weil der wachstums- und gärungshemmende Grenzbezirk der h langsamer erreicht wird. Das Eiweiß wirkt so wie eine Phosphatpufferlösung. Die Pufferwirkung der Molken selbst wie die der eiweiß-, cholat- und bicarbonathaltigen Sekrete wird im Darme mit Wahrscheinlichkeit im gleichen Sinne zu beurteilen sein (vgl. Abb. 39).

Dem Fett, dessen so ungünstige Wirkungen bei Dyspepsie klinisch wohlbekannt sind, kommt als Substrat der Coligärung keine Bedeutung zu. Auch die angeblichen Zersetzungen in niedrige Fettsäuren durch Acidophilus (SALGE) sind nicht exakt bewiesen. SCHIFF und KOCHMANN beobachteten gleichwohl eine lebhafte wachstumsfördernde Wirkung des Fettes. Offenbar kommen hier oberflächendynamische Erscheinungen zur Geltung. Man sieht hieraus, wie gewagt es ist, rein aus den Wachs-tumsverhältnissen Schlüsse auf den Stoffwechsel der Bakterien ziehen zu wollen, was in der Bakteriologie häufig geschieht. Die Bakterienzelle nimmt methodisch keine andere Stellung ein wie jeder andere lebende Organismus.

Gibt es bestimmte, charakteristische Eigenschaften der bei der Dünndarmbesiedelung anzutreffenden Colibazillen? Man hat geltend gemacht, daß die bei Toxikosen im Dünndarm anzutreffenden Colibazillen ein besonders starkes Wucherungsvermögen besitzen, entsprechend dem antagonistischen Index 1 von NISSLE (SCHEER). Auch LANGER findet dieses starke

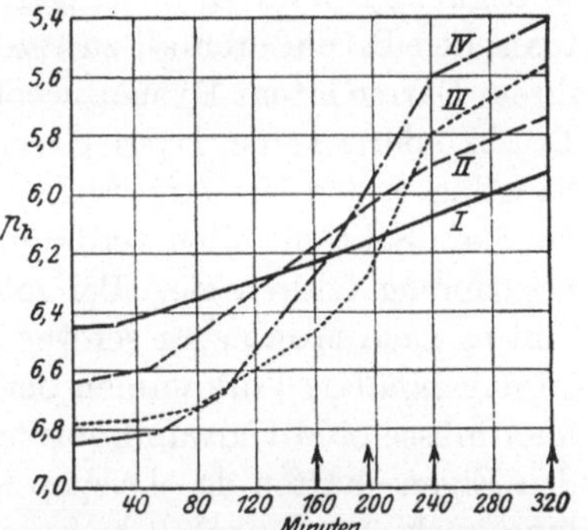

Abb. 39. Pufferung und Gärung (nach F. MÜLLER) bei massiver Beimpfung von Molke bzw. Molkeverdünnungen, Zucker ergänzt auf 4%. I Molke; II ¹/₂ Molke-Wasser; III ¹/₄ Molke-Wasser; IV ¹/₈ Molke-Wasser.

Wucherungsvermögen der bei Dyspepsie züchtbaren Colistämme. Die Dyspepsiebereitschaft von Säuglingen, die sehr früh künstlich ernährt werden, erkläre sich aus dem Vorhandensein besonders kräftig wachsender Colistämme. Bei Ruhr und Enteritis, bei welchen Zuständen übrigens Coli im Duodenum kein obligater Befund ist, sind die Stämme schwach. In den ersten Lebensmonaten schwankt nach LANGER der Coliindex besonders, so daß bei der Ablactation die Gefahr des Überwucherns starker Stämme besteht.

Wesentlich weiter geht ADAM. Nach ihm sind es nicht nur Eigentümlichkeiten der Intensität der Gärung, die besonders energisch ist, und stets auch Saccharose angreift, was viele Coliarten nicht können, sondern es sind vielmehr eine ganze Reihe von qualitativen, bei der Kultivierung hervortretenden Besonderheiten der bei den Toxikosen zu findenden Colibazillen, welche es rechtfertigen, wenn von einer eigenen, vom Coli commune zu trennenden Coliart gesprochen wird, dem Dyspepsiecoli. Neben ihm, das in ⁴/₅ der Toxikosefälle gefunden wurde, kommt seltener ein zum Typus der die Kälberruhr erregenden Colibazillen gehöriges Stäbchen vor. Beide gehören der Gruppe A an. Eine Umwandlungsmöglichkeit gemeiner Coli in diese besondere Form wird ganz strikt geleugnet.

Eine Stellungnahme zu diesen Anschauungen ist verfrüht, ehe sich andere Autoren über ihre Befunde geäußert haben. Was man a priori gegen sie einwenden kann, ohne daß dies eine Widerlegung bedeutet, ist der Umstand, daß sich Colibesiedelung und Diarrhöe im Tierversuch experimentell erzeugen lassen. Hierbei ist es nicht nötig, gleichzeitig mit dem Dyspepsiecoli zu infizieren. Auch beim menschlichen Säugling genügen Hitze, Überfütterung, Pflegeschäden, konstitutionelle Minderwertigkeit, Infekte in beliebiger Verknüpfung solcher Faktoren, um den toxischen Brechdurchfall zu erzeugen. Beherbergen alle diese Kinder in ihrem Darme latent Dyspepsiecoli? Nach ADAM findet man bei gesunden Brustkindern keine Dyspepsiecoli im Stuhle, bei künstlich ernährten Säuglingen der Krankenstation fanden sie sich in etwa 10% der Fälle. Bei zehn Sektionsfällen verdauungsgesunder Säuglinge ohne Dünndarmbesiedelung fehlten sie. Bei solcher Seltenheit des positiven Befundes fällt es nach MORO sehr schwer zu glauben, daß die endogene Infektion an das *zufällige* Vorkommen der Dyspepsiecoli im Darme gebunden sei. Man müsse eine Umwandlungsfähigkeit gewöhnlicher Coli in solche mit den Eigenschaften des Dyspepsiecoli annehmen, wenn solche Umwandlung auch experimentell bisher nicht geglückt sei. Diese Ausführungen sind sicher berechtigt, denn man kann doch nicht annehmen, daß die $^9/_{10}$ künstlich ernährter Säuglinge, welche keine Dyspepsiecoli beherbergen, vor schweren toxischen Durchfällen geschützt sein sollen, wenn etwa Hitze, Fehlernährung usw. auf sie einwirken. Das ist klinisch unwahrscheinlich, allerdings nicht widerlegbar.

Die Heranziehung der Untersuchung auf Agglutinine bei Ernährungsstörungen führte zu keinen greifbaren Ergebnissen (ASCHENHEIM, KRAMAR). Eine Klärung der Pathogenese wurde auch nicht durch Verfütterung von Colibazillen gewonnen. Nach ADAM tritt bei Verfütterung gewöhnlicher Colibazillen nur einfacher Durchfall auf. MERTZ fand bei Verwendung des Colipräparates „Mutaflor" zu therapeutischen Zwecken, daß bei Säuglingen Colitis auftrat, unter Umständen in schwerer Form.

Indem wir die Frage dahingestellt sein lassen, ob es besondere, pathogen zu nennende Colitypen bei der Besiedelung des Dünndarmes gibt, wofür auch PLANTENGA eintritt, erheben wir die allgemeinere Frage, welche Schädigungen mit der Anwesenheit der Colibazillen im Dünndarm überhaupt in Verbindung zu bringen sind.

Es sind zwei Stoffwechselprodukte der Colibazillen, die man als besonders schädigend bezichtigt hat: die niederen Fettsäuren, auf deren Bedeutung zuerst CZERNY und KELLER auf Grund der Tierversuche

Bókays hingewiesen haben, und die Amine, deren Wichtigkeit Moro erkannte.

Es wurde bereits erwähnt, daß die niederen Fettsäuren, unter denen die Essigsäure die erste Stelle einnimmt, nicht aus Fett entstehen können, sondern sich in erster Linie aus Kohlenhydratspaltungen herleiten. Es wurde im Abschnitt über Motorik auseinandergesetzt, daß diese Fettsäuren nicht die direkte Ursache der abnormen peristaltischen Erregbarkeit sein können. Eher kann man ihnen Bedeutung beimessen für das Problem der Permeabilität des Darmes. Zunächst stellen die niederen Fettsäuren und die begleitenden Oxysäuren starke sekretorische Reize für die Bildung der Galle, des Pankreas- und des Darmsaftes dar. Sobald der intermediäre Wasserhaushalt aber überlastet ist, und die Sekretbildung dem Reize nicht mehr folgen kann, droht die weitere Gefahr, daß die Säuren von der Darmwand nicht mehr durch die neutralisierenden Sekrete und den Schleim ferngehalten werden, so daß eine Entladung oder sogar abnorme elektrische Aufladung des Zelleiweißes erfolgt. Es wäre denkbar, daß hiermit die Änderungen der Permeabilität des Darmes in Beziehung stünden, was allerdings weiter nichts als Vermutung ist. Ferner wird man der Colibesiedelung insofern Bedeutung zuerkennen müssen, als die lebhaften Gärungsvorgänge, die bei dem hohen Zuckergehalt der Säuglingsnahrungen und dem im Darme bestehenden Sauerstoffmangel zu erwarten sind, die Reaktion noch mehr ins saure Gebiet verschieben werden, namentlich wenn die Sekretion zu erlahmen beginnt. Für die Spaltung der Kohlenhydrate wird dies keine ausschlaggebende Bedeutung haben. Die Fermentoptima liegen bei folgenden p_H-Zahlen: Lactase 4,5—6, Saccarase 5—7, Diastase 6,7, Maltase 6,6. Man wird also höchstens den Mehlabbau verschlechtert finden, was ja mit der klinisch geläufigen Tatsache in Übereinstimmung steht, daß frühzeitig bei Diarrhöe die Stärkeprobe im Stuhl positiv wird. Eine Schädigung außer verschlechterter Ausnützung wird hieraus nicht hervorgehen.

Stark benachteiligt ist ferner die Fettspaltung durch Lipase mit ihrem Optimum bei p_H 7—8. Für die Verschlechterung der Fettausnützung bei Dyspepsie und Toxikose sind also drei Momente verantwortlich zu machen: die erhöhte Peristaltik, die stark verminderte Fermentmenge und die ungünstigeren Reaktionsverhältnisse für die Umsetzungen durch die Lipasen.

Sehr schwer ist auch die fermentative Eiweißzerlegung betroffen, deren h von vornherein wenig günstig schon unter normalen Verhältnissen liegt. Dies gilt namentlich für die Peptidasen. Die Wirkung der Peptidasen wird nicht nur durch stärker saure Reaktion gestört, auch die Anionen der niedrigen Fettsäuren als solche haben ungünstige Wirkungen auf ihre Tätigkeit. Hierzu kommt, daß die Gegenwart von Coli-

bazillen als solchen die Funktion der Peptidasen lähmt (BUDDE). Die
Fähigkeit der Colibazillen, gerade die Produkte des tieferen Eiweißabbaues anzugreifen und hierbei durch eine für sie geeignete Reaktions-
zone unterstützt zu sein, läßt diese Folgewirkung der sauren Dünndarmgärung als besonders wichtig erscheinen. Hierbei ist weniger an die Verschlechterung der Resorption gedacht, von der früher die Rede war, als
an die Bildung biologisch wirksamer Amine.

MORO hat die Aufmerksamkeit auf die Bedeutung solcher Stoffe ge-
lenkt, indem er geltend machte, daß sie als toxisch anzusehen sind, insbesondere auf die vegetativ innervierte glatte Muskulatur erregend wirken. Die besonderen Angriffspunkte des Histamins, die Bronchialmusku-
latur, Gefäße, Darm, Uterus, schwanken nach Tierklassen und Bedingungen. Untersuchungen von menschlichem Material wurden dann von
MEYER-ROMINGER angestellt. Sie fanden Amine bei Brustkindern nie
im Stuhl, wohl aber bei Flaschenkindern und sind geneigt, dies mit den
Verhältnissen der Caseingerinnung in Beziehung zu bringen. Bei Toxikosen wurden Amine weder im Blutserum noch im Harne gefunden. Besonders auf Grund des negativen Harnbefundes verhalten sich die
Autoren ablehnend gegenüber der Amintheorie, da der Stuhlbefund nicht
pathognomonisch für Dyspepsie oder Toxikose sei. Anders sind die Ergebnisse von RÖTHLER. Zunächst findet er keinen grundsätzlichen Unterschied zwischen Brust- und Flaschenkindern, der es erlauben würde, die
Aminbildung als banals Produkt gewöhnlicher Dickdarmfäulnis zu betrachten. Zu wahrneembarer Fäulnis fehlt jeder Parallelismus. Bei
Dyspepsie sind die Mengen, die im Stuhle erscheinen, viel größere, und
zwar ergab eine quantitative Auswertung hier den 100—1000fachen Gehalt im Stuhl gegenüber gesunden Kindern. Mit der Besserung sinkt der
Amingehalt, um bei Rückfällen wieder anzusteigen. Er fehlt in dieser
Höhe bei einfachen parenteralen Durchfällen und bei Ruhr. Nachträgliche Bebrütung erhöhte den Amingehalt dyspeptischer Stühle nicht, was
gegen eine Entstehung im Dickdarm spricht. Der Unterschied zwischen
,,normal" und ,,dyspeptisch" ist also betreffs der Aminbildung der Ort,
an dem sie stattfindet, die erhöhte Menge und die durch die viel größere,
resorptionsfähige Oberfläche des Dünndarmes gesteigerte Aufnahme des
Amins. Endlich ist die erhöhte Permeabilität des kranken Darmes von
Bedeutung. In vier von sechs Toxikosefällen wurden auch Amine im
Harn gefunden. Nach diesen Befunden muß die Möglichkeit einer enterogenen Aminvergiftung bei Intoxikation anerkannt werden. Die positiven
Harnbefunde sprechen a fortiori. Freilich ist es eine ganz andere Frage,
inwieweit sich die klinischen Erscheinungen der Intoxikation mit der
Amintheorie in Einklang bringen lassen, und welche Teilrolle man ihr
zuerkennen kann. Hierüber soll an diesem Orte nicht entschieden werden. Was die Erscheinungen am Magen-Darmkanal selbst angeht, so ist

das toxische Erbrechen sicher anderer Genese, und zwar als Folge von Exsiccation aufzufassen. Eine Mitbeteiligung der Histamine am Zustandekommen der erhöhten Erregbarkeit der Peristaltik bei Dyspepsie ist nicht außerhalb des Bereiches der Möglichkeit. Nach den Ausführungen im Abschnitte über Motorik wird aber jeder abnorme Chymus die Darmperistaltik erregen können, und die Bedingung der Abnormität des Chymus ist bei der Intoxikation gewiß erfüllt.

Die Colibazillen werden durch die erprobten therapeutischen Maßnahmen bei Dyspepsie aus der Zone ihrer abnormen Ausbreitung verdrängt, jedoch nicht schlagartig unter sofortiger Rückkehr normaler Verhältnisse. In der Reparation nach Dyspepsie finden sich im Duodenum verschiedenartige Kokkenformen und gelegentlich Vertreter der Gruppe Coli-Lactis aerogenes (BESSAU-BOSSERT). Offenbar steht mit diesem nicht ganz normalen Verhalten die erhöhte Disposition zu Rezidiven, die ja nach akuten Störungen eine geläufige klinische Erscheinung ist, im Zusammenhang.

Unter den therapeutischen Maßnahmen wird man namentlich der Hungerpause bzw. der Wasserspeisung das Vermögen, die Colibesiedelung durch Entzug des Nährbodens zum Rückgange zu bringen, zuerkennen müssen. Der Tierversuch bietet Analoga. Der Hund verhält sich bezüglich der Dünndarmkeimarmut anders als der menschliche Säugling (SISSON, STRANSKY-TRIAS), es ist stets mit einer gewissen Keimbesiedelung des Dünndarmes zu rechnen. 24stündiger Hunger bringt nach SISSON eine völlige Amikrobiose des Dünndarmes hervor. Andererseits bedingt langdauernder Hunger Vermehrung der Darmbakterien (MORO). Nach der Hungerpause wird diejenige Nahrung die erfolgreichste sein, die bei einem Minimum an Sekretion eine möglichst weitgehende, schnelle Resorption erlaubt, weil hierdurch am sichersten digestiver Stagnation vorgebeugt wird. Diese Nahrung ist vorsichtig dosierte Frauenmilch, deren Entfettung auch vom theoretischen Standpunkte aus in ganz schweren Fällen zweckmäßig erscheint. Die künstlichen Ernährungsmethoden, die ja bekanntlich nicht Gleichwertiges bei der Behandlung der Dsypepsie leisten, schließen den Nachteil des hohen Eiweißangebotes in sich. Bei der ganz besonderen Bedeutung, die dem Eiweiß und seinen Derivaten bei der Intoxikation zukommt, ist deshalb, wenn Frauenmilch nicht zur Verfügung steht, besondere Vorsicht am Platze. Jedenfalls wird man zunächst Minimalernährung treiben, den Calorienbedarf aber unter Umständen mit gezuckertem, schwach salzhaltigem Wasser wenigstens teilweise zu decken suchen. Die Gärungen durch Coli erfahren ja gerade durch Eiweiß selbst aus physiko-chemischen, durch seine tiefen Abbauprodukte aus besonderen biochemischen Gründen eine intensive Steigerung. Zucker ohne Eiweiß ist daher weit weniger bedenklich als Zucker mit Eiweiß.

Alle diese Tatsachen zeigen, daß die Dünndarmbesiedelung wohl kaum als banales Begleitsymptom der Dyspepsie gewertet werden darf, wie es geschehen ist. Ohne Berücksichtigung der intermediären Vorgänge sind andererseits die Erscheinungen beim toxischen Brechdurchfall auch nicht zu erklären. Wenn man es demnach nicht als wahrscheinlich ansehen kann, daß der endogenen Infektion etwa die Rolle zukommt, wie dem Lungenprozeß bei der Pneumonie, so stellt sie doch einen essentiellen Vorgang dar, mit dem sich jede Theorie zu befassen hat, die es unternimmt, die Pathogenese der Dyspepsie und des toxischen Brechdurchfalles erklären zu wollen.

Die bakterielle Besiedelung des Dickdarmes, der wir uns nunmehr zuwenden, ist eine physiologische Erscheinung. Es kommen hier Gärungsund Fäulnisprozesse vor. Pathologische Zustände, die durch Dickdarmgärung hervorgebracht werden, spielen eine nur unbedeutende Rolle im Säuglingsalter, die pathogene Bedeutung der Fäulnis ist umstritten. Ehe hierzu Stellung genommen werden kann, ist es erforderlich, auf die Bedingungen einzugehen, welche beide Arten bakterieller Lebenstätigkeit im Dickdarme zur Voraussetzung haben.

Daß sich die Darmflora in Abhängigkeit von der Ernährung ändert, erkannte schon ESCHERICH. Wurden junge Hunde mit Fleisch gefüttert, so waren im lehmfarbenen Kot reichlich sporenbildende Proteolyten zu finden, wurde Kuhmilch gefüttert, so war der Kot hellgelb und es konnten saccharolytisch wirkende Stäbchen nachgewiesen werden. Beim menschlichen Säugling liegen die Verhältnisse insofern anders, als bei ihm die Kuhmilchernährung namentlich bei geringer Beimischung von Kohlenhydraten bisweilen eher in der Richtung wirkt, wie es im Tierversuch die Fleischkost tut. Jedoch überwiegen bei der Frauenmilchernährung die Gärungsvorgänge. Dieses Überwiegen der Gärungsvorgänge ist kenntlich an der Bildung von niederen Fettsäuren und hat in erster Linie die Zersetzung von Kohlenhydraten zum Substrat. Als zwei weitere Quellen, die jedoch an Bedeutung ganz zurücktreten, sei die Vergärung von Glycerin und die Reduktion von Citrat (BOSWORTH) genannt. Daß Fettsäuren auch aus Aminosäuren entstehen können, also aus dem Eiweißabbau, ist besonders zu beachten. Die Größenordnung der Bildung der Fettsäuren geht aus der folgenden Zusammenstellung von BAHRDT und seinen Mitarbeitern hervor (S. 169 oben). Sie bezieht sich auf die gesamte flüchtige Säure, gebundene und freie, pro 100 g Stuhl und ist in Kubikzentimetern 0,1 n Lauge ausgedrückt.

Die ganz überwiegende Menge der Fettsäuren ist beim gesunden Kinde gebunden, ja man kann sagen, daß überhaupt nur bei Frauenmilchernährung ein nennenswerter Teil als freie Säure vorhanden ist. Diese Angabe ist dieselbe, wie wenn man sagt, daß die h in Frauenmilchstühlen höher ist als in Kuhmilchstuhl, denn sie bestimmt nach der

Gesunde Kinder		*Kranke Kinder*	
Bruststühle gebunden	147,4	Dyspepsie an der Brust	121,4
„ dünn	117,8	„ „ „ „	201,8
Zwiemilch	64,9	„ bei Milchmischung	90,2
Halbmilch	71,7	„ „ Eiweißmilch	82,8
$^2/_3$-Milch	99,1	„ „ Malzsuppe	173,8
Vollmilch	97,1	Enterokatarrh Frauenmilch	130,9
Eiweißmilch	147,6	„ Buttermilch	40,7
Buttermilch	67,6	„ Zwiemilch	61,7
Malzsuppe	97,2	„ Hunger	69,2
		„ (wenig) Eiweißmilch	80,0

Dissoziationsrestgleichung das Verhältnis freier und gebundener Säuren. Folgende Tabelle beleuchtet die Zusammenhänge:

p_H	Freie Milchsäure in %	Freie Essigsäure in %	Freie Buttersäure und Capronsäure in %
6,0	0,7	5,3	6,5
5,5	2,2	14,9	17,8
5,0	6,8	35,6	40,9
4,5	18,6	63,7	68,6
4,0	42,6	84,7	87,0

Aus diesen Zahlen läßt sich erst eine Schlußfolgerung ziehen, wenn man die h der Frauenmilchstühle kennt. Es kommen hier recht erhebliche Schwankungen vor, auch wenn ganz gleichförmig mit Frauenmilch ernährt wird. Eine Anzahl von reinen Brustkindern, die FREUDENBERG-HELLER untersuchten, zeigten folgende Gruppenverteilung der Stuhlaciditäten:

$$p_H \text{ unter } 4,9 \quad 5,0—5,3 \quad 5,4—5,6 \quad >5,6 \quad \text{Summe}$$
$$\text{Anzahl der Stühle } 21 \quad 26 \quad 23 \quad 35 \quad 105$$

Fast 70% der untersuchten Stühle hatten also $p_H < 5,6$. Bei solcher Acidität ist die Milchsäure nur in ganz kleinem Betrage, Essigsäure sowie Butter- und Capronsäure, welch letztere mit der Buttersäure in der Dissoziationskonstanten übereinstimmt, mit der Annäherung an p_H 5 zu mehr als $^1/_3$—$^4/_{10}$ als freie Säuren vorhanden. Für die drei letztgenannten Säuren ist p_H 5 eine Grenze, mit deren Überschreitung ein schneller Anstieg der relativen Menge an freier Säure zu erwarten ist.

Im Meconium beträgt die h etwa p_H 6,4. Mit dem Beginn der Lactation sinkt p_H mit jedem Tage um etwa 0,2 ab, bis der Durchschnittswert der Bruststühle erreicht ist (FREUDENBERG-HELLER, SHOHL).

Die h der Kuhmilchstühle liegt, wenn nicht dyspeptische Zustände bestehen oder Malzsuppe verabreicht wird, gewöhnlich wesentlich alkalischer, schwankend um p_H 6—8. Dort also ist mit freier Säure im Stuhl überhaupt nicht zu rechnen.

Vor einem Fehlschluß, der bezüglich der Fettsäuren immer gemacht wird, muß gewarnt werden. Die oben genannten Autoren weisen selbst auf ihn hin. Sie beziehen die Fettsäuren auf 100 g Stuhl, berücksichtigen also nicht die Verschiedenheit der Stuhlmengen. Diese sind jedoch beim Flaschenkinde bedeutend größer als beim Brustkinde, so daß die angegebenen Unterschiede der Tabelle hierdurch weitgehend nivelliert werden. CAMERER und übereinstimmend GUNDOBIN berechnen für 100 g Frauenmilch 1—3 g entleerten Stuhl, für 100 g Kuhmilch als Nahrung 3,3—4 g. Wenn also bei Frauenmilch 120—150 0,1 n Säure pro 100 g Stuhl gefunden werden, bei Kuhvollmilch und $^2/_3$ Milch rund 100, so lehrt dies, daß die überhaupt gebildete Menge von Fettsäure bei Kuhmilch *mindestens* ebenso groß war wie bei Frauenmilch, *wahrscheinlich* aber noch bedeutend größer. Sicher ist das letztere im gegebenen Beispiele der Fall für Eiweißmilch. Bei Dyspepsie mit der starken Vermehrung der Sekretion besagt die Berechnung auf 100 g Stuhl noch weniger, hier werden sicher Multipla an Fettsäuren gegenüber normalen Verhältnissen erzeugt. *Sofern man also die Gesamtmenge niederer, flüchtiger Fettsäuren als Maß der Gärung nimmt, kommt man nicht zum Ergebnis, daß bei Frauenmilch mehr von diesen gebildet wird.*

Es liegen hier, wie auseinandergesetzt wurde, mehr *freie* Fettsäuren vor, was daher rührt, daß die Pufferung der Frauenmilchstühle kleiner ist. Hierfür bieten die Messungen von SCHEER und F. MÜLLER Belege. Nach diesen Autoren besteht zwischen p_H des Stuhles und seinem „Pufferindex", d. h. der Menge Alkali in ccm n/20, die erforderlich sind, um p_H von 3,3 auf 8,5 zu bringen, ein deutlicher Zusammenhang.

Stuhl-p_H	5,0—5,5	5,5—6,0	6,0— 6,5	6,5—7,0	7,0— 7,5
Zahl der Werte	16	9	10	13	38
Grenzwerte	1,6—6,1	4,0—8,0	4,3—10,2	4,2—8,5	3,5—13,6
Mittelwerte	3,85	5,47	6,48	6,50	7,45

Die h der Frauenmilchstühle liegt im Gros der Fälle zwischen p_H 4,5 und 5,6 (EITEL, FREUDENBERG-HELLER), nach den Befunden von TISDALL-BROWN, die aber nur junge Brustkinder untersuchten, zwischen 4,7 und 5,1, nach SHOHL zwischen 4,6 und 5,2.

Nun bleibt aber die Frage offen, ob nicht unflüchtige, organische Säuren wie Milchsäure und Bernsteinsäure, bekannte Gärungsprodukte, bei der Dickdarmgärung entstehen können. Dies ist sehr wahrscheinlich. Daß Enterokokken Milchsäure, und zwar mehr als flüchtige Säuren bilden, hat CATEL gezeigt. In Bifiduskulturen in Kuhmagermilch wurde Milchsäure neben überwiegenden flüchtigen Säuren im Verhältnis von etwa 1 zu 3 festgestellt. Acidophilus dagegen bildet aus Milchzucker nur 10% flüchtige und 90% nicht flüchtige Säuren, die ausschließlich aus Milchsäure bestehen (DRUCKREY). Acidophilus tritt nach den Ergebnissen ADAMS in Frauenmilchstühlen an Menge weit hinter dem Bifidus zurück. Es geht aus einem sehr einfachen Versuche hervor, daß auch der Frauenmilchstuhl reichlich nichtflüchtige Säuren enthält. Wenn man in einer wässerigen Aufschwemmung von Bruststuhl p_H mißt, dann energisch längere Zeit hindurch im Sieden erhält, abkühlt, und wieder mißt, so hat sich die h überhaupt nicht geändert. WEGSCHEIDER und UFFELMANN wiesen qualitativ Milchsäure im Bruststuhle nach. Das, was unter dem Namen „Seife" in Frauenmilchstühlen häufig in der Stoffwechselpublizistik zu finden ist, die nach WACKER und BECK betreffs der Fettfraktionen sich häufig auf wissenschaftlich nicht fundierte Methoden stützt, ist nichts anderes als milchsaures Alkali. Angaben über quantitative Milchsäurebestimmungen im Säuglingsstuhl, die allerdings länger zurückliegen und nach jetzt nicht mehr moderner Methodik erfolgten, verdankt man HECHT. Auf Grund der Angaben von HECHT, dessen Milchsäureausbeuten vielleicht etwas niedrige sind — sie liegen zwischen 4,0 und 47,0 (Mittel 18,8) 0,1 n Säure pro 100 g Stuhl —, und derjenigen von CATEL wird man schätzungsweise zu den Werten für flüchtige Fettsäuren im Frauenmilchstuhle noch etwa 20—30% als nichtflüchtige Säuren hinzuzurechnen haben. Dann ist es immer noch unwahrscheinlich, daß die Gesamtmenge organischer Säuren, die beim Brustkinde pro Tag gebildet wird, größer als beim Flaschenkinde ist. Nur die Pufferung der Stühle ist kleiner.

Es ist überaus wahrscheinlich, daß die Säurebildung im Dickdarm vorwiegend aus Kohlenhydraten stammt. Den Einfluß der Kohlenhydrate zeigt ein Versuch von TALBOT-LEWIS, die größere Mengen von Milchzucker verfütterten. Die Zahlen sind umgerechnet.

Perioden zu 3 Tagen	Nahrung			Stühle Zahl Charakter	Trockengewicht der Stühle in g	Titrierte Acidität auf Gesamtmenge ccm $\frac{n}{1}$
	Milchzucker	Eiweiß	Fett			
I	216,7	65	76	5 fest, hellgelb . . .	27,76	20,3
II	370,4	72	82	6 „ „ . . .	24,93	16,9
III	417,1	75	70	3 weiche, 2 gelbe, 1 grüner massiger .	26,15	28,7
IV	336,1	63	58	*12* wäßrige, schleimige grüne mit Gerinnseln	*44,55*	*227,2*
V	193,2	78	70	3 fest, hellgelb massig	21,88	4,8
VI	187,7	72	84	6 hart, gelb, klein . .	25,33	negativ
VII	182,6	73	131	4 klein, fest, hellgelb	26,92	6,7

Dieser Versuch zeigt evident, wie die Säurebildung bei wachsenden Lactosemengen im Stuhle ansteigt, mit verminderten absinkt, während sich gleichzeitig der Stuhlcharakter in der Richtung auf dyspeptische Erscheinungen hin verändert und wieder bessert. In einer Hinsicht gehört dieses Versuchsbeispiel freilich nicht hierher. Man kann mit Wahrscheinlichkeit, die an Sicherheit grenzt, annehmen, daß die Veränderungen in der Periode IV auf den Dünndarm übergegriffen haben. Ist doch auch die klinische Reaktion ausgesprochen pathologisch.

Auch im p_H der Stühle spiegelt sich der Einfluß des Kohlenhydrates ab, und zwar machen sich deutliche Unterschiede zwischen den einzelnen Kohlenhydraten bemerkbar. Am stärksten fördern die Entstehung höherer h Milchzucker, Malzextrakt und caramelisierter Zucker (EITEL, FREUDENBERG-HELLER). Diese Kohlenhydrate haben die Eigentümlichkeit, schwerer als die übrigen in der Säuglingsnahrung verwendeten Zucker resorbiert zu werden, wodurch eben größere Anteile als bei jenen in die Bakterienzone des Dickdarmes hinabgelangen und zersetzt werden. Auf eine paradoxe Erscheinung ist noch hinzuweisen. Es kommt nicht selten vor, daß konzentrierte Zuckerbeimischungen von 10—17% zu Kuhmilch alkalische Stühle machen, während bei 5% weniger alkalische Stühle entleert werden (TISDALL-BROWN, eigene Erfahrungen). Dies Verhalten rührt nicht von einer antibakteriellen osmotischen Wirkung her, denn im Dünndarm, wo die Resorption erfolgt, spielen Bakterien keine Rolle, wohl aber von einem intensiven Saftfluß, der ausgelöst wird, bis die Lösung isotonisch ist. Wir haben es in diesem Falle also mit einer starken sekretionsfördernden Wirkung durch Hyperosmie von Kohlenhydrat zu tun. Solche Verhältnisse sind in der isolierten Darmschlinge von Physiologen häufig studiert worden. Für die entstehende h ist es von Wichtigkeit, wieviel Puffersubstanz mit dem Kohlenhydrat zugleich in den Dickdarm gelangt, denn die h wird von dem Verhältnis der gebildeten Gärungssäuren zur Puffermenge bestimmt. Als Puffer können auch Eiweißstoffe dienen. In vivo üben sie jedoch diese Funktion nicht als solche aus, sondern hauptsächlich vermöge der Sekretion von Galle, Pankreas- und Darmsaft, die sie auslösen. Da nach der Definition von SCHEER-MÜLLER das Verhältnis des in den Dickdarm übertretenden Gärsubstrates zu den Puffersubstanzen die h bestimmt, so müssen wir folgern, daß viel Substrat und wenig Puffer hohe Acidität bewirkt, das umgekehrte Verhalten niedrige. Man kann dies am Beispiel der Frauenmilch leicht zeigen. Gibt man Eiweißkörper zur Frauenmilch hinzu, so nimmt die h durch Pufferzuwachs ab, ebenso wie sie durch Substratzuwachs steigt, wenn man reichlich Milchzucker zu Kuhmilchverdünnungen hinzufügt. Daneben spielt der Zeitfaktor eine Rolle. Wenn der Dickdarminhalt lange liegenbleibt, vermag die Gärung gänzlich zu Ende zu gelangen, worauf dann wie in vitro eine rückläufige Alkalisierung einsetzt. Den Beweis hierfür kann man darin sehen, daß obstipierte Brustkinder neutrale Stühle zu entleeren pflegen (HELLER). Weiter wurde durch SCHEER-MÜLLER gezeigt, daß Abführmittel die h des Stuhles ins Saure, Stopfmittel ins alkalische Gebiet zu verschieben neigen.

Wie verhalten sich die Stuhlbakterien bei diesen Variationen der h. In Frauenmilch sieht man in der überwiegenden Mehrzahl der Fälle die

als grampositive Stäbchen erscheinende „reine Bifidusflora". Wenn die
Stühle abnorme Reaktion (neutral) zeigen, so beobachtet man nicht, daß
die Bifidusflora durch, eine andere verdrängt oder mit ihr wesentlich
durchmischt ist, sondern man sieht nur gewisse inkonstante morphologische Abweichungen, die vielleicht Degenerationserscheinungen sind,
wie schlechtere Gramfärbung, Tüpfelungen, Verzweigung. In solchen
Fällen ist die Gärung zu Ende geführt, und der Darminhalt entweder
durch Säureresorption oder durch Sekretion oder durch alkalische bakterielle Produkte neutralisiert. Bei sehr langem Aufenthalt des Frauen-
milchkotes im Rctum bei einem Fall von Verengerung des Anus infolge
Mißbildung mit hartnäckigster Obstipation, sah ich nicht nur Degene-
ration, sondern auch Überwucherung der Bruststuhlflora durch gram-
negative kurze Stäbchen. Der Stuhl wurde alkalisch entleert und wies
einen intensiven Fäulnisgeruch bei stark vermehrter Konsistenz auf, obwohl die Nahrung dieses Kindes ausschließlich aus reiner Frauenmilch ohne
irgendwelche Zusätze bestand. Gewöhnlich ist auch trotz Abnahme der
h die vollkommene Umstimmung der Bifidusflora nicht zu erreichen,
wenn man Eiweiß zur Frauenmilch hinzufügt (FREUDENBERG-HELLER,
SCHÖNFELD). In gleicher Weise haben Kalksalze nur einen degenerieren-
den Einfluß auf die Stuhlflora, wohl aber verdrängt die Kombination von
Kalksalzen und einer Eiweißzulage zur Frauenmilch die typische Flora
(FREUDENBERG-HELLER). Hierbei wird offensichtlich der Nährboden so
verändert, daß die Bifidusflora überwuchert wird.

Erklärlich wird dies auf Grund der Untersuchungen von ADAM über
die Züchtungsbedingungen des Bacillus bifidus. Dieser vermag zwar bei
recht verschiedener h zu wachsen, zeigt aber in seiner Wachstumsgeschwindigkeit ein Optimum bei einem Anfangs-p_H von 5,5—5,8. Einwände von ZEISSLER-KÄCKELL und RÜHLE hiergegen entbehren die un-
umgänglich nötige Messung der h der Nährböden. Nun liegen in vivo
die Verhältnisse so, daß die Bifidusvegetation bei Frauenmilchernährung
nicht etwa schon im unteren Ileum und Coecum beginnt, sondern sie
tritt erst vom mittleren Drittel des Kolon auf (SCHEER). Wahrscheinlich
liegt es so, daß die durch diese oralwärts gelagerte Flora bewirkte Vorgärung erst diejenige h bildet, bei der eine rasche Bifidusvermehrung
möglich ist, bzw. besser als eine Colivermehrung erfolgen kann. Wenn
diese h aber durch viel Puffersubstanzen nicht zustande kommen kann,
wird die Vorflora zur Dauerflora oder macht gar einer noch stärker proteolytischen Flora Platz. Nach ADAM wirken auch Aminosäuren und
Kalkseifen, die bei eintretender Vorfäulnis an Stelle von Vorgärung zu
erwarten sind, degenerierend auf den Bifidus und hemmen seine Entwicklung.

Die künstliche Erzeugung einer Bifidusflora bei einer Säuglingsnahrung, deren Grundmaterial Kuhmilch ist, gelingt manchmal ohne weiteres,

wenn man verdünnt (Pufferverminderung) und reichlich Milchzucker (7—14%) oder Malzextrakt hinzufügt. Daß dies nicht schematisch immer gelingt, rührt daher, daß wir es nicht in der Hand haben, die Verhältnisse im Dünndarm und im Anfang des Dickdarmes sicher zu beherrschen. Die Größen der Sekretion, Peristaltik und Resorption sind eben individuell variabel und im Endergebnis ihres Zusammenwirkens nicht im Voraus zu berechnen. Es kommt hinzu, daß in der Frage der Beurteilung der Präparate ein durchaus individueller Faktor enthalten ist, der sich dann in den Bezeichnungen „reine, fast reine" usw. Bruststuhlflora ausdrückt. Nach ADAM gelingt es, durch Entfernung der Phosphate und eines Teiles des Caseins der Kuhmilch bessere Bedingungen für die Bifidusflora zu schaffen, was von SCHÖNFELD hinsichtlich der Konstanz des Erfolges bestritten wird. Die Bifidusflora *spezifisch* fördernde Faktoren in der Frauenmilch anzunehmen, liegt kein Anlaß vor. Als Maßnahme zur Erreichung

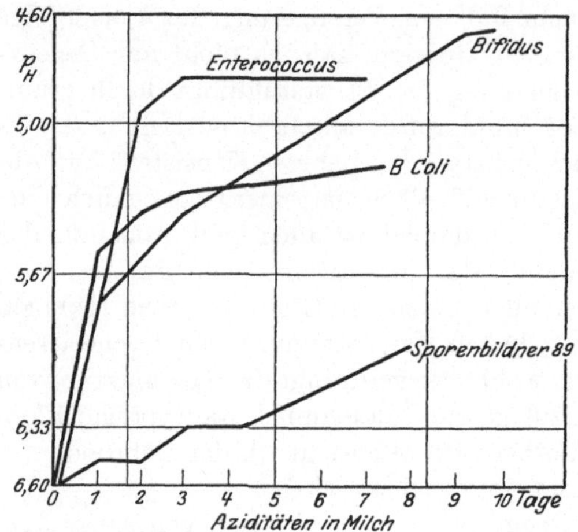

Abb. 40. Säurebildung in Milch nach BROWN-COURTNEY-DAVIS-MACLACHLAN.

einer Bifidusflora wurde auch peptische Vorverdauung des Eiweißes empfohlen (RÜHLE), was vielleicht im Sinne einer Sekretionsersparnis im Darme durch das bereits teilweise aufgeschlossene Eiweiß gedeutet werden kann. Hiermit wäre eine Pufferverminderung erreicht.

Die physiologische Gärung nach dem Typus der bei Frauenmilch erfolgenden ist ein auf den Dickdarm beschränkter Vorgang und hat keine nachteiligen Folgen, wenigstens nicht für die große Mehrzahl der Brustkinder. Andererseits gibt es vereinzelte Fälle, bei denen die Säurebildung als defäkationsbeschleunigender Reiz wirkt, ähnlich wie sich Kinder finden, welche auf den leichten Reiz einer regelmäßigen Temperaturmessung im After mit vermehrten, unter Umständen sogar schleimigen Stühlen reagieren. Daß jene durchfälligen Erscheinungen auf Säurewirkung beruhen, ergibt sich daraus, daß die Verabreichung eines Adsorbens sofort normale Verhältnisse schafft (YLPPOE). Es ist gleichgültig, ob Bolus alba, Tierkohle, kohlensaurer oder phosphorsaurer Kalk einzeln oder kombiniert gebraucht werden. In ähnlichem Sinne wirkt auch die lange geübte Verabreichung der sekretionsfördernden, neutralisierenden, die h herabsetzenden Eiweiß- oder Eiweißkalkpräparate. Was unter dem Namen Brustdyspepsie läuft, gehört, sofern es sich nicht um enterale Infektionen handelt, diesen Zuständen an. In Wirklichkeit gibt es keine Dyspepsie an der Brust als primäre Erkrankung. Es handelt sich hier nur um leichte Dickdarmreizungen. Auf lokalisierte, aber zu stark reizende Dickdarmgärung wird auch die „initiale Diarrhöe" FIN-KELSTEINS zurückgeführt, ein Zustand, der mit Unterernährung in Zusammenhang gebracht wird und sich auf reichlichere Ernährung bessert.

Welche Vorteile bietet die Gärung? Direkte positive Vorzüge sind nicht bekannt geworden, wie es ja überhaupt zweifelhaft bleibt, ob die Symbiose mit den Darmbakterien für die Säuger von Nutzen ist. Die Versuche mit steriler Aufzucht, sofern sie mit Erfolg angestellt werden konnten (KÜSTER), schließen die Möglichkeit eines Nutzens nicht aus, da sie viel zu kurz durchgeführt wurden — 35 Tage als Maximum —, und höchstens chronische Wirkungen durch das Fehlen der Bakterien zu erwarten sind. Auch die Vitaminwirkungen erkannte man erst, als man von kurzfristigen zu solchen Versuchen überging, die ganze Lebensabschnitte umfaßten. Auffällig ist, daß sämtliche jungen Säuger in der Säugeperiode saure Stuhlreaktion aufweisen, auch bei Milchen, die noch viel eiweißreicher und milchzuckerärmer sind als die Kuhmilch. Bei einigen jungen Hündchen und Saugkätzchen fand ich folgende Verhältnisse vor:

Darmteil (Inhalt)	Hund I	Hund II	Hund III	2 Kätzchen zusammen
Jejunum	6,17	5,98	6,10	—
unteres Ileum . . .	5,94	6,26	6,44	schwach lackmussauer
Dickdarm	4,76	5,81	4,64	4,55

Aus dem Aciditätsunterschied zwischen Dick- und Dünndarm ist zu ersehen, daß im Dickdarm säurebildende Prozesse ablaufen. Die Stuhlflora wurde überall bakterioskopisch geprüft, entsprach aber nirgends einer Bifidusflora, sondern bestand aus sehr mannigfaltigen Formen, die hier nicht besprochen werden sollen. Hundmilch enthält 8,9% Eiweiß, 8,8% Fett, 3,4% Milchzucker. Sie stellt also einen wasserarmen Eiweißfettbrei dar. Es ist sehr unwahrscheinlich, daß hier die Säure der Milchzuckerzersetzung entstammt. Der Geruch des Kotes ist einerseits sauer, andererseits aber entschieden faulig. Wahrscheinlich steht hier die durch Desaminierung bewirkte Bildung von Fettsäure aus Aminosäuren oder Peptiden, die vorher bakteriell in Aminosäuren aufgespalten werden, im Vordergrund. Ob Hundemilchfett niedrige Fettsäuren präformiert enthält, die etwa unresorbiert bleiben könnten, ist unbekannt aber unwahrscheinlich. Prinzipiell müssen ähnliche saure Zersetzungsvorgänge, die keine Kohlenhydratgärungen sind, auch beim menschlichen Säugling vorkommen können. Wenn BAHRDT und Mitarbeiter im Hungerzustand und bei kleinen Mengen von Eiweißmilch bei Enterokatarrh Mengen von niederen Fettsäuren finden, die denen bei Halb- oder Buttermilch entsprechen, so können diese Fettsäuren nicht aus Kohlenhydrat stammen. Sie stammen vielmehr aus den Aminosäuren von zersetztem Sekreteiweiß. Diese Fettsäurebildung kann auch nicht dadurch vorgetäuscht sein bzw. vergrößert erscheinen, daß die Gesamtstuhlmengen verminderte sind, vielmehr sind diese ja bekanntlich bei Enterokatarrh groß.

Die hier beschriebenen Vorgänge sind so grundsätzlich von der Kohlenhydratgärung des gesunden Brustkindes verschieden, daß ich nicht glaube, daß man aus der allgemeinen Verbreitung saurer Stuhlreaktion bei den Tiersäuglingen auf Nutzen „der Gärung" schließen sollte. Es handelt sich hier um ganz unvergleichbare Dinge. Bei Hunde- und Katzensäugling läuft Fäulnis neben schwacher Gärung her, oder es liegt Säurebildung auf Grund von Eiweißzersetzung nach dem oben beschriebenen Vorgang vor.

Hieraus ist wieder zu ersehen, daß die schematische Gegenüberstellung von Gärung und Fäulnis, didaktisch ein bequemes Hilfsmittel bei der Einführung in das Gebiet, den Tatsachen nicht mehr gerecht wird. Wir erfuhren, daß Aminbildung durch Coli vorzugsweise bei saurer Reaktion erfolgt, und Ammoniak bei saurer Dyspepsie gebildet wird, daß Fettsäuren aus Eiweiß entstehen können, und Indol auch bei saurer Reaktion bakteriell erzeugt wird. Diese Tatsachen sind auch für die Praxis der Ernährungstherapie nicht vernachlässigungswert.

Viel zu schematisch hat man vielfach die „gärungswidrige Diät" in der Eiweißmilchtherapie und deren Ersatzmethoden angewendet. Unter den Fällen, welche mit Eiweißmilch und üblichem Zuckerzusatz nicht zum Gedeihen zu bringen sind, hat NASSAU eine Gruppe von Fällen mit zerfahrenen Stühlen beschrieben, die auf energischen Zuckerzusatz ihre Dyspepsie verlieren. Ich kann aus vielfacher Erfahrung sagen, daß solche Kinder auch auf Malzsuppe vorzüglich gedeihen. Es gibt aber auch Fälle von Dyspepsie, bei denen die gärungswidrige Diät meines Erachtens von vornherein kontraindiziert ist. Dies sind die Fälle von „weißer Dyspepsie", sofern diese nicht eine Fettdiarrhöe ist. Auch hier erreicht man mit Malzsuppe mehr als mit Eiweißmilch und verwandten Mischungen.

Eine Möglichkeit, vom Nutzen der physiologischen Gärung beim Brustkinde zu sprechen, liegt darin, daß sie andere Prozesse hintanhält, die unerwünscht erscheinen, insbesondere die bei Kuhmilchmischungen ablaufenden fauligen Zersetzungen. Hiermit kommen wir auf die Frage des Schadens durch Fäulnis. Unter Fäulnis verstehen wir bakteriellen Abbau von Eiweiß- und Eiweißderivaten, gleichgültig, ob es sich um Basen oder Säuren handelt.

Der Ausgangspunkt der Erörterungen über diesen Gegenstand war der Milchnährschaden Czernys. Man sah, daß mit eiweißreichen Kuhmilchgemischen ohne oder mit zu geringem Kohlenhydratzusatz ernährte Säuglinge oft schlecht gedeihen und neben anderen Symptomen die eigentümliche Veränderung der Stühle im Sinne der Kalkseifenstühle aufweisen. Diese Stühle haben meist ausgesprochenen Fäulnisgeruch. Der dystrophische Zustand bei der genannten Ernährungsweise kann auch ohne den typischen Kalkseifenstuhl zustande kommen, die Stühle sind dann weich, massig, wenig gefärbt und intensiv faulig.

Als Produkte der Dickdarmfäulnis kann man erwarten Ammoniak, Amine, Indol und Phenolderivate, sowie die schon besprochenen Fettsäuren. Sehr fraglich bleibt es, ob Guanidine, Merkaptane, Schwefelwasserstoff im Säuglingsdarme entstehen können, zumal Unterlagen für solche Annahmen nicht existieren. Die Möglichkeit, daß aus Eiweißfäulnis hochtoxische, etwa sepsinartige Substanzen gebildet werden, wozu nach Kolle-Hetsch auch Proteus vulgaris und gelegentlich Coli befähigt sind, kann mangels klinischer Unterlagen kurzerhand übergangen werden.

Das Ammoniak im Stuhle des Säuglings steht in gewisser Abhängigkeit von der Eiweißzufuhr, mit deren Höhe die Fäulnis ihrerseits in Zusammenhang steht. Gamble gibt hierüber folgende Zusammenstellung:

Eiweiß in der Nahrung g pro kg	Zahl der Beobachtungen	Gesamt-N im Stuhl mg	NH_3 im Stuhl mg	% NH_3
1,9	6	341	23	6,7
3,9	11	362	33	9,1
5,5	13	432	42	9,7
8,6	7	673	50	7,4

Über die theoretische Möglichkeit, daß aus Eiweiß auch auf fermentativem Wege Ammoniak entsteht, und daß solches bei Diarrhöe in den Stuhl gelangen könnte, war schon früher berichtet worden. Im übrigen sind diese Mengen so klein, daß sie wohl rasch resorbiert werden könnten. Eine ungünstige Wirkung geht von den kleinen normaliter gebildeten Ammoniakmengen, einem normalen Stoffwechselprodukte, sicher nicht aus. Bei Dünndarmbesiedelung ist mit der Entstehung von Ammoniak durch Bakterienwirkung im ganzen Verlaufe des Dünndarmes zu rechnen.

Betreffs der hochwirksamen Amine war bereits erwähnt, daß sie besonders reichlich bei Dyspepsie im Gefolge der Dünndarmbesiedelung auftreten. Sicher entstehen sie auch bei Eiweißfäulnis im Dickdarm, und zwar ist es wahrscheinlich, daß dann andere Erreger als Colibazillen tätig sind, weil diese besonders bei saurer Reaktion wirken. Es war erwähnt, daß es unter den zahlreichen Arten, welche überhaupt zur Aminbildung befähigt sind, solche gibt, für welche alkalische Reaktion sogar obligat ist (Mellanby-Twort). Daß diese Substanzen dann Schädigungen auslösen, wenn ihre Menge relativ klein, die Produktionsstelle begrenzt, das Darmepithel intakt ist, ist wenig wahrscheinlich. Der Nachweis der Amine an und für sich besagt also nichts, nur im geschädigten Dünndarm in großen Mengen gebildete Aminkörper können pathogene Bedeutung gewinnen.

Indol steht mit der Dickdarmfäulnis in keinem Zusammenhang, wie man aus dem Verhalten der Indicanausscheidung im Harne folgern kann. Solche tritt bei reiner Dickdarmfäulnis nicht auf, wohl aber sehr oft bei der Dyspepsie von Flaschenkindern (HOCHSINGER, GEHLIG). Bei der sogenannten Dyspepsie reiner Brustkinder, deren Existenz wir oben bestritten haben, fehlt bemerkenswerterweise die Indicanurie. Schwache Indolbildung kommt übrigens, obwohl selten, auch bei klinisch ganz gesunden Säuglingen als vorübergehende Erscheinung, nie aber bei reiner Brusternährung vor. Es muß bestritten werden, daß Indicanurie ein physiologischer oder auch nur vulgärer Vorgang bei künstlicher Ernährung ist. Solche Behauptungen aus dem Zeitalter des Hospitalismus haben keine Berechtigung mehr. Bei Colitiden fehlt Indikan. Ob diejenigen spärlichen Fälle von Dyspepsie, bei welchen Indicanurie nicht festgestellt werden kann, keine Dyspepsien sind, sondern unerkannte Colitiden, die wir klinisch nicht abzugrenzen vermögen, bleibt dahingestellt. REUSS vermutet, daß Indikan auch intermediär entstehen könne, also gar nicht aus Darmindol hervorzugehen brauche. Er sah es bei Neugeborenen am 3.—5. Lebenstag, also in der Höhe der physiologischen Gewichtsabnahme, selten auch später auftreten. Bei 338 Untersuchungen, die BONAR an Neugeborenen anstellte, kam Indikanurie nur in 8% der Fälle zur Beobachtung. Es scheint sich also beim Neugeborenen doch um ein relativ seltenes Vorkommnis zu handeln, das im übrigen auch rasch vorübergeht. Eine Parallele zur Indicanurie der Neugeborenen stellt vielleicht die Hungerindicanurie der Tiere dar, deren Bedingungen man durch FR. MÜLLER und A. ELLINGER kennengelernt hat. Darminhalt und Kot bei hungernden Hunden, Katzen, Kaninchen enthalten Indol (BLUMENTHAL-ROSENFELD). Da protrahierter Hunger abnorme bakterielle Verhältnisse im Dünndarme bewirkt, so liegt es nahe, alle diese Dinge auf Bakterienwirkung zurückzuführen. Auffälligerweise findet man bei hochfiebernden Kindern, deren Verdauungsvorgänge keinerlei Zeichen von Störung darbieten, oft Indikan im Harne. Es ist natürlich nie auszuschließen, daß in solchen Fällen doch abnorme Dünndarmvorgänge sich abspielen, die der klinischen Wahrnehmung entgehen. So persistiert auch häufig nach abgelaufener Dyspepsie die Indikanurie geraume Zeit, auch wenn Zahl, Konsistenz, Masse, Farbe und Reaktion der Stühle sich nicht mehr vom normalen Zustand unterscheiden. Es sei hierbei daran erinnert, daß auch die bakteriologischen Verhältnisse im Dünndarm nach akuter Störung noch eine gewisse Zeit abnorm bleiben

(BESSAU-BOSSERT). Der Hauptwert bei der Beurteilung der Indikanurie des Säuglings ist auf die Tatsachen zu legen, welche zeigen, daß es seine Entstehung der Indolbildung im *Dünndarm* verdankt, und darauf, daß der Colibacillus ein sehr energischer Indolbildner ist. Daß das Darmindol im Dünndarm entsteht, ist ja für den Erwachsenen und für das Tier durch die klassischen Untersuchungen von JAFFÉ und von A. ELLINGER sichergestellt. Alle Beobachtungen am Säugling, das Fehlen bei Kolitis und einfacher Obstipation, sogar bei HIRSCHSPRUNGscher Krankheit (eigene Beobachtung), sein regelmäßiges Vorkommen bei schweren Formen von Dyspepsie sowie bei der HERTER-HEUBNERschen Krankheit sprechen im gleichen Sinne. Die hieraus anzuleitende Folgerung ist die daß Indolbildung im Zusammenhang mit der bakteriellen Zersetzung von tryptophanhaltigen, tiefen Eiweißabbauprodukten im Dünndarm steht, und daß eine Beziehung des Vorganges zur Dyspepsie wahrscheinlich ist, obwohl er häufiger vorkommt als diese.

Wie Indican vom Tryptophan, so leiten sich die Phenole vom Phenylalanin und Tyrosin ab. Während die Decarboxylierung dieser Stoffe, wie sie namentlich die Colibazillen vollbringen, stark wirkende Amine ergibt, die aber nur bei darniederliegenden oxydativen Funktionen bis in den Harn gelangen können, dürfte schon im Darmkanal ein erheblicher Teil an solchen Substanzen sofort weiter zersetzt werden. Durch aufeinanderfolgende Desaminierung und stufenweise Oxydation entstehen Phenole. Selbstverständlich soll damit nicht gesagt werden, daß Phenole nicht auch anders, und zwar durch primäre Desaminierung über Phenylpropionsäure bzw. Paraoxyphenylpropionsäure entstehen können. Der Colibacillus vermag nach manchen Angaben Phenole im Gegensatz zum Indol nicht zu bilden, während andere Autoren (KITASATO, LEWANDOWSKY, zitiert nach KRUSE) dies bestreiten. Die Differenzen rühren vielleicht daher, daß sich verschiedene Coliarten verschieden verhalten. Phenolbildner sind fernerhin namentlich Proteus vulgaris und die Anaerobier, die hierbei jedoch durch saure Gärung gehemmt werden können. Anaerobiose schließt oxydative Vorgänge keineswegs aus (NENCKI). Nach diesen Angaben ist es nicht erstaunlich, daß erhöhte Phenolausscheidung nicht mit der Indicanurie parallel geht, sondern regellos mit oder ohne solche auftreten kann. Eine weitere Erschwerung in der Bewertung der Ausscheidung der Phenolkörper liegt darin, daß diese Stoffe sicher auch intermediär entstehen, was ja für das Indol nicht gilt. Beim Säugling stellten quantitative Untersuchungen über die Ausscheidung der Phenole an L. F. MEYER, FREUND, MOORE, UTHEIM. Künstlich genährte Säuglinge scheiden nach diesen Untersuchungen mehr Phenole aus als natürlich genährte. Dieses Plus kann wieder ebensogut auf die intermediäre erhöhte Eiweißzersetzung des Flaschenkindes bezogen werden, wie auf die stärkere enterale Eiweißfäulnis bei ihm. Im letzteren Falle müßte man den Dickdarm als Ort der Genese dieser Stoffe ansprechen. Erhöhte Phenolurie kommt auch bei saurer Gärungsdyspepsie vor, steht also nicht in sicherem Zusammenhange mit der Dickdarmfäulnis. Auch hier kann wieder nicht entschieden werden, wie weit intermediäre Prozesse mitbeteiligt sind. Wie ersichtlich, sind bei den Phenolen die Umstände, unter denen sie in vermehrter Menge entstehen, noch mehr in Dunkel gehüllt wie beim Indikan.

Unter den Fäulnisprodukten sind auch die Derivate des Guanidins zu erwähnen. Aus der Zersetzung des Arginins, das im Kasein zu 2,27 bis 4,8% vorkommt, könnte nach GUGGENHEIM prinzipiell Guanidin entstehen, obwohl dies nicht nachgewiesen ist. Die Hauptquelle des Guanidins und seiner Derivate ist bekanntlich das Kreatin des Muskelfleisches, weshalb man die tetanieauslösende Wirkung der Fleischfütterung beim parathyreopriven Hunde auf bakterielle Zersetzungsvorgänge des Kreatins im Darme zurückzuführen suchte. Nach DRAGSTEDT können diese putriden Prozesse durch Milchzuckerfütterung erfolgreich bekämpft werden und damit auch die Tetanie. Für den tetaniekranken Säugling liegen die Verhältnisse anders. Die chemischen Methoden, mittels deren die angebliche Guanidinvermehrung erschlossen wurde, sind in ihrem Werte recht zweifelhaft, die Herkunft von Guanidin aus dem Darme unter den Bedingungen einer Ernährung, wie sie im Säuglingsalter durchgeführt wird, noch zweifelhafter, die Beziehung des Guanidins, bei dessen Vergiftungsbild Hypokalzämie fehlt, zur Tetanie der Säuglinge vollends ganz vag.

Die Entstehung von Schwefelwasserstoff und Methylmerkaptan, die der Colibacillus auf Peptonbouillon zu bilden vermag, ist meines Wissens niemals im Säuglingsdarm erwiesen worden.

Die Domäne der Fäulnisvorgänge durch obligate Anaerobier, deren spezifisches Werk nach einem Worte PASTEURS eben die Fäulnis ist, dürfte im Dickdarm liegen. KLEINSCHMIDT, der sich mit dem Nachweis dieser Bakterien beim Säugling besonders beschäftigt hat, gewann aus Kalkseifenstühlen 3—4 Arten von Anaerobiern, und zwar unter acht Fällen 5mal den WELCH-FRÄNKELschen Gasbacillus, der mit dem Perfringens identisch ist, und den Bacillus amylobacter. Diese beiden Erreger sind aber nicht putrifizierend. Ferner wurde je 8mal der Putrificus verrucosus und Putrificus tenuis gefunden. Letzterer ist ein speziell im Kalkseifenstuhl vorkommender Darmbewohner. Bacillus putrificus BIENSTOCK stellt nach KLEINSCHMIDT eine Mischung aus verrucosus und amylobacter dar.

Die Reduktion von Bilirubin zu Urobilin, die man in schwach gefärbtem Kalkseifenstuhl außer einer Farbüberdeckung durch den weißen Niederschlag der Salze und Seifen annehmen muß (SCHÖNFELD), wird nach KLEINSCHMIDT besonders durch den FRÄNKELschen Gasbacillus im alkalischen Medium hervorgebracht. Von sonstigen Anaerobiern erwiesen sich nur Bacillus amylobacter und Putrificus tenuis in einzelnen Stämmen dann zur Urobilinbildung befähigt, wenn sie mit Bacterium coli oder miteinander gemischt waren. Eine völlige Zerstörung des Bilirubins, die PASSINI beobachtet hatte, erfolgte nicht. Die Bruststuhlflora reduziert Bilirubin nicht. Für die Urobilinbildung ist die Gegenwart von Eiweißfäulnis entgegen den Untersuchungen KÄMMERERS nicht von entscheidender Bedeutung. Man könnte nun darin einen Widerspruch sehen, daß man einerseits Reduktionsvorgänge an den Gallenfarbstoffen und dem Cholesterin mit Anaerobierfäulnis verbunden beobachtet und andererseits mit der Möglichkeit der gleichzeitigen Oxydation von Tyrosin zu Phenol rechnet. Chemisch liegen hierin meines Erachtens gar keine Schwierigkeiten, besonders nicht im Hinblick auf die WIELANDsche Oxydationstheorie. Ebenso wie Methylenblau oder Nitrophenole für die Oxydation organischer Stoffe als ,,Wasserstoffacceptoren“ dienen können, so erfüllen Bilirubin und Cholesterin oder andere Stoffe mit Hydrierungsenergie diese Funktion bei der Fäulnis. Bei den Zersetzungen durch die Buttersäurebazillen ist noch ein anderer Modus möglich, durch den energische Reduktionsvorgänge zustande kommen können. Sofern Traubenzucker gleichzeitig zu Buttersäure vergoren wird, entsteht freier Wasserstoff, der reduzierend wirkt.

Bei der Bruststuhlflora, bei der der anaerobe Bifidus eine wesentliche Rolle spielt, sehen wir umgekehrt Oxydationsvorgänge am Gallenfarbstoff sich abspielen. Die Biliverdinbildung im Darm ist ein durch Wasserstoffionen ($p_H < 5{,}2$) geförderter katalytischer Oxydationsvorgang. Aus diesem Grunde neigt der Frauenmilchstuhl zur Grünfärbung (KÖPPE, WERNSTEDT, FREUDENBERG). Durch welche genaue h die Reduktion des Bilirubins begrenzt wird, die durch saure Reaktion verhindert werden soll, ist unbekannt. Klinisch weiß man, daß es nichtacholische, sauer reagierende, farblose Stühle gibt. Entweder muß man hier annehmen, daß auf Reduktion bei alkalischer Reaktion sekundär Säurebildung gefolgt ist, ohne daß eine oxydative Wirkung auf das Urobilin sich vollzog, oder aber man wird zu bezweifeln haben, daß Reduktion von Bilirubin überhaupt nur bei alkalischer Reaktion erfolgen kann. Zu einer Entscheidung liegen nicht genügende experimentelle Grundlagen vor.

Unbekannt ist es ferner, in welcher Weise sich die oben erwähnte Synergie von Colibazillen und Anaerobiern vollzieht. Nach KLEINSCHMIDT kann sie nicht auf Veratmung von die Anaerobiose störendem Sauerstoff beruhen, da auch Mischungen von Anaerobiern unter sich Bilirubin zu bilden vermögen. Hier können nur sorgfältige Analysen der unter variierten Bedingungen gebildeten Stoffwechselprodukte weiterführen. KENDALL entwirft folgendes Schema biochemisch möglicher Zersetzungen der Eiweißderivate auf oxydativem oder reduktivem oder hydrolytischem Wege:

1. $R \cdot CH_2 \cdot CHNH_2 \cdot COOH + H_2 = R \cdot CH_2 \cdot CH_2 \cdot COOH + NH_3$
   Reduktive Desaminierung einer Aminosäure zur homologen Fettsäure.
2. $R \cdot CH_2 \cdot CHNH_2 \cdot COOH + H_2O = R \cdot CH_2 \cdot CHOH \cdot COOH + NH_3$
   Hydrolytische Desaminierung einer Aminosäure zur Oxysäure. Auf diesem Wege entsteht Milchsäure aus Eiweiß.
3. $R \cdot CH_2 \cdot CHNH_2 \cdot COOH + O = R \cdot CH_2 \cdot CO \cdot COOH + NH_3$
   Oxydative Desaminierung einer Aminosäure zu Ketosäure (Brenztraubensäure Transformation).
4. $R \cdot CH_2 \cdot CHNH_2 \cdot COOH \rightarrow R \cdot CH_2 \cdot CHNH_2 + CO_2$
   Kohlensäureabspaltung unter Bildung eines primären Amins.
5. $R \cdot CH_2 \cdot CH_2 \cdot COOH \rightarrow R \cdot CH_2 \cdot CH_3 + CO_2$
   Kohlensäureabspaltung aus einer Fettsäure.
6. $R \cdot CH_2 \cdot CH_2 \cdot COOH + 3O = CH_2 \cdot COOH + CO_2 + H_2O$
   Kohlensäureabspaltung aus einer Fettsäure unter Bildung einer um 1 Kohlenstoffatom niedrigeren Fettsäure.

Diese Formeln sind stark schematisierend. Die Kenntnisse auf diesem Gebiete sind ganz lückenhaft. Namentlich ist es biologisch viel wichtiger, die Dynamik dieser Reaktionen unter verdauungsphysiologisch möglichen Bedingungen kennen zu lernen, als nachzuweisen, daß sie unter irgendwelchen Laboratoriumsbedingungen überhaupt vorkommen.

Den Anaerobiern, insbesondere dem WELCH-FRÄNKELschen Bacillus, wurden auch pathogene Eigenschaften beigemessen. JÖRGENSEN schrieb ihm eine Rolle bei verschiedenartigen Darmstörungen im Säuglingsalter zu. MORSE-TALBOT, ANDREWS, KENDALL und Mitarbeiter sprechen ebenfalls von einer Gasbazillendiarrhöe. Solche Diarrhöen sollen epidemisch auftreten können. Bei 30 normalen Säuglingen wurde der Gasbacillus von JÖRGENSEN nicht im Stuhle gefunden. Weitere Beobachtungen bestätigen das nicht. Er kommt beim verdauungsgesunden Flaschenkinde nach ZEISSLER-KÄCKELL, KLEINSCHMIDT, ZOLTAN, TEVALI nicht selten vor. Dagegen neigen KLEINSCHMIDT sowie HERGT dazu, ihm eine Rolle bei der Melaena neonatorum beizumessen, wo er im Erbrochenen, im Meconium, im Dünndarminhalt und in inneren Organen gefunden wurde. Auch im mütterlichen Lochialsekrete war er in solchen Fällen nachweislich. Die Häufigkeit der positiven Befunde bei Melaena ist so groß, und überwiegt so stark gegenüber dem Verhalten bei anderen Säuglingen, daß dies nach KLEINSCHMIDT ein entschiedener Hinweis auf eine pathogenetische Beziehung ist.

Der WELCH-FRÄNKELsche Bacillus gehört neben Proteus, Streptokokken und Coli zu den Bakterien, welche man früher als „gemischte Fermente" bezeichnet hat. Dies besagt, daß sie durch saccharolytisch bewirkte, mäßige Säuregrade in der Proteolyse oder Peptolyse nicht gestört werden. Indem diese Acidität durch Ammoniak- und Aminbildung der gleichen Erreger beseitigt wird, ist der Boden bereitet, auf dem die wahrscheinlich stärker säureempfindlichen reinen Proteolyten, die früheren „einfachen Fermente", nun weiterarbeiten können. Es liegt ein Beispiel von „Metabiose" hier vor, ähnlich wie wenn Aerobier durch Verbrauch von Sauerstoff in einem Nährboden den Anaerobiern die Möglichkeit der Existenz verschaffen. Da im unteren Ileum und im Coecum die Reaktion noch nicht alkalisch ist und stets Kohlenhydrate in kleinen Resten in diese Darmabschnitte gelangen, so ist es sehr unwahrscheinlich, daß die Flora des Kalkseifenstuhles bereits hier sich entwickelt. Vielmehr gehört zur Kalkseifenstuhlbildung wahrscheinlich ebenso eine Vorflora, wie wir eine solche für die Bruststuhlflora angenommen haben. Die biochemisch weniger differenzierte und stärker anpassungsfähige Vorflora bestimmt, welche Endflora, die dann zur Stuhlflora wird, auftritt. *Wenn die Bedingungen so liegen, daß die ambivalente Vorflora mehr Gärung als Fäulnis bewirkt, und Gärungsmaterial verbleibt, so läuft der Prozeß schließlich im Sinne der „Extremisten" der Gärung, der acidophilen Gruppe. Wenn die Vorflora günstigere Bedingungen für Fäulnis findet und diese überwiegt, so setzen die Spezialisten in dieser Leistung, die putrifizierenden Anaerobier, das Werk fort, und es entsteht der alkalische Fäulnisstuhl.*

Diese Verhältnisse können sich natürlich nur dann so auswirken, wenn genügend Zeit bleibt, daß die einzelnen Phasen dieses komplexen Vorganges zu Ende gehen und einander ablösen können. Es ist also unmöglich, daß der typische Seifenstuhl bei beschleunigter Peristaltik entleert wird. Auch bei kranken Brustkindern mit wirklichen (infektiösen) Diarrhöen, nicht etwa der gesteigerten Reizbarkeit des Mastdarmes, sieht man nach meinen Erfahrungen die *reine* Bruststuhlflora schwinden, sie wird mehr minder untermischt mit fremden Formen.

Auf die Tätigkeit der ambivalenten Vorflora läßt sich also der scheinbare Gegensatz von Gärung und Fäulnis im Darm zurückführen. Für die Pathologie aber ist dieser Gegensatz weit überwertet worden. Als letzte Auswirkung eines Komplexes von Bedingungen im Dünndarm kommt der Seifenstuhl durch eine besondere Mikrobiose im Dickdarm zustande. Wenn unter jenem Bedingungskomplex der relative Eiweißgehalt der Nahrung eine Rolle spielt, und unter eiweißreicher Ernährung bei einer heilenden Dyspepsie solche Stühle zustande kommen, so ist es eine ganz falsche Anschauung, wenn man glaubt, der Umschwung im Verhalten des Stuhles sei durch Verdrängung einer Gärungsflora im Dünndarm gelungen. Die Reparation bei der Dyspepsie wird nicht durch den Einfluß des Eiweißes auf gärtätige Colibazillen herbeigeführt, denen damit keinerlei Schaden zugefügt würde, sondern durch Schonung, Nahrungsreduktion und irgendeine zweckmäßige Ernährungsform. Es gibt Heilnahrungen, aber nicht antibakterielle Diäten. Wie irrig die Meinungen hier waren, ersieht man daraus, daß oft geäußert wurde, die beste Heilnahrung, die Frauenmilch, müsse bei Dyspepsie im Darm eigentlich schädlich sein und nur auf dem Umwege über die Hebung des Allgemeinzustandes, der intermediären Vorgänge, der Resistenz käme ihr indirekt eine Heilwirkung zu. Eine Nahrung, die im Darm schädlich ist, kann aber weder intermediär noch überhaupt nützen, denn wenn die Resorption weiter verschlechtert wird, muß der ganze Ernährungsvorgang weiter darniederliegen. Die Frauenmilch wird aber rascher verdaut und resorbiert als jede andere Nahrung und deshalb leistet sie auch mehr bei der Dyspepsie als jede künstliche Nahrung. Wer es aber mehrmals erlebt hat, wie durch zu sorglose Dosierung von zuckerarmer Eiweißmilch bei unkomplizierter Dyspepsie das volle Bild der Intoxikation sich in wenigen Stunden entwickelte, der wird schwer weiter an der Meinung Gefallen finden, daß das Eiweiß bei endogener Infektion eine schädliche Dünndarmgärung unterdrücke. Für die Coligruppe gilt der vermeintliche Antagonismus von Gärung und Fäulnis nur in sehr beschränktem Maße, wie wir sahen. Und wenn durch Pufferwirkung etwas weniger freie Fettsäure dafür aber mehr Amine und andere Zersetzungsprodukte vorhanden sind, ist es mißlich, zu behaupten, daß hiermit ein Vorteil gewonnen ist. Die Eiweißmilch- und Buttermilchbehandlung leisten nur Gutes bei der Dyspepsie, sofern nach der Darmentleerung so dosiert wird, daß eine glatte und rasche Bewältigung der Nahrung durch die Verdauungsfunktionen gewährleistet wird.

Der zweite Gesichtspunkt, der zu einer Korrektur des angenommenen Antagonismus von Gärung und Fäulnis in der Bewertung für die Verdauungsvorgänge herausfordert, ist die unbestritten bewiesene Herkunft von Fettsäuren aus Eiweiß. Außer Fettsäuren können, wie erwähnt wurde, auch Oxysäuren so entstehen. Buttersäure, Valeriansäure, Glutarsäure, Bernsteinsäure, Ameisensäure und ihre Homologen bis zur Capronsäure wurden aus den geeigneten Eiweißderivaten bzw. Eiweißstoffen durch anaerobe Fäulnis wiederholt gewonnen. Daß größere Mengen freier Säure entstehen, ist wegen des gleichzeitig abgespaltenen Ammoniaks, der Entstehung anderer basischer Körper, der Anwesenheit puffernder Salze, die mit dem Eiweiß zugleich zugeführt werden, nicht wahrscheinlich. *Immerhin geht es nicht mehr an, daß man aus saurer Reaktion einfach auf Gärung schließt,* man müßte denn in solchen Fällen von Eiweißgärung sprechen. Dieser Ausdruck ist aber nicht zweckmäßig und von den physiologischen Chemikern, die jene Säuren bei Eiweißfäulnis fanden, nicht angewendet worden. Gärung ist die Bezeichnung für die bakterielle Zersetzung der Kohlenhydrate und anderer stickstofffreier organischer Stoffe, Fäulnis für die des Eiweißes.

Wieweit die saure Eiweißfäulnis klinische Bedeutung hat, kann noch nicht mit Bestimmtheit umgrenzt werden. Daß Fettsäurebildung im

Hungerstuhl mit großer Wahrscheinlichkeit auf solche Vorgänge zurückgeht, wurde schon erwähnt. Es darf auch als möglich angenommen werden, daß diejenigen Versager der Eiweißmilchtherapie, bei denen die Stühle dünn, vermehrt, sauer bleiben und häufig sehr schwach gefärbt sind, auf diese saure Eiweißfäulnis zurückgehen. Klinisch spricht hierfür, daß in solchen Fällen reichliches Kohlenhydratangebot die beste Behandlungsform darstellt.

Unter welchen Bedingungen eine stärkere Säurebildung bei der Eiweißfäulnis stattfindet, ist nicht genügend bekannt. Es sei nur kurz auf die Angabe von Schiff hingewiesen, daß gerade der peptische Abbau im Gegensatz zum tryptischen proteinogene Säurebildung durch Bakterien ermöglicht. Die Säuren wurden meist als zufällige oder störende Nebenprodukte der mit Interesse gesuchten Basen vorgefunden. Ihre Genese bei der erwähnten Desaminierung entspricht einem Reduktionsvorgang, indem Wasserstoff an Stelle der Aminogruppe eintritt. Aber auch der bei der Fäulnis vorkommende oxydative Abbau kann aus Aminosäuren Fettsäuren liefern, indem sie unter Elimination der Aminogruppe in die um ein Kohlenstoffglied kürzere Fettsäure übergehen (A. Ellinger). Die experimentellen Grundlagen aller dieser Vorgänge sind besonders nach der dynamischen Seite hin leider noch viel zu dürftig, als daß mit ihrer Hilfe eine Analyse klinischer Erscheinungen vorgenommen werden könnte.

Große Unklarheiten bestehen auch bezüglich des bakteriellen Fettabbaues. Escherich untersuchte verschiedene der von ihm gezüchteten Darmbakterien auf Fettabbauvermögen, indem er sie in sterilisierte Milch einimpfte. Die Milch wurde zu gegebener Zeit mit Essigsäure und Kohlensäure zur Gerinnung gebracht, das Koagulat getrocknet und erschöpfend mit Äther extrahiert. Es ergab sich bei 14 tägiger Bebrütung das folgende Verhalten:

Bakterienart	Wieviel des vorhandenen Fettes wurde verbraucht: %
Meconiumbakterien {Bacillus subtilis	36
Streptococcus coli gracilis . .	24
lactis aerogenes.	34
3 kulturell differente Coliarten {a)	9
b)	51
c)	63
fluorescens non liquefaciens.	8
fluorescens liquefaciens.	56

In diesen Versuchen ist nur der Verbrauch des Substrates untersucht worden, während es unbekannt bleibt, was aus dem Fett entstand. In der gleichen Lage befindet man sich gegenüber dem Befund von Salge, der in einer Kultur des Acidophilus in Zuckerbouillon mit Pepton und

ölsaurem Natrium das Verschwinden des letzteren beobachtete, während
in der Kultur Propionsäure und Buttersäure erschienen. Es ist hierdurch
nicht bewiesen, wie man es zitiert findet, daß Ölsäure in diesem Versuche
in niedere Fettsäuren aufgespalten wurde, denn diese können auch aus
Zucker und Pepton entstanden sein. Auffällig ist in dem Versuche
ESCHERICHs die Tatsache, daß die größten Unterschiede im Fettabbauvermögen der Colibazillen gefunden wurden. Neben Arten, die Fett kaum
angreifen, wie dies auch SCHIFF fand, gibt es andere, die ein starkes Zer-
setzungsvermögen für Fett besitzen. Hiernach könnte man an die Möglichkeit einer Entstehung niederer Fettsäuren aus höheren denken, jedoch fehlen alle experimentellen Grundlagen zu einer solchen Annahme.
Der bakterielle Fettverbrauch ist ein sehr langsam verlaufender Oxydations-
prozeß, bei dem flüchtige Fettsäuren als Zwischenerzeugnisse der Oxydation
in nennenswerter Menge nicht auftreten (KRUSE). Daß die niederen Fettsäuren selbst sehr viel leichter angreifbar sind und durch verschiedenartige oxydative und reduktive Prozesse ineinander überführt werden
können, ist biochemisch sehr interessant, hat aber nur geringes verdauungsphysiologisches Interesse. Auch die chemische Untersuchung
der Stühle hat bisher keine Unterlagen für eine Entstehung niederer aus
höheren Fettsäuren geliefert. Vieldeutig ist auch der Befund von SILBER-
STEIN-SINGER, daß fetthaltiges Nährmilieu bei Colibeimpfung andere
pharmakologische Wirkungen ergibt als fettfreies. Die stürmische Ver-
schlimmerung der Symptome, die man klinisch beobachtet, wenn fett-
reiche Gemische an Dyspeptiker gefüttert werden, läßt ebenfalls mehr-
fache Deutungen zu. Sie hat zum Teil intermediäre Ursachen wie Aci-
dosesteigerung, hängt mit der besonderen Beanspruchung zusammen, die
das Fett an Sekretion und Resorption stellt, und steht vielleicht auch in
Beziehung zu der starken Wachstumsförderung von Colibazillen durch
Fettemulsionen, die SCHIFF beschreibt. Andererseits ist es bekannt, daß
Fäulnisvorgänge, besonders die Seifenstuhlbildung, durch Fett eine Steigerung erfahren können. Der Fettgehalt der Nahrung hat eine Beziehung
zum Mechanismus der Kalkseifenbildung im Dünndarm. Eine direkte Einwirkung auf die Mikrobiose im Dickdarm aber ist gerade hierbei unwahrscheinlich, denn die Anaerobier greifen Fett gar nicht an (SCHREIBER).

Eine eigentümliche Beeinflussung der Bruststuhlflora durch das Fett
wurde von FREUDENBERG-HELLER gesehen. Sie fanden, daß Frauenmilchstühle alkalisch wurden und eine teilweise degenerierte Bifidusflora
aufwiesen, wenn das Frauenmilchfett nicht in genuinem Zustande, sondern lipolytisch verseift zugeführt wurde. Bei zwei reinen Brustkindern
mit acholischen Fettstühlen war sogar eine Überwucherung der Bruststuhlflora durch eine Mischflora erfolgt, wobei die Reaktion ebenfalls
neutral oder leicht alkalisch wurde. Der Mechanismus dieser Schädigung
ist um so weniger verständlich, als ADAM in vitro für den Bifidus eine

Förderung durch Natronseife, d. h. durch Fettsäure, da die Kultur Milchzucker enthielt und sauer war, gefunden hat. Auch hier sieht man, daß die Reagenzglasverhältnisse nicht ohne weiteres auf die Vorgänge im Darmkanale übertragen werden können.

Zum Schluß sei die Frage der Umstimmung der Bakterienflora zu therapeutischen Zwecken, die in der Gynäkologie gewisse Erfolge aufzuweisen hat, gestreift. Es wurde von verschiedenen Seiten daran gedacht, die pathogenen Bakterien aus der Dysenterie- und Typhusgruppe mittels einer milchsäurebildenden Flora zu verdrängen, was durch große Milchzuckergaben zu erreichen wäre. Dieser Gedanke ist am Schreibtisch entstanden, praktische Erfolge hat er nicht gezeitigt. Brustkinder mit ihrer stark acidophilen Flora sind gegen solche Infekte keineswegs geschützt. Es ist zu berücksichtigen, daß die Reaktion weder so weit oralwärts umgestimmt werden kann, wie dies nötig wäre, und daß die Erreger im Schleim der sezernierenden Mucosa der schädlichen Reaktion weniger ausgesetzt sind. Erfolglos war auch die Verfütterung von Bakterienkulturen. Nach Verabreichung des Colipräparates Mutaflor sah MERTZ sogar Schädigung in Gestalt schwerer Coli-Kolitis. Der Gedanke, die Bakteriophagenwirkung therapeutisch auszunützen, hat sich ebenfalls am Krankenbette nicht bewährt (KRENZ).

Literatur.
Zusammenfassende Darstellungen:

BIEDERMANN: Die Aufnahme, Verarbeitung und Assimilation der Nahrung. In: WINTERSTEINS Handbuch der vergleichenden Physiologie 2. Jena: Gustav Fischer 1911. — BLAUBERG: Experimentelle und klinische Studien über Säuglingsfäces bei natürlicher und künstlicher Ernährung. Berlin: A. Hirschwald 1897.

ELLINGER, A.: Die Chemie der Eiweißkörper (faulige Gärung). Ergebnisse der Physiologie von ASHER-SPIRO 6 (1907). — ESCHERICH: Die Darmbakterien des Säuglings und ihre Beziehungen zur Physiologie der Verdauung. Stuttgart: Enke 1886.

FUHRMANN: Vorlesungen über Bakterienenzyme. Jena: Gustav Fischer 1907.

GUGGENHEIM: Die biogenen Amine. Berlin: Julius Springer 1920.

KENDALL: Intestinal bacteriology 3. Philadelphia-London: Saunders u. Co. 1924. — KRUSE: Allgemeine Mikrobiologie. Leipzig: Vogel 1910.

SCHEUNERT: Verdauung der Wirbeltiere. Handbuch der Biochemie von OPPENHEIMER, 2. Aufl., 5. Jena: Gustav Fischer 1925.

TOBLER-BESSAU: Allgemeine pathologische Physiologie der Ernährung und des Stoffwechsels im Kindesalter. Wiesbaden: J. F. Bergmann 1914.

UFFENHEIMER: Die Darmflora. Handbuch der Kinderheilkunde von PFAUNDLER-SCHLOSSMANN, 3. Aufl., 3. Leipzig: Vogel 1924.

Einzeldarstellungen:

ADAM: Über den Einfluß der H-Ionenkonzentration auf die Entwicklung des Bacillus bifidus. Z. Kinderheilk. 29 (1921). — Über das H-Ionen-Optimum der Köpfchenbakterien des Mekonium. Ebenda 30 (1921). — Ernährungsphysiologie der Köpfchenbakterien. Ebenda 33 (1922). — Grundlagen der Ernährungsphysiologie des Bacillus bifidus. Ebenda 31 (1922). — Darmflora und Darmfunktion. Jb. Kinderheilk. 99 (1922). — Endogene Infektion und Immunität.

Ebenda **99** (1922). — Über die Biologie der Dyspepsie-Coli und ihre Beziehungen zur Pathogenese der Dyspepsie und Intoxikation. Ebenda **101** (1923). — Zur Pathogenese der schweren Durchfallserkrankungen des Säuglings. Mschr. Kinderheilk. **34** (1926). — Dyspepsie-Coli. Jb. Kinderheilk. **116** (1927). — ADAM und KISSOFF: Zur Biologie der Darmflora des Säuglings. Z. Kinderheilk. **34** (1922). — ARNOLD: Acidified milk and duodenal function. J. diseas. Childr. **31** (1926). — ASCHENHEIM-HOLSTEIN: Über das Vorkommen von Coli-Agglutininen bei ernährungsgestörten Säuglingen. Mschr. Kinderheilk. **23** (1922).

BERNHEIM-KARRER: Experimentelle Beiträge zur Coliinfektion des Dünndarms. Ebenda **25** (1923). — BESSAU: Über Ernährungsstörungen ex correlatione. Ebenda **13** (1916). — Über enterale Infektionen. Ebenda **22** (1921). — BESSAU-BOSSERT: Bakteriologie des Magens und Duodenums. Jb. Kinderheilk. **89** (1919). — BESSAU-ROSENBAUM-LEICHTENTRITT: Beiträge zur Säuglingsintoxikation. Mschr. Kinderheilk. **22** (1922). — BOGENDÖRFER: Hemmungsstoffe aus Bakterien und ihren Kultursubstraten. Z. exper. Med. **41** (1924). — BOSWORTH: Studies on infant feeding. XVII. J. diseas. Childr. **23** (1922). — BROWN-BOSWORTH: Studies on infant feeding. XVI. Ebenda **23** (1922).

CATEL: Über Art- und Mengenverhältnisse der Gärungssäuren bei Vergärung von Magermilch durch Enterokokken und Colibakterien. Jb. Kinderheilk. **106** (1924). — Über die Vergärung von Kuh- und Frauenmagermilch durch Bacillus bifidus. Ebenda **107** (1925). — Über die Bedeutung exogener Colibesiedelung des Magens. Mschr. Kinderheilk. **35** (1927).

DAVIDSOHN: Über die Wirkung albuminfreier Kuhmilchmolke auf Colibakterien. Z. Kinderheilk. **39** (1925). — DEMUTH: Magenfunktionsprüfungen beim kranken Säugling. Mschr. Kinderheilk. **24** (1923).

EITEL: Die wahre Reaktion der Stühle gesunder Säuglinge bei verschiedener Ernährung. Z. Kinderheilk. **16** (1917).

FORD: Observations on the toxic properties of heated and decomposed milk and of milk cultures of bacterium Welchii. J. diseas. Childr. **18** (1919). — FORD-BLACKFAN: Intestinal bacteria. Ebenda **14** (1917). — FREUDENBERG-HELLER: Über Darmgärung. Jb. Kinderheilk. **94/95/96** (1921).

GANTER-VAN DER REIS: Die bakterizide Funktion des Dünndarms. Dtsch. Arch. klin. Med. **137** (1921). — GRÄVINGHOFF: Welche Schlüsse erlaubt der Nachweis von Coli im Säuglingsmagen? Mschr. Kinderheilk. **24** (1923).

HAHN, KLOCMAN, MORO: Experimentelle Untersuchungen zur endogenen Infektion des Dünndarms. Jb. Kinderheilk. **84** (1916). — HAMBURGER, R.: Infektion und Darmerkrankungen des Säuglings. Mschr. Kinderheilk. **19** (1921). — HELMHOLZ-MILLIKIN: The effect of change of reaction on the growth of bacillus coli. Staphylococcus aureus. J. diseas. Childr. **29** (1925). — HERGT: Über das Vorkommen von Gasbazillen bei Melaena neonatorum. Mschr. Kinderheilk. **32** (1926).

JÖRGEHSEN: Über die Ätiologie der akuten toxischen Gastroenteritis bei Säuglingen. Jb. Kinderheilk. **111** (1926).

KLEINSCHMIDT: Studien über die Anaerobier des Säuglingsdarmes. Mschr. Kinderheilk. **29** (1925). — Studien über die Anaerobier des Säuglingsdarmes. Jb. Kinderheilk. **110** (1925). — Der FRÄNKELsche Gasbacillus im Darm des Säuglings. Klin. Wschr. **7** (1928). — KRAMAR: Zur Frage der Coliascension bei den Ernährungsstörungen des Säuglings. Mschr. Kinderheilk. **23** (1922). — Über Coli-Agglutinine. Ebenda **24** (1923).

LANGER: Die Bedeutung der initialen Frauenmilchernährung für den Schutz von Verdauungsstörungen. Z. Kinderheilk. **26** (1920). — Die Rolle des Nahrungseiweißes bei den akuten Verdauungsstörungen. Mschr. Kinderheilk. **22** (1921).

MERTZ: Behandlungsversuche bei ernährungsgestörten Säuglingen mit Muta-flor. Ebenda 18 (1920). — MEYER-ROMINGER: Über Aminbildung im Säuglings-darm und die Rolle des Amins bei der Säuglingstoxikose. Jb. Kinderheilk. 108 (1925). — MEYER-LÖWENBERG: Über die Bakterizidine des Darmsaftes. Klin. Wschr. 7 (1928). — MÜLLER, F.: Über die Bedeutung von Zucker und Eiweiß für die bakterielle Gärung. Z. Kinderheilk. 34 (1922). — MORO: Bemerkungen zur Lehre von der Säuglingsernährung. Jb. Kinderheilk. 84 (1916); 94 (1921). — Über enterale Infektion bei Säuglingen. Mschr. Kinderheilk. 22 (1921). — MOSSE-HAPPE: Über den Einfluß durch Milchsäure gesäuerter Milch auf das Bak-terienwachstum. Ebenda 36 (1927).

PLANTENGA: Ätiologie und Pathogenese der sogenannten alimentären Intoxi-kation. Jb. Kinderheilk. 109 (1925). — Die Colitoxikose des Säuglings. Ebenda 121 (1928). — PLONSKER-ROSENBAUM: Coli im Säuglingsmagen. Ebenda 109 (1925).

RIETSCHEL: Die pathogenetische Bedeutung der Fettsäuren in Fettmilch-nahrungen. Z. Kinderheilk. 28 (1921). — RIETSCHEL-HUMMEL: Über die Wechsel-beziehungen zwischen Bakterienflora und Verdauungsvorgängen beim Säugling. Handbuch der normalen und pathologischen Physiologie von BERGMANN-BETHE-EMBDEN 3 (1927) — ROSKE: Über die Bedingungen der Aminbildung durch Bact. coli. Jb. Kinderheilk. 120 (1928). — RÜHLE: Eiweiß und Gärung. Mschr. Kin-derheilk. 24 (1923). — Eiweiß und Gärung. Jb. Kinderheilk. 101 (1923). — Nahrung, Stuhlbeschaffenheit und Bifidusflora. Ebenda 104 (1924). — Über eine neue Züchtungsmethode des Bac. bifidus und acidophilus bei anaerobem Oberflächenwachstum. Ebenda 106 (1924). — RÖTHLER: Über das Verhalten der Amine bei Dyspepsie und Intoxikation. Ebenda 120 (1926). — RONA-NIKOLAI: Fermentstoffwechsel der Bakterien. Biochem. Z. 172 und 179 (1926). — ROSEN-BAUM: Grippenenteritis im Säuglingsalter. Mschr. Kinderheilk. 33 (1926).

SCHEER: Zur Bakteriologie des Magens und Duodenums beim gesunden und kranken Säugling. Jb. Kinderheilk. 92 (1920). — Über die Ursache der Acidität der Säuglingsfäces. Z. Kinderheilk. 29 (1921). — Vereinfachte Technik zum Nachweis der endogenen Infektion des Duodenums. Ebenda 32 (1922). — Bak-teriologisch-serologische Untersuchungen zur endogenen Infektion des Dünn-darms. Ebenda 34 (1922). — Die Wasserstoffionenkonzentration und das Bac-terium Coli. Biochem. Z. 130 (1922). — SCHEER-MÜLLER: Zur Physiologie und Pathologie der Verdauung beim Säugling. Jb. Kinderheilk. 102 (1923). — Acidität und Pufferungsvermögen der Fäces. Ebenda 101 (1923). — SCHIFF und KOCHMANN: Chemische Leistungen der Colibakterien. Ebenda 99 (1922). — SCHIFF-CASPARI: Chemische Leistungen der Colibakterien. Ebenda 102 (1923). — SCHÖNFELD: Über die Beziehungen der einzelnen Bestandteile der Frauen-milch zur Bifidusflora. Ebenda 113 (1926). — Über den Chemismus der Gallen-farbstoff-Entfärbung im Säuglingsdarm. Ebenda 116 (1927). — SCHÜSSLER: Die Köpfchenbakterien des Meconiums. Ebenda 106 (1924). — SIERAKOWSKI: Ver-änderungen der H-Ionenkonzentration in den Bakterienkulturen und ihr Ent-stehungsmechanismus. Biochem. Z. 151 (1924). — SILBERSTEIN-SINGER: Bei-träge zur Pathogenese der akuten Ernährungsstörungen im Säuglingsalter. Jb. Kinderheilk. 107 (1925). — SISSON: Experimental studies of the intestinal flora. J. diseas. Childr. 13 (1917). — STRANSKY-TRIAS: Experimentelle Unter-suchungen über Darmbakterien. Mschr. Kinderheilk. 31 (1926) und Jahrb.-Bei-heft 10 (1926).

TISDALL-BROWN: Studies on acidity (Hydrogen Ion Concentration) of infants stools. J. diseas. Childr. 27 (1924).

ZEISSLER-KÄCKELL: Zur Bakteriologie des Säuglingsstuhles. Jb. Kinder-heilk. 99 (1922).

Namenverzeichnis.

ABDERHALDEN 3, 4, 86, 97.
ABRAHAM 108.
ADAM 120, 163, 164, 173, 174, 186.
ALLAN 47.
ALLARIA 57, 124.
ANDERSON 118.
ANDREWS 182.
ANTONINO 88.
ARISTOTELES 144.
ARNDT 138.
ARNHEIM 97.
ARNOLD 158.
ARON 125.
ASCHENHEIM 92, 115, 148, 164.

BABBOT 63.
BABKIN 45, 68, 71, 82.
BAHRDT 21, 22, 46, 69, 131, 159, 168, 175.
BAMANN 95.
BANG 90, 94.
BASCH 21.
BATCHELOR 38.
BAUER 69, 115.
BAYLISS 46.
BECHOLD 157.
BECK 26, 138, 171.
BEHRENDT 32, 67, 73, 130.
BENINO 108.
BENJAMIN 93.
BERNHEIM-KARRER 40, 158.
BESSAN 31, 32, 155, 156, 157, 167.
BEUMER 141, 142.
BIEDERT 112.
BIENSTOCK 153, 180.
BISCHOFF 38.

BLAUBERG 127.
BLÜHDORN 39.
BLUMENTHAL 178.
BOECKH 14.
BOGEN 31, 59.
BOGENDÖRFER 156, 157.
BOKAY 165.
BOLDYREFF 35, 69, 70, 151.
BOMPIANI 117.
BONAR 178.
BOSSERT 155, 156, 157, 167.
BOSWORTH 92, 93, 137, 138, 168.
BOWDITCH 137, 138.
BROCK 38.
BROWN 172.
BRUGSCH 104.
BUDDE, O. 59, 99, 100, 102, 104, 135, 148, 166.

CAMERER 170.
CANNON 26, 39, 43.
CARLSSON 19.
CARTER 58.
CASPARI 161.
CATEL 46, 71, 130, 171.
CLARK 58.
CLEMENTI 88, 107.
COERPER 124.
COHNHEIM 28.
COMBY 109.
CORSDRESS 70.
COUDAT 109.
COURTNAY 106, 110.
CRAMER 21.
CRON 138.
CZERNY 50, 109, 164, 177.

DAKIN 86.

DALE 108.
DAM, VAN 90.
DAVIDSOHN 56, 58, 59, 64, 65, 69, 73, 94, 97, 122, 124, 125, 130.
DAVISON 73, 74, 78, 100, 104, 125, 155.
DE BUYS 27.
DEMUTH 28, 29, 31, 32, 61, 63, 64, 65, 66, 67, 71, 72, 73, 75, 94, 130, 155.
DERNBY 97.
DEUTSCH 69.
DRAGSTEDT 180.
DRAUDT 115.
DRUCKREY 170.
DUNHAM 46, 66.

ECKSTEIN 20, 34.
EDELSTEIN 31, 32, 46, 73.
EFFRONT 126.
EINECKE 113.
EITEL 170, 172.
ELIASBERG 74, 79.
ELLINGER, A. 178, 179, 185.
ENDERLEN 74, 81.
ENGEL 35, 59, 60, 90.
ESCHERICH 155, 156, 168, 185.
EULER 97, 119, 120, 121.

FABER 36.
FALES 106, 110, 111, 112.
FANCONI 141.
FINICIO 138.
FINKELSTEIN 23, 49, 130, 175.
FINZI 147.
FISCHER, E. 85.
FISCHLER 115.

FLÜGGE 153.
FOA 117, 118.
FOLIN 111.
FONTAINE 141.
FRÄNKEL 153, 162, 180, 181, 182.
FREUDENBERG 67, 74, 81, 91, 97, 102, 104, 121, 122, 126, 127, 131, 132, 135, 137, 162, 169, 170, 172, 173.
FREUND, W. 136, 141, 179.
FREISE 98, 138.
FRIEDENTHAL 128.
FROBOESE 120.
FULD 90, 94.

GABBE 93.
GAMBLE 106, 110, 112, 177.
GANGHOFNER 108.
GANTER 156.
GEHLIG 178.
GESENIUS 105.
GIBLIN 137, 138.
GINSBURG 19.
GOEBEL 52.
GOLDBERGER 18.
GÖPPERT 26, 115.
GOTTLIEB 56.
GOTTSTEIN 78.
GOURDREAU 80.
GRÄVENITZ 46.
GRÄVINGHOFF 155.
GRASER 88.
GREINER 141.
GRISVOLD 60.
GROSSER 92.
GUGGENHEIM 46, 180.
GUNDOBIN 6, 8, 59, 120, 170.
GYRÖGY 11.
GYOTOKU 104.

HAHN, H. 141, 158.
HAHN, M. 102, 136.
HAINISS 72.
HAMBURGER, F. 2, 4, 108.
HAMBURGER, R. 5.
HAMMARSTEN 89, 90.
HARAKAMI 45.
HARTENECK 88.

HAYASHI 108, 116.
HECHT, A. 138, 171.
HECHT, K. 90, 147.
HEDIN 107.
HEIM 152.
HELLER 44, 67, 84, 97, 98, 126, 169, 170, 172, 173, 186.
HELMREICH 11.
HEMMETER 44.
HENRIQUES 27.
HERGT 182.
HERTER 179.
HESS, A. 23, 26, 35, 59, 141.
HESS, R. 91, 94, 95, 154.
HETSCH 177.
HEUBNER, O. 159, 179.
HIRATA 147.
HIRSCHSPRUNG 142.
HOCHSINGER 178.
HOFFMANN 70, 121, 122, 127.
HOFMEISTER, F. 85.
HOLT 139.
HOLZKNECHT 44.
HOOBLER 108, 109.
HORNBORG 59.
HOSAKA 145, 146.
HULDSCHINSKY 69, 131.
HUSLER 23.

IBRAHIM 23, 51, 93, 102, 117, 124.
INNICHOFF 91.
IOVANOVICS 140.
ISBERT 22, 26, 42, 50.

JAFFE 179.
JÄGER 116.
JANNEY 161.
JENDRASSIK 50.
JÖRGENSEN 182.
JUNDELL 140.

KÄCKELL 153, 173, 182.
KAHN 43.
KASHIWODA 112.
KAUMHEIMER 117.
KÄMMERER 181.
KEILMANN 116.
KELLER, A. 50, 164.
KENDALL 181, 182.

KITASATO 179.
KLEE 42.
KLEINSCHMIDT 180, 181, 182.
KLOCMAN 158.
KNÖPFELMACHER 138.
KOCHMANN 160, 161, 162, 163.
KOHLBRUGGE 156.
KOLLE 177.
KÖNIGSBERGER 31, 34.
KOOPMAN 147.
KOPLIK 138.
KÖPPE 181.
KOROVIN 59.
KRAMAR 164.
KRASNOGORSKI 20.
KRENZ 187.
KRONENBERG 94, 95.
KRÜGER 31, 32.
KRUSE 179, 186.
KUPLWISER 5.
KÜSTER 175.

LANDERER 35, 36.
LANDSBERGER 109.
LANG 123.
LANGER 108, 163.
LANGSTEIN 124, 127.
LEATHES 111.
LEFHOLZ 140.
LE HEUX 44, 50.
LEICHTENTRITT 31, 32.
LEINER 49.
LEVENE 86.
LEWANDOWSKY 179.
LEWIS 127. 171.
LIEBERMEISTER 155.
LIEPMANN 131.
LINDBERG 35, 39, 138.
LONDON 3, 7, 144.
LÖWENBERG 156.
LUKACZ 112.
LUST 108.

MACLEOD 47.
MAGNUS 30, 42.
MAIER 35, 36.
MAILLARD 126.
MANSBACHER 34.
MARCHAND 28.
MARCORA 161.
MARRIOTT 66, 73.

MASSLOW 72, 74, 103, 125, 141.
MASUDA 104.
MATHIESEN 69, 72, 73, 91.
MAYERHOFER 128.
MEDIWIKOW 158.
MEHRING 29.
MELLANBY 162, 167.
MEMMEN 135.
MENDELSSOHN 90.
MENGERT 103.
MERKLEN 43.
MERTZ 164, 187.
MEYER, L. F. 115, 136, 140, 158, 179.
MEYER, O. 52, 166.
MICHAELIS 2, 90, 97, 125, 146, 161.
MODIGLIANI 108.
MOORE 179.
MORO 108, 153, 155, 156, 157, 158, 164, 167.
MORSE 182.
MOSSE 74, 79, 91.
MUCH 108.
MÜLLER, E. 102.
MÜLLER, F. 44, 64, 71, 74, 79, 162, 163, 170, 172.
MÜLLER, FRIEDRICH 178.
MÜLLER, P. 2.
MUNK 140.
MYSLOWITZER 88.

NASSAU 176.
NAVRATIL 5.
NENCKI 111, 179.
NEUHAUS 108.
NICOLAI 161.
NIEMANN 98, 138.
NIKORY 147, 160.
NISSLE 163.
NOBECOURT 43.
NOEGGERATH 49, 94.
NORTHROP 94, 97, 105, 146.
NOTHMANN 118.

OJAMA 140.
OPPENHEIMER, C. 2, 86. 87, 88, 124.
OTSUHA 162.
OVERTON 136.

PASSINI 162, 181.
PASTEUR 180.
PATSCHKE 45.
PAUL 98, 138.
PAUTZ 124.
PAWLOW 89, 111, 144.
PEIPER 22, 26, 42, 46, 50.
PETERI 44.
PFAUNDLER 6, 21, 106, 162.
PFEIFFER 99.
PFERSDORFF 126.
PICK 140.
PIRQUET 5, 6.
PLANTENGA 164.
PLONSKER 154, 155.
POLLITZER 59.
POPIELSKI 144.
PREISICH 36.
PRIBRAM 128.
PRINGSHEIM 126.
PÜTTER 76.
PUTZIG 32, 73.

RACHMILEWITSCH 123.
RAKOCZY 90.
REDWITZ, VON 74, 81.
REICHE 69.
REID 128.
REIS, VAN DER 156, 157.
REUSS 178.
REYHER 23.
RIEHN 38.
RIETSCHEL 118, 159.
RINGER 97.
ROGATZ 27, 28, 29.
RÖHMANN 119, 120, 122.
ROLLY 155.
RÖMER 108.
ROMINGER 166.
RONA 88, 92, 93, 97, 160, 161.
ROSENBAUM 31, 32, 70, 71, 82, 91, 95, 117, 119, 154, 155.
ROSENBUND 116.
ROSENFELD 14, 178.
ROSKE 162.
RÖTHLER 46, 166.
ROTHWELL 140.
RÜHLE 162, 173, 174.

SALGE 8, 94, 105, 106, 163.

SALLE 73, 158.
SALOMON 34.
SAMEC 124.
SASAKI 162.
SCHÄFER 35.
SCHAUB 108.
SCHEER 44, 66, 71, 154. 155, 156, 161, 162, 163, 170, 173.
SCHEMANN 67, 70, 90.
SCHIFF 66, 74, 78, 79, 91, 160, 161, 162, 163, 185, 186.
SCHLOSS 93, 108.
SCHMIDT, A. 69, 70, 112.
SCHOFMANN 122.
SCHÖNFELD 173, 174, 180.
SCHREIBER 186.
SCHRÖDER 139.
SCHRICKER 109.
SCHÜBEL 106.
SCHULZ 137.
SCOTT 7.
SETTLES 140.
SHELL 58.
SHOHL 60, 161, 169, 170.
SICHER 56.
SIEBURG 45.
SIEGERT 39.
SILBERSTEIN 46, 186.
SINGER 46, 186.
SISSON 167.
SLYKE, VAN 92, 606, 110, 111, 112.
SOMLO 95, 146.
SOMMERFELD 57, 59, 67.
SÖRENSEN 91, 94, 146.
SOUTHWORTH 93.
SPERCK 108.
SSADIKOW 86.
STARKENSTEIN 146.
STARLING 46.
STERN 92, 102.
STOLTE 126.
STRANSKY 167.
SZIRMAY 95, 146.

TALBOT 93, 112, 127, 171, 182.
TANGL 50.
TAYLOR 57, 69, 80.
TÉRROINE 125.

TEVALI 182.
THEILE 27, 28, 31, 69.
THEOPOLD 115.
THOENES 138.
TISDALL 172.
TISSIER 155.
TOBLER 31, 77, 94.
TRIAS 167.
TRIBOULET 43.
TUR 102, 136.
TWORT 162, 177.

UFFELMANN 171.
UFFENHEIMER 108.
UTHEIM-TOVERUD 18, 179.
UTTER 115, 116, 121, 149.

VOGEL 124.

VOGT 43.
VOLLMER 33, 73.

WACKER 138, 171.
WALDSCHMIDT-LEITZ 88, 99.
WALLTUCH 130.
WALTNER 103, 124, 136, 141, 148.
WARBURG 161.
WAYMOUTH 128.
WEBER 105.
WEGSCHEIDER 171.
WEINLAND 117.
WELCH 162, 180, 181, 182.
WELCKER 116, 138.
WERNSTEDT 38, 93, 181.
WIELAND 181.
WILLHEIM 91.

WILLSTÄTTER 87, 91, 95, 96, 99, 104, 135.
WILSON 18.
WINTER 126.
WOLFF 23.
WOLOWIK 20, 70.
WORINGER 115, 116, 118.
WORTHEN 108.
WULFF 58.

YLPPOE 73, 138, 174.
YOKOMOBI 140.

ZALESKI 111.
ZEISSLER 153, 173, 182.
ZELINSKY 86.
ZIEGLER 80.
ZIMMERMANN 92.
ZOLTAN 182.
ZOTTERMANN 137.

Sachverzeichnis.

Abführmittel und Stuhlacidität 172.
Ablactationsdyspepsie 15, 16.
Ablactation und Kuhmilchidiosynkrasie 108.
Acholie 83, siehe auch unter Fettspaltung und unter Resorption.
Aerophagie, siehe Luftschlucken.
Agglutinine bei Ernährungsstörungen 164.
Aktivitätskurven, siehe die einzelnen Fermente.
Albumine, Unterschiede gegenüber Casein bei der Pepsinverdauung 95, 96.
Alkylamine, Bildung durch Kolibazillen 161.
Altersdisposition und Entwicklung des Fermentapparates 145.
Altersentwicklung der Verdauungsfunktionen 6—16.
Alterskonstitution und Verdauungstätigkeit 10—12.
Amikrobiose des Dünndarms bei Hunger 167.
Aminbildung durch Bakterien 162, 166, 177, 179. 182.
— im Dickdarm 177.
Amine als Motorikerreger 46.
Aminosäuren als Quelle des Kotammoniaks 111.
— Arten der Bindung 86.
im Eiweiß 85.
— im Kot 111.
Ammoniak, Bildung durch Koli 161.
— im Pfortaderblut 111.
— im Stuhl 111, 112, 177.
Amylase, Alterseinfluß auf Produktion 124.
— Beeinflussung durch bakterielle Gärung 165.
— bei Kaltblütern 145.
— Einfluß pathologischer Zustände 125.

Amylase, Einfluß proteolytischer Produkte 126.
— im Duodenalsaft 125.
— im Kot 124.
— im Speichel (Diastase) 125.
— Wirkungsmöglichkeit im Magen 126.
— zeitliches Auftreten in der fetalen Entwicklung 117, 124.
Anaerobier, Synergie mit Kolibazillen 181.
— unter den Darmbakterien 180 bis 183.
Anaphylaxie als Grundlage der Kuhmilchidiosynkrasie 108, 109.
— als Nachweißverfahren für Milcheiweiß im Blute 108.
— „kleine" und „gedämpfte" 109.
Anpassung, aktive, bei erhöhter Beanspruchung der Fermente 147, 148.
— der Fermente an bestimmte Substrate 146, 147.
— der Fermente an die Chlorionenmenge 146.
— der Fermente an die Ernährungsweise 147, 148.
— der Fermente an die h 146.
— der Fermente an Temperaturen 145.
— der Secretionen nach PAWLOW 144.
— der Verdauungsfunktionen 143 bis 148.
Antigencharakter, Zerstörung durch Verdauung 2.
Antiperistaltik des Dickdarms 42, 43.
— des Magens 36.
Anus, Atresie 53.
— Klaffen bei schwerer Ruhr 50.
— Prolaps 50.
— Tonussenkung bei schwerer Diarrhoe 50.

Assimilation und Artspezifität 2 bis 5, 107.
Assimilationsgrenze für Zucker, siehe Toleranzgrenzen bei den einzelnen Kohlenhydraten.
Atonie des Magens 39.
Atresie der Gallengänge, siehe Gallengänge.
Atrophie, Resorptionshemmung durch gestörte Zirkulation bei 18.
— und gesteigerte Darmpermeabilität 108.
Atropin, Einfluß auf Sekretion von Magen, Darm, Pankreas, Leber 83.
— Einfluß auf Magenmotorik 34.
Azidität des Darminhaltes, sieheDünndarm.
— des Kotes 169—172, siehe auch Gärung.
— des Mageninhaltes, siehe Magen.

Bacillus bifidus 153.
— — alimentäre Beeinflussung der Vegetation im Darm 173, 174.
— — im Frauenmilchstuhl 172, 173.
— — Züchtungsbedingungen 173.
— — siehe auch Dickdarmgärung.
Bakterienbesiedelung des Darmes beim Neugeborenen 153.
— des Dünndarmes bei Dyspepsie 157 bis 160.
— experimentelle Nachahmung 158 bis 159.
— klinische Folgen der Dünndarmbesiedelung 164—166.
— physiologische Ausbreitungsgebiete der Bakterien 18, 153—156, 168.
— Verhalten bei der Heilung der Dyspepsie 167.
Bakteriozidine des Duodenalsaftes 156, 157.
Bilirubin-Oxydation im Darm 181.
Biliverdin-Bildung 181.
BOLDYREFFscher Reflex, siehe unter Gallerückfluß in den Magen.
Brechen, anhydrämisches 41, 42.
— Formen und Ursachen 41.
— im Säuglingsalter 37.
Brechzentrum, Verhalten bei Pylorusstenose 34.
Bruststuhlflora 153.
Butterstuhl 138.

Cardia, motorische Erregbarkeit 45.
— Schlußreflex nach Cannon 39.
— Verhalten bei Rumination 46.
Cardiospasmus 26.
Casein, angebliche Spaltung durch Erepsin 88.
— -Bröckel 93.
— -Fällung und Gallensäuren 97, 98.
— -Spaltung durch Gewebsproteasen 107.
— tryptische Angreifbarkeit 87.
— Unterschiede der Gerinnung bei Frauen- und Kuhmilch 92, 93.
— Umwandlung aus Caseinogen, siehe Labferment.
Cellulose, Wirkung auf den Darm 126.
Cholin als Hormon der Darmbewegung 42, 44.
— als Menstruationsgift 45.
— Beziehung zur Azetatwirkung am Darm 50.
— Potenzierung durch Fettsäuren 50.
Chymase und Chymosin, siehe Labferment.
Chylomikronen 139.
Chymus-Stagnation und Dünndarmbesiedelung bei Dyspepsie 156, 159.
Citrat-Reduktion durch Bakterien 168.
Colibazillen, abtötende h154.
— Angreifbarkeit von Eiweiß 162.
— — von Fett durch 163, 185, 186.
— — von peptisch abgebautem Eiweiß 162.
— — von tryptisch abgebautem Eiweiß 161.
— Beeinflussung durch Bakteriozidine 156, 157.
— im Magen 155.
— Stoffwechsel und Wachstum 160 bis 163.
— Vorkommen im Duodenalsaft 155, 156, 160.

Darmbakterien, Abhängigkeit von der Ernährung 168, 172, 173, 174.
— Arten bei Kuh- und bei Frauenmilch-Ernährung 153.
— Einwanderung in den Darmkanal nach der Geburt 153.
— Vorkommen im Dünndarm 155 bis 160.
— — im Magen 154, 155.

Darmbakterien, Vorkommen im Mund
153.
— — im Stuhl 172, 173, 180.
Darmfläche und Nahrungsmenge 6.
Darmkanal, Unfertigkeit beim Säugling 5.
Darmpassage 43.
Darmdrüsen, Alterszunahme 7—8.
— BRUNNERsche und LIEBERKÜHNsche 8.
Defäkation 49.
Dextrose-Toleranzgrenze 115.
Diarrhöe bei Dünndarmresektionen 48.
— bei Erythrodermie 49.
— bei Pankreasausfall 47.
— bei Pellagra und Skorbut 18.
— durch Gasbazillen 182.
— initiale 175.
— und erhöhte Permeabilität 108.
— und Resorptionsstörung für Eiweiß 110, 111.
Diastase siehe Amylase.
Dickdarmbewegungen 42, 43.
Dickdarm, erhöhte Reizbarkeit bei Dyspepsie 43.
— Sekretbildung im 83.
Dickdarmgärung bei Saughündchen und -kätzchen 175.
— Beziehung zur Obstipation 49—52.
— und Adsorbentien 174.
— und Art des Kohlenhydrats 172.
— und Eiweiß 172.
— und Oxysäuren 170, 171.
— und Pufferung 170.
— und Typus der Stuhlflora 173.
Dünndarm-Bewegungen 42.
— -Chymus-Acidität 78, 79.
— Erregung der Sekretion 83.
— Regulation der Chymusacidität 84.
— -Saft bzw. -Sekrete 82.
— -Zotten 8.
Duodenalsaft, Aciditätsverhältnisse 74.
— Beziehungen zur endogenen Infektion 160.
— Duodenalstenose 36.
— Färbung 79, 81.
— h unter pathologischen Verhältnissen 103—104.
— Mengenberechnung 75—78.
— Pufferung 75, 80.
— und Lipolyse 134, 135.
Dysergie der Verdauung 151.

Eiweißmilch als Heilnahrung 184.
Eiweißspaltung bei Acholie 98.
— der Fermente, Systematik 86, 87.
— Grad der möglichen durch Fermente 106.
— und Eiweißresorption 106.
— siehe auch Proteolyse und Tryptase.
Eiweißverdauung 85, 114.
Endogene Invasion oder Infektion, siehe Bakterienbesiedelung des Dünndarms.
Enterokinase 87, 88.
Enterokokken 170, 174.
Entleerung des Magens, siehe Magen.
Erbrechen, siehe unter Brechen.
Erepsin 87, 88.
Erreger der Motorik des Darms 45.
Essigsäure, siehe niedere Fettsäuren.

Fäulnis, angeblicher Antagonismus zur Gärung 184.
— Chemismus 182.
— Definition 176.
— durch Anaerobier 180—183.
— durch Colibazillen 161, 162.
— durch die Flora des Dickdarms 177, 181.
— saure Eiweißfäulnis 184, 185.
Fermentmangel als Grundlage von Zuckerausscheidung 119.
Fermentoptima und Dünndarmgärung 165.
Fett-Abbau durch Bakterien 185, 186.
— als Sekretionserreger 82, 83.
— -Ausnützung 138, 141.
— — bei Atrophie 140.
— — bei Diarrhöe 140, 141.
— — bei Gallengangatresie 138.
— — bei Intoxikation 140.
— — bei Kalkseifenbildung 137.
— — bei Pankreasausfall 138.
— Beziehung der Ausnützung zur Spaltung 138, 140, 141, 142.
— durch Koli 160.
Fettsäuren als Resorptionsform des Fettes 136.
— Beziehungen zum Cholin 50.
— Beziehung der Schmelzpunkte zur Resorption 137, 138.
— Bindungsform 169.
— im Kotfett 141.

Fettsäuren in stabilisierter Emulsion
137.
— Mengen im Stuhl 169, 170.
— niedere, als Peristaltikerreger 46, 50.
— — Entstehung aus Aminosäuren
162.
— — — bei der Gärung im Dünndarm aus Kohlehydraten 160, 165.
— — und Lipolyse 131.
— — und Peptidasen 102, 165.
Fettspaltung bei Acholie 138.
— Fettverdauung 130—142, siehe
Fettspaltung und Fettausnützung.
— Förderung durch Kalk 134.
— — durch Peptone und Peptide 135.
— Hemmung durch Seifen 134.
— im Darm 134—136.
— im Magen 130—134.
— in Frauenmilch und Kuhmilch 133,
135.
— Unterschiede der Spaltbarkeit von
echten Fetten und Estern 131.
Follikel, solitäre des Darmes 8.

Galactose, Mitwirkung der Leber bei
der Verwertung 115.
— Toleranzgrenze 115.
Galle, Rückfluß in den Magen 35.
Gallenfluß aus der Gallenblase durch
Pepton 79.
Gallengangatresie und Fettverdauung
138.
— und Eiweißverdauung 98.
Gallensäuren, als Aktivatoren der
Lipasen 132.
— Einfluß auf die Löslichkeit von
Kalkverbindungen 137.
— — auf tryptische Lösung von Lab-
casein 97, 98.
— — auf Verlauf der Aktivitätskurve
134.
— Fällung von Peptonen durch 107.
Gallensekretion, Erregung der 83.
— Verhalten bei Keratomalacie 79.
Gärung, angeblicher Antagonismus zur
Fäulnis 176, 184.
— Beeinflussung durch verschiedene
Kohlenhydrate 161.
— Beziehungen zum Eiweißabbau und
der Aminbildung 162.
— durch Kolibazillen 160, 161.
— durch Spaltung von Aminosäuren
161.

Gärung, Einfluß auf Darmpermea-
bilität 165.
— Nutzen der 175—177.
— Pufferwirkung des Eiweißes 162.
— — der Molken 163.
— Rückwirkung auf Fermentprozesse
im Dünndarm 165.
— — auf Motorik 45, 50, 51, 52, 165.
Gärungswidrige Diät 176.
Gasbacillus, siehe WELCH-FRÄNKEL-
scher Bacillus.
Gastrospasmus bei Pylorusstenose 34.
Glykämiekurve 116, 117.
Glykose, siehe Dextrose.
Glykosurie siehe Zuckerausscheidung.
Granula als Fermentträger 95, 121.
Guanidin, Bildung durch Bakterien 180.
Grenzdextrine 124.

Hämatinerbrechen 33, 69.
Histamin 166, siehe auch Aminbildung.
Hungerbewegungen des Magens und
Darmes 49.
Hungersekretion 49, 70.
Hyperosmie als Ursache von Sekret-
fluß in den Darm 172.
Hypersekretion des Magens, Vorkom-
men bei Pylorusstenose 33.

Idiosynkrasie gegen Kuhmilcheiweiß
108—110.
Indikanurie siehe Indolbildung.
Indolbildung bei Neugeborenen 178.
— Beziehung zur Dyspepsie 178, 179.
— durch Kolibazillen 161.
— und Dickdarmfäulnis 177, 178.
— Ursprung 179.
Inhibitoreneffekt, siehe unter Tryptase.
Intoxikation, Eiweißverdauung bei
104, 105.
— Fettspaltung und Ausnützung bei
140.
— und Anaphylaxie 110.
— Verhalten der Lipase bei, siehe
unter Lipase.

Kachexie, proteinogene 110.
Kahnbauch 54.
Kalkseifenbildung 137.
— und Darmsekretion 137.
— und Fettresorption 137.
— und Reaktion 137.
Kalkseifenstuhl 51, 112, 137, 183.

Kälteaktivierung der Frauenmilch-
lipase 132.
Kardia, siehe Cardia.
Kathepsin 95, 96.
Kernlösungsvermögen des Pankreas-
saftes, siehe Nukleinabbau.
Kohlenhydratbedarf des Säuglings 114.
Kohlenhydratverdauung 114.
Konstitution, Alterseinflüsse 10—12.
— jahreszeitliche Einflüsse 17.
— und Verdauung 17.
Kotammoniak, siehe unter Ammoniak.
Kotstickstoff, Herkunft 110.
Kuhmilcheiweiß im Blute kranker
Säuglinge 108.
Kuhmilchstuhlflora 153.

Labferment, Artspezifität 94.
— Beziehung der Wirkung zur Säure-
gerinnung 93.
— optimale h 90.
— Verhalten bei pathologischen Zu-
ständen 103.
— Wirkung bei Frauen- und Kuh-
milch 92, 93.
— Wirkungsweise 89, 91.
Labungsvorgang 89.
— Beziehungen zur Lipolyse 135.
Laevulose, Toleranzgrenze 115.
Lactase, Einfluß des Molkenmediums
121—123.
— h-Optimum 121.
— Leistungsgrenzen im Darm 126,127.
— Verteilung im Darm 120.
— Wirkungsort 119.
— zeitliches Auftreten in der fetalen
Entwicklung 117.
Laktose, Darmpermeabilität 115, 116,
118.
— Mitwirkung der Leber bei der Ver-
wertung 115.
— Toleranz 115.
Laktosurie 117—119.
Lebertran, Resorptionsweg 139.
— Verhalten bei Lipämie 139.
Leersaugen 20.
Lipämie 139, 140.
Lipase, Alterseinfluß auf die Produk-
tion 136.
— Frage der Vergiftung 141, 142.
— Nahrungseinfluß 136.
— Verhalten bei Ernährungsstörun-
gen 141.

Lipase, Verminderung bei Intoxika-
tion 105
Lipokinase des Magensaftes 132, 133.
Lipolyse, siehe unter Fettspaltung und
Fettsäuren.
— und Pufferung der Milch 131, 136.

Magen-Formen 27—29.
— -Katarrh bei Pylorusstenose 40.
— -Motorik 26—42.
— nernöse Regulationen 30.
— Verweildauer der Nahrung 31, 32.
Magenacidität 61—65.
— und Alter 65, 66.
— und Gärung im Magen 69.
— und Lipolyse 68.
— und Magenentleerung 63.
— und Magenverweilzeit 64.
— und Nahrungsart 65, 66.
— und Nahrungspufferung 63, 64.
— und Speichelbeimengung 69.
Magenlipase 131, 132.
Magensaftsekretion beim Säugling 59,
60.
— bei Neugeborenen 59, 60.
— Einfluß pathologischer Zustände
72, 73.
— — von Salzpuffern 71.
— Fetteinfluß 71.
— Mehrbeanspruchung bei künstlicher
Ernährung 66.
— psychische 69.
— Säuregehalt der 59.
— Tabelle der Erreger 83.
— zeitlicher Verlauf 61, 62.
Maltase 124, 125, 165.
— Produktionsstellen 124.
— zeitliches Auftreten in der fetalen
Entwicklung 117, 124.
Meconium, Bakterien 185.
— -h 169.
MEHRINGscher Reflex, siehe Pylorus-
reflex.
Mercaptan 177.
Metabiose von Darmbakterien 183.
Meteorismus 53, 54.
Meryzismus, siehe Rumination.
Milchnährschaden und Darmfäulnis
177.
Milchsäure, bakterielle Bildung aus
Kohlenhydrat 127, 170, 171.
— bakterielle Entstehung aus Eiweiß
111, 182.

Milchsäure, Mengen im Stuhl 171.
Milchzucker, siehe Lactose.
Mischproteasen 97.
Molkeneiweiß 89.
Motorik, Bereich der Mundhöhle 19 bis 22.
— Beziehungen zur Resorption und Digestion 47, 48.
— des Dickdarms 43, 44.
— des Dünndarms 42—45.
— des Oesophagus 22—26.
— des Magens 26—42.
— Erreger der M. des Darms 45.
Mutaflor 164, 187.

Nerveneinflüsse auf das Erbrechen 40, 41.
— auf die Darmbewegungen 42.
— auf die Magenbewegungen 30.
— auf die Tätigkeit von Dickdarm und After 50.
— und Meteorismus 53, 54.
NISSLE-Index, antagonistischer 163.
Nukleinabbau im Darm 112, 113.

Obstipation beim Brustkind 49, 51.
— beim Milchnährschaden 52.
— bei Megakolon 52.
— bei Myxödem 18, 51.
— bei Pylorusstenose 35.
— durch Leerlauf 51.
— Einfluß auf das Kotammoniak 112.
— infolge Kalkmedikation 51.
Oesophagus, Bewegungen 22, 23.
— Spasmen 23—26.
Oxydation von Fett durch Bakterien 186.
Oxydationsprozesse bei Anaerobiose 179.
— im Dickdarm 181, 182.

Pankreas und Darmepithel, funktionelle Beziehungen 150.
— und Lactasebildung 117.
Pankreaslipase 135.
— Verhalten bei Ernährungsstörungen 141.
Pankreassekretion 83.
Paracasein, siehe unter Labferment.
Parachymosin 90.
Parenterale Dyspepsie 15, 16.
Pepsin, Alterseinfluß auf die gebildete Menge 103.

Pepsin, Verhalten bei pathologischen Zuständen 103.
— Wirkungsbedingungen 94—96.
— Wirkungsmöglichkeit beim Säugling 94—96.
Peptidasen 87.
— Aktivitätskurve 96, 97.
— Bildungsstätten 99.
— h-Optima 97.
— im Speichel 89.
— Kotausscheidung bei natürlicher und künstlicher Ernährung 102.
— Mengen in den einzelnen Darmabschnitten 100.
— Substrateinfluß 97.
Peptone, chemische Charakteristik 86.
Peristaltik, siehe unter Motorik.
Peristole des Magens 26, 27.
Permeabilität der Darmwand für Eiweiß 106, 108, 112.
— Frage der klinischen Folgeerscheinungen 108—110.
— für Eieralbumin 108.
— für Kohlenhydrate 115, 116, 118, 128.
— für Peptone 107.
— und Epithelquellung 128.
— und Epithelschädigung 128.
Phenole, Bedeutung der Phenolurie 180.
— Bildung durch Colibazillen und andere Bakterien 179.
— Herkunft 179.
Plaques, Hypertrophie bei Mast 140.
— PAYERsche und Follikel 8.
— Rolle bei der Fettverdauung 140.
— — bei der Proteolyse 88, 95.
Polysaccharide, Abbau durch Amylase 123.
— Chemie 124.
— in der Säuglingsnahrung 123.
Präcipitine auf Kuhmilcheiweiß im Blute kranker Säuglinge 108.
Proferment der Frauenmilchlipase 132, 133.
Proteolyse, Beziehungen zur Lipolyse 135, 149, siehe auch Eiweißspaltung und Tryptase.
Pseudoobstipation 49.
Pylorus-Atonie 35.
Pylorus-Schlußreflex bei Milchernährung 29.

Pylorus-Schlußreflex durch Säure 29.
— infolge Darmgärung 32.
Pylorus-Erregbarkeit und Hemmung 45.
Pylorusstenose, gesteigerte Peristaltik bei 33, 34.
— vegetative Reizsymptome bei 33, 69.
— Verzögerung der Magenentleerung bei 32.

Randschichtbildung der h im Magen 94.
— im Darm 99.
Reduktionsprozesse im Dickdarm 180, 181, 182.
Resorption, Begünstigung im homologen Medium 106.
— bei Acholie 98, 138.
— bei Diarrhöe 110.
— der Kohlenhydrate 126—129.
— des Eiweißes 106, 110.
— des Fettes 139—141.
— Schädigung durch Anämisierung und durch Fluoride 128.
Rohrzucker, siehe Saccharose.
Rumination 37—39.

Saccharase, Aktivitätskurve 120.
— Verteilung im Darmkanal 126.
— Wirkungsort 119.
— zeitliches Auftreten in der Fetalzeit 117.
Saccharose, Darmpermeabilität für 116.
— Toleranzgrenze 115.
Sanduhrmagen 36.
Saugbewegungen des Neugeborenen 19, 20.
Saugdruck 21, 22.
Saugtätigkeit, Mechanik 21, 22.
— Nerveneinflüsse 20.
— Störungen 22.
Schüttelaktivierung der Frauenmilchlipase 132.
Schwefelwasserstoff als Fäulnisprodukt 177.
Seifenstuhl 51, 112, 137, 183.
Sektretine als Peristaltikerreger 45.
Sekretionen, siehe unter den einzelnen Sekreten.
— Störung bei Anhydrämie 105.
— synergische Beziehungen unter den 83.

Sekretion, Tabelle der Erreger 83.
Sepsin-Bildung aus Eiweiß 177.
Soorpilz 153, 154.
Spasmen im Darmkanal 18.
Mitwirkung bei HIRSCHSPRUNGscher Krankheit 52.
Speichel als Puffer 58.
— Fermente siehe unter Amylase.
— -Menge 57, 59.
— physiologische Bedeutung 57, 58.
— Reaktion 58.
— -Sekretion 56, 57, 59.
Speiseröhre, siehe unter Oesophagus.
Stärke, Ausscheidung im Kot 124, 125.
— chemischer Aufbau 124.
Stenose nach LANDERER-MAIER 35, 36.
Sterblichkeit bei Brusternährung und bei Kuhmilch 13, 14.
Stickstoffverteilung im Kot 106.
Strofulus enterogenen Ursprungs 109.
Synergie als Folge sekretorischer Reizauslösung 149.
— der Verdauung 149—152.
— durch Arbeitsteilung 150.
— durch aufeinanderfolgende Einwirkungen 150.
— durch Koppelung chemischer Prozesse 149.
— durch nervöse Automatismen 151, 152.
— Störung bei Dyspepsie 151.

Temperaturoptima der Kaltblüterfermente 145.
Toleranzbegriff und Fermentapparat 145.
Tributyrinspaltung 135.
Trypsin, Tryptase 87.
— — Abbau durch, und Fällbarkeit der Produkte 92.
— und Bildung von Basen durch Colibazillen 162.
Trypsinogen-Aktivierung 88.
Tryptase, Aktivitätskurve 96.
— Beeinflussung durch die Ernährung 100—102.
— bei Toxikose 104, 105.
— Einfluß der Gallensäuren auf die Caseinolyse durch 98.
— Gehalt des Duodenalsaftes bei pathologischen Zuständen 103, 104.
— Hemmung durch Peptide 105.

Tryptase, h-Optimum 97.
— Wirkung auf Frauen- und Kuhmilch 101, 102.

Umstimmung der Bakterienflora 187.
Unfertigkeit der Verdauungsfunktio-
nen frühester Altersstufen 8—16.
Urobilin-Entstehung 181.
— -Zerstörung durch Bakterien 181.

Verdauung als physikalischer und
chemischer Vorgang 1, 2.

Verdauung und Alterskonstitution
10—12.
— und Artspezifität 2—5.
Verdauungslipämie 139, 140.
Vorflora, ambivalente 173, 183.

WELCH-FRÄNKELscher Bazillus 162,
180, 181, 182.
— als angeblicher Erreger epidemi-
scher Diarrhöe 182.
— bei Melaena 182.